Allgemeine und spezielle Physiologie des Menschenwachstums

Für Anthropologen, Physiologen, Anatomen und Ärzte dargestellt

von

Privatdozent Dr. Hans Friedenthal
Nikolassee

Mit 34 Textabbildungen und 3 Tafeln

Springer-Verlag Berlin Heidelberg GmbH
1914

ISBN 978-3-642-89709-2 ISBN 978-3-642-91566-6 (eBook)
DOI 10.1007/978-3-642-91566-6

Ursprünglich erschienen bei Julius Springer in Berlin 1914
Softcover reprint of the hardcover 1st edition 1914

Dem Physiologen

Hugo Kronecker

widmet diese Abhandlung

zu seinem

fünfundsiebzigsten Geburtstag

in Verehrung

Der Verfasser.

Vorwort.

In einem älteren Anatomiebuche findet sich über die Bauchspeicheldrüse nichts als die Angabe: „Die Bauchspeicheldrüse ist ein Organ, das sehr schwer zu finden ist und deshalb kein Interesse für uns hat." Bis vor wenigen Jahren ging es der Physiologie des Wachstums nicht anders wie in obigem Zitat der Bauchspeicheldrüse, widmet doch selbst das neueste vierbändige Handbuch der Physiologie von Nagel nicht den kleinsten Abschnitt eines Kapitels der Physiologie des Wachstums und in der Mehrzahl der physiologischen Vorlesungen an den Universitäten findet die Grundfunktion alles Lebendigen, das Wachstum, wenn überhaupt, dann nur eine ganz flüchtige Erwähnung. In den letzten Jahren sind von verschiedenen Seiten und von verschiedenen Gesichtspunkten aus Wachstumsfragen experimentell und theoretisch in Angriff genommen worden, und die Zahl der Arbeiten über Wachstum ist bereits derart groß und ihre Ergebnisse in so verschiedenen, oft schwer zugänglichen Zeitschriften niedergelegt, wie das Literaturverzeichnis beweist, das es dem Verfasser angezeigt erschien, eine Physiologie des Wachstums mit besonderer Berücksichtigung des Menschenwachstums einem weiteren Leserkreise zugänglich zu machen. Durch zahlreiche Abbildungen und Textvermehrung unterscheidet sich die vorliegende Monographie von der Arbeit des Verfassers über Wachstum, die in den Ergebnissen der inneren Medizin und Kinderheilkunde in Band VIII, Band IX und Band XI veröffentlicht worden war. Der Literaturnachweis wurde dank der Zusammenstellung von Prof. Hans Aron in seiner Biochemie des Wachstums sehr erheblich vergrößert in bezug auf biochemische Arbeiten über Wachstum, während zoologische Literatur den Arbeiten von Pzibram entnommen werden konnte. Das Hauptziel der vorliegenden Abhandlung ist die Physiologie des Wachstums nicht von einer speziellen Frage aus in Angriff zu nehmen und zu fördern, sondern die allgemeinen Verhältnisse zu beleuchten, die dem Wachstum alles Lebendigen zugrunde liegen. Die zoologische Einordnung des Menschen in die Säugerreihe wird durch Betrachtung der Wachstumskurven des Menschen und der anderer Tiere erleichtert. Die innere Einheitlichkeit und Verwandtschaft alles Lebendigen wird durch eine einheitliche Betrachtung der allen gemeinsamen Wachstumsfunktion in das rechte Licht gerückt. Wenn die Arbeit dazu beiträgt, die Erkenntnis zu verbreiten, daß aus dem Brennwert der eingenommenen Nahrung sich keine Energetik des Wachstums aufbauen läßt, daß der physiologische Vergleich von Neugeborenen aus verschiedenen zoologischen Säugetierordnungen unzulässig ist, daß die Wachstumsgeschwindigkeit nicht aus der Gewichtskurve, sondern aus der Zuwachskurve zu erschließen ist, daß das Alter von Tieren nicht von der Geburt, sondern von der Befruchtung an zu rechnen ist, so werden in Zukunft zahlreiche Irrtümer auf dem Gebiete der Wachstumsphysiologie vermieden werden. Verfasser schließt mit dem Wunsche, daß die angegebenen neuen Methoden der Messung und Registrierung der Wachstumsvorgänge sich nützlich erweisen werden zum Aufbau der Fundamente für eine künftige Physiologie des Wachstums.

Berlin-Nikolassee, im März 1914.

Der Verfasser.

Inhaltsübersicht.

Verzeichnis der Tafeln und Textabbildungen.

Allgemeiner Teil.

Unter Wachstum im allgemeinsten Sinne verstehen wir jede Zunahme irgendeiner Funktion oder Größe; bei lebenden Wesen dagegen ordnet man nicht jede mit der Wage feststellbare Zunahme unter den Begriff Wachstum ein, sondern sollte unter Wachstum die unter Zunahme erfolgende Entwicklung, die in morphologischem und chemischem Sinne artgemäße Annäherung an die Terminalform des in Betracht kommenden Organismus verstehen[1]). Keineswegs immer ist die Entwicklung mit einer Massenzunahme des Gesamtorganismus verknüpft, die Fälle von Abnahme des Gewichts bei alternden Lebewesen sind nicht selten.

Ganz unauflösbar ist der Begriff des Wachstums verbunden mit den Begriffen Assimilation und Fortpflanzung, so daß durch keine Definition für Wachstum eine scharfe Scheidung möglich ist. Alle Übergänge kommen vor. Ebensowenig ist es möglich, eine qualitative Trennung zwischen dem Wachstum lebloser Körper und dem Wachstum der Organismen aufrecht zu erhalten. Die lebendige Substanz verhält sich im Prinzip nicht anders wie jede leblose Substanz. Gemeinsam ist allem Wachstum die Angliederung von chemisch gleichartiger Substanz, zum mindesten von chemisch sehr ähnlicher Substanz, ganz gleich, ob es sich um einen Krystall oder um die lebendige Substanz eines Organismus handelt. Bedingung für alles Wachstum ist, daß entweder die gleiche Substanz oder ihre chemischen Bausteine (Atome und Atomgruppen) in molekulare Nähe des wachsenden Körpers gelangen; geschieht dies nicht, so ist lebende wie leblose Substanz am Wachsen verhindert. Wachstum ist in allen Fällen abhängig von einer chemischen Situation; es ist daher begreiflich, daß alle in letzter Zeit unternommenen Versuche, rein physikalisch oder energetisch Gesetze, wohl gar Grundgesetze des Wachstum aufzustellen, unter Vernachlässigung der chemischen Grundbedingungen scheitern mußten. Das Wachstum ist wie das Leben überhaupt, mit welchem Wachstum untrennbar verbunden ist, vor allem ein chemisches Problem, und auf lange Zeit hinaus werden wir nicht imstande sein, die chemische Betrachtung durch energetische zu ersetzen. Fehlt einem wachsenden Lebewesen eines der zum Aufbau des Körpers nötigen chemischen Elemente oder Grundbausteine, so kann keine Energiezufuhr irgendwelcher Art das normale Wachstum erhalten, während bei mangelhafter Energiezufuhr wohl die Geschwindigkeit des Körperaufbaues,

[1]) Siehe E. Schloß, Zur Pathologie des Wachstums im Säuglingsalter.

aber nicht die Qualität des Zuwachses, die chemische Zusammensetzung desselben, zu leiden braucht. Für die allgemeine physiologische Betrachtung der Wachstumsvorgänge verhält sich die Energie nicht anders als wäre sie einer der lebensnotwendigen Stoffe. Ohne Energiezufuhr kein Wachstum lebendiger Substanz, trotz Energiezufuhr kein Wachstum bei ungeeigneter chemischer Situation. Man hat versucht, künstliche Grenzen zu ziehen zwischen dem Wachstum der Organismen und dem Wachstum lebloser Körper. Die leblosen Gebilde sollten durch Apposition wachsen, das heißt durch Anlagerung von Materie an die Oberfläche, während das lebendige Wachstum durch Intussuszeption, das heißt durch chemische Einlagerung von Molekülen aus einer Innenlösung gekennzeichnet sein sollte. In den bekannten Traubeschen künstlichen Zellen lernte man vor längerer Zeit anorganische leblose Gebilde kennen, welche durch Intussuszeption wuchsen. Die obige Trennung zwischen anorganischem und organischem Wachstum ließ sich nicht aufrecht erhalten. Die Entdeckung der flüssigen Krystalle durch O. Lehmann lehrte Gebilde kennen, die in ihrer Form und in ihrer Tätigkeit zu wachsen, sich zu bewegen, zu teilen und zu vereinigen, derart an die analogen Vorgänge bei niederen Organismen erinnerten, daß sie den Titel scheinbar lebende Krystalle vollauf verdienten. Namentlich die Krystalle von Paraazooxyzimtsäureäthylester aus heißem Monobromnaphthalin krystallisiert zeigen so auffällige Wachstumserscheinungen, daß eine kurze Analyse des Wachstums anorganischer Gebilde zum Verständnis der Unterschiede zwischen anorganischem und lebendigem Wachstum notwendig erscheint.

Jede endliche Menge von Materie besitzt ein durch das Gravitationsgesetz zahlenmäßig ausgedrücktes Bestreben, zusammenzuwachsen und sich in einem Raumminimum zu vereinigen ohne jede Rücksicht auf chemische Verschiedenheiten[1]). Unser Mutterplanet, die Erde, wächst ständig durch Aufnahme kosmischen Staubes aus dem Weltraum, wobei eine chemische Auswahl unter den kosmischen Partikeln nicht stattfindet. Dieses Wachstum der Erde an Masse, das mit einer ständigen Verringerung der täglichen Umlaufszeit verbunden ist, da die Erde der aufgenommenen Materie aus ihrem Energievorrat ihre Umdrehungsbeschleunigung mitteilen muß, ist das nächstliegendste Beispiel des Wachstums eines inhomogenen Körpers durch Anlagerung an die Oberfläche rein durch Gravitation ohne jedes Wahlvermögen. Die Geschwindigkeit dieses Wachstums ist abhängig von der Erdmasse und von der Verteilung von Materie im Anziehungsbereich der Erde. Wächst die Erde an Masse, so wächst auch ihre Anziehungskraft proportional, so daß die Wachstumsgeschwindigkeit der Erde bei gleicher Dichtigkeit des kosmischen Staubes in ihrer Bahn in beständiger Zunahme begriffen sein muß[2]).

---

[1]) Der Ausdruck der Physiker: die Entropie der Welt strebt einem Maximum zu, gilt erstens nur für eine endliche Welt und ist ferner Medizinern meist nicht recht verständlich.

[2]) Eine solche Zunahme der Wachstumsgeschwindigkeit der Erde autokatalytische Beschleunigung zu nennen würde Verfasser nicht für richtig halten.

Das Beispiel des Erdenwachstums durch Anziehung kosmischen Staubes aus dem Weltraum ist durch die Einfachheit der Verhältnisse geeignet, eine große Zahl der Grundbegriffe alles Wachstums, also auch des lebendigen Wachstums, klarzulegen und dem Verständnis nahezubringen.

Setzen wir den kosmischen Staub in Analogie mit der zum Wachstum der Organismen nötigen Nahrung, so finden wir, daß das Wachstum der Erde in seiner Geschwindigkeit nur begrenzt ist durch die Menge von Materie im Anziehungsbereich der Erde (Nahrungsmenge). Die Wachstumskraft der Erde (Gravitationskraft) erleidet keinerlai Abnahme durch die Wachstumsfunktion. Die Anziehungskraft der Masseneinheit bleibt ständig die gleiche, die Gesamtanziehung wächst ohne Tendenz zur Abnahme. Es ist von außerordentlicher Wichtigkeit, sich klar zu machen, daß das Wachstum der lebendigen Substanz in der gleichen Weise keinerlei Abnahme durch die Funktion erleidet, sondern bei Abwesenheit chemischer Umlagerungen nur durch Nahrungsmangel seine Begrenzung findet. Paul Ehrlich zeigte durch Versuche, daß das Wachstum von Mäusecarcinomzellen keine Abnahme der Wachstumsgeschwindigkeit aufweisen würde, wenn diese einen Tumor von solcher Größe produziert hätten, daß er den Raum zwischen Sonne und Erde ausfüllen würde. In der gleichen Weise wie im Beispiel des Wachstums der Erde bleibt auch beim Wachstum der lebendigen Substanz im einfachsten Falle die Wachstumsgeschwindigkeit der Masseneinheit bei gleicher Nahrungsmenge die gleiche, während der Betrag des Gesamtzuwachses in der Zeiteinheit ständig zunimmt ohne Tendenz zur Verringerung.

Wie oben schon angedeutet, leistet die Erde Arbeit bei ihrem Wachstum durch kosmischen Staub in Analogie mit der Arbeit, die die lebendige Substanz bei ihrem Wachstum zu leisten hat. Die geleistete Wachstumsarbeit ist in den beiden angezogenen Fällen allerdings nicht identisch und auch nicht des näheren vergleichbar.

Eine strenge Grenze zwischen Nahrungsaufnahme und Wachstum läßt sich weder bei dem Wachstum der Erde noch bei dem Wachstum der lebendigen Substanz konstruieren, ebensowenig zwischen Stoffwechsel und Wachstum. Der kosmische Staub, bestehend aus Sauerstoff ungesättigten Elementen Eisen, Kohlenstoff, Wasserstoff, ist in ganz ähnlicher Weise ein Energielieferant für die Erde, wie die Nahrung für die Organismen, indem auf der Erdoberfläche durch Vereinigung mit dem Sauerstoff der Erdatmosphäre, also durch Verbrennung Wärme erzeugt wird wie in den Organismen bei der Verbrennung der Nahrung.

So bemerkenswerte Analogien, die sich leicht noch vermehren ließen, nun auch zwischen dem Wachstum inhomogener Körper wie der Erde und dem Wachstum der lebendigen Organismen gezogen werden können, so verhindert doch ein grundlegender Unterschied eine allzu weitgehende Vergleichung. Es ist dies die chemische Auswahl des Zuwachses bei den Organismen im Gegensatz zu der reinen Massenwirkung der Gravitation.

Die Auswahl der Bausteine für das Wachstum nach chemischen

Gesichtspunkten ist homogener anorganischer Materie und Organismen gemeinsam. Die Grenze verläuft nicht zwischen organischem und anorganischem Wachstum, sondern zwischen dem Wachstum inhomogener amorpher und dem homogener Massen. Krystalle sind Körper, die in Berührung mit übersättigten Lösungen derselben Substanz zu wachsen vermögen. Das Wachstum der Krystalle erfolgt an ihrer Oberfläche durch Apposition. Beim Wachsen eines Krystalls diffundiert nach O. Lehmann die krystallisierbare gelöste Substanz aus den stärker übersättigten Teilen der Lösung gegen den Krystall hin entsprechend dem Konzentrationsgefälle getrieben durch den osmotischen Druck, wobei den Ecken und Kanten das Material in derselben Zeit reicher zuströmen muß als den Flächen, daher Bildung eines Krystallskelettes. Wie beim Wachstum der Erde verläuft auch das Wachstum aller Krystalle unter stetiger Zunahme der absoluten Wachstumsgeschwindigkeit. Jedes neu angesetzte Teilchen vergrößert die Krystalloberfläche, die Geschwindigkeit des Krystallwachstums verläuft proportional der Oberfläche. Eine Grenze für das Krystallwachstum, eine Erschöpfung durch die Funktion ist ebensowenig gegeben wie bei dem Massenwachstum der Erde. Allein der Mangel an identischen Teilchen (also ein Analogon zu Nahrungsmangel) kann das Krystallwachstum verlangsamen, das mit stetig sich steigernder Geschwindigkeit verläuft, solange noch genügende Mengen angliederungsfähiger Bausteine vorhanden sind. Der maßgebende Unterschied zwischen Krystallwachstum und dem Wachstum aller übrigen Gebilde besteht darin, daß das Krystallwachstum nicht durch Anziehung zustande kommt, sondern allein durch Abstoßung der Teilchen aus der Mutterlauge. Die Krystallteilchen stoßen sich auch im festen Krystall ab (wenigstens ist diese Darstellung formal möglich[1]), so daß der Krystall sich auflöst, sowie er mit einem ungesättigten Lösungsmittel in Berührung kommt, in übersättigter Lösung ist der osmotische Druck, der die Teilchen auseinandertreibt, größer als die Diffusionstendenz der Krystallteilchen. Es besteht keinerlei chemische Anziehung zwischen einem Krystall und seiner übersättigten Mutterlauge.

Obige Darstellung gibt die Charakteristika des Wachstums homogener Krystalle, das mit dem organischen Wachstum so gut wie gar keine innere Ähnlichkeit besitzt. Wird das Krystallwachstum kompliziert durch Adsorptionserscheinungen wie bei der Bildung von Mischkrystallen, zu denen z. B. alle Eiweißkrystalle gehören, so nähert es sich seinem Wesen nach dem Wachstum der lebendigen Substanz. Es beruht alsdann auf chemischer Affinität, während das Wachstum der Himmelskörper auf die allgemeine Gravitation oder Massenwirkung, das Krystallwachstum auf osmotischen Druck der Außenlösung zurückzuführen ist.

[1]) Es ist vielleicht richtiger, weil einfacher, die Diffusion, auf der alles Krystallwachstum beruht, durch Abstoßung zu erklären, statt durch Anziehung der Teilchen durch das Lösungsmittel, weil bei der Gasdiffusion in den luftleeren Raum, die Annahme einer Anziehung der Materie durch den luftleeren Raum umgangen wird.

Amorphe Niederschläge besitzen im Gegensatz zu Krystallen Affinität zum Lösungsmittel, aus dem sie sich abgeschieden haben, sie wachsen durch Adsorption, nicht durch Apposition infolge osmotischen Druckes. Amorphe Niederschläge bilden als zusammenhängende Häutchen sogenannte semipermeable Membranen, solange sie noch Affinität zum Lösungsmittel besitzen. Charakteristisch für semipermeable Membranen ist ihre Durchtränkung (Intussuszeption) mit Lösungsmittel, sie lassen nur solche Stoffe durch Diffusion passieren, die in der gequollenen Membran sich lösen. Häufig wird die Wandung der semipermeablen Membran allmählich völlig unlöslich im früheren Lösungsmittel. Der Durchgang von Stoffen durch derartige Membranen wird dann praktisch gleich Null. Das Wachstum semipermeabler Membranen findet nicht nur an der Oberfläche statt, sondern erfolgt durch Intussuszeption bei Dehnung der Membran. Wirft man einen Kupfersulfatkrystall in eine verdünnte 3proz. Lösung von Ferrocyankali $K_4Fe(CN)_6 + 3H_2O$, so umkleidet sich der Krystall sofort mit einer rötlichen Ferrocyankupfermembran. Indem Wasser durch die Membran hindurchdringt, löst sich der Kupfersulfatkrystall und das Endresultat ist eine große, mit blauer Kupfersulfatlösung gefärbte Blase. Wird die Wandung gedehnt, so wächst sie durch Einlagerung neuer Wandsubstanz. Das Wachstum einer solchen Membran ist beendigt, wenn keine Neubildung von Ferrocyankupfer aus seinen Bestandteilen in molekularer Nähe der Wandung mehr möglich ist (Analogon zur Wachstumssistierung aus Nahrungsmangel bei den Organismen). Das Wachstum einer solchen Kolloidmembran bietet außerordentlich weitgehende Analogien mit dem Wachstum der lebendigen Substanz. Die Unterschiede beschränken sich im wesentlichen auf die Abwesenheit von Enzymen und die Differenz in der chemischen Zusammensetzung, wenn wir nur die Grundursachen des Wachstums berücksichtigen.

Eine wesentliche Übereinstimmung des Wachstums einer semipermeablen Membran und der lebendigen Substanz haben wir in folgenden Punkten zu erblicken: In beiden Fällen erfolgt eine Auswahl der membranbildenden Stoffe aus der umgebenden Lösung nach chemischen Affinitäten. In beiden Fällen besteht die neugebildete Substanz aus Molekülen, die in der umgebenden Flüssigkeit nicht enthalten waren, sondern im Moment der Bildung erst infolge chemischer Affinität zusammentraten. In beiden Fällen erfolgt das Wachstum durch Intussuszeption. In beiden Fällen spielt die Adsorption eine maßgebende Rolle. In beiden Fällen erlischt mit dem Unlöslichwerden der Substanz im Lösungsmittel jede Wachstumsmöglichkeit durch Intussuszeption (Analogon zum Tod der lebendigen Substanz beim Unlöslichwerden von Kolloidmembranen). In beiden Fällen spielen Dehnungen der neugebildeten Substanz eine maßgebende Rolle für die Geschwindigkeit des Wachstums. In beiden Fällen findet bei geeigneter chemischer Situation keinerlei Abnahme der Wachstumsfähigkeit statt. In beiden Fällen führt Fehlen auch nur eines der zur Substanzbildung nötigen Bausteine in der Umgebung zur Aufhebung des Wachstums. In beiden Fällen können durch Adsorption chemisch fremde Substanzen aus der Umgebung zur Einlagerung kommen.

Daß bei der lebendigen Substanz durch den beständigen Stoffwechsel unaufhörlich Wachstumsbedingungen neu geschaffen werden, bildet einen sehr beachtenswerten Unterschied zwischen dem Wachstum der lebendigen Substanz und dem anorganischen Wachstum von Kolloidmembranen.

Die Anwesenheit von Fermenten, die durch Abbau und Synthese ständige Änderungen des osmotischen Druckes innerhalb der lebendigen Substanz hervorruft und damit für die ständigen Dehnungen sorgt, ohne die das Wachstum nicht andauern kann, bildet den maßgebendsten Unterschied neben der chemischen Verschiedenheit der Wandsubstanz, zwischen dem lebendigen und dem anorganischen Wachstum von hyophilen Kolloidmembranen. Die Ähnlichkeit beider ist keine äußerliche, wie beim Wachstum der Himmelskörper oder der Krystalle, sondern es besteht prinzipielle Übereinstimmung der das Wachstum auslösenden Kräfte.

Die Stellung der Wachstumsbausteine im periodischen System der chemischen Elemente ist auf Tafel I durch rote und braune Ringe sichtbar gemacht. Es zeigt sich, daß alle Elemente, die wesentlich sind für den Aufbau der lebendigen Substanz und damit für das Wachstum, im Anfang des periodischen Systems gelegen sind. Abb. 1 wurde erhalten, indem auf einem achtstrahligen Stern die chemischen Elemente der Reihe nach nach ihrem Atomgewicht aufgetragen wurden, so daß der Abstand jedes der dargestellten Kreise von der Mitte des Sternes das Atomgewicht des betreffenden chemischen Elementes wiederspiegelt. Die Größe der blauen und weißen Kreise gibt das Atomvolumen wieder, und zwar sind blau die Elemente mit kleinem Atomvolumen dargestellt. Es zeigt sich, daß die Größe des Atomvolumens auf dem Radius I ein Maximum darstellt und daß auf jeden Strahl Elemente mit kleinem Atomvolumen und mit großem Atomvolumen regelmäßig abwechseln vom dritten Umgang der Spirale ab. Der Strahl IV enthält die Elemente, die weder als großvolumig noch als kleinvolumig zu bezeichnen sind, sondern den Übergang dieser beiden chemisch sehr differenten Kategorien darstellen. Durch ein Kreuz (+) sind in der Abbildung die paramagnetischen, durch ein Minuszeichen (—) diamagnetische Elemente gekennzeichnet. Es zeigt sich die gleiche Regelmäßigkeit in der Abwechslung von para- und diamagnetischen Elementen auf den einzelnen Strahlen wie von Elementen mit großem und kleinem Atomvolumen. Der chemisch bisher unbegreifliche Gegensatz zwischen Natrium und Kalium wie zwischen Magnesium und Calcium, der sich in dem physiologischen Verhalten dieser Elemente innerhalb der lebendigen Substanz immer aufs neue dargetan hat, erfährt durch die Tatsache eine neue Beleuchtung, daß diese Elemente nicht nur physiologisch, sondern auch in bezug auf den Diamagnetismus Antipoden sind.

Die mit + und — gekennzeichneten Zahlen vor den Strahlen oder Radien geben die Zahl der positiven und negativen Valenzen und Kontravalenzen der Elemente auf diesen Radien an. So bedeutet +4

— 4 vor dem Kohlenstoff enthaltenden Radius, daß der Kohlenstoff zugleich 4 positive und 4 negative Valenzen betätigen kann; die Zahlen — 1 und + 7, daß das Chlor zugleich einwertig negativ, z. B. in HCl und auch maximal siebenwertig negativ in den Sauerstoffverbindungen sich zeigen kann. Die Zahl der Valenzen und Kontravalenzen ergänzt sich stets zu 8, entsprechend den 8 Radien. Auf dem 8. Radius, der auch Radius Null genannt werden kann, finden sich die Elemente, die maximal 8 Valenzen aufweisen, zugleich aber die Edelgase, die + — Null Valenzen haben und daher gar keine Verbindungen eingehen können.

Auf dem 8. Radius finden sich drei Triaden von Metallen, darunter das physiologisch so wichtige Eisen; gegenüber auf dem 4. Radius wurden die 9 Edelerden zu einer Gruppe zusammengefaßt, die an die Gruppe der Planetoiden im Sonnensystem erinnert. In vergrößertem Maßstabe wurde auf Tafel I auf der linken Seite der Anfang des periodischen Systems der chemischen Elemente noch einmal dargestellt, um die Gruppierung der für die Wachstumsphysiologie wichtigen Atome deutlicher zu machen. Wasserstoff, Kohlenstoff, Stickstoff und Sauerstoff liegen eng beieinander, Phosphor, Schwefel und Chlor nah benachbart. Genau entgegengesetzt dieser überwiegend negativen Gruppe der Wachstumsbausteinbildner liegen die vier positiven Metalle Natrium, Kalium und Magnesium und Calcium. Außerhalb dieser beiden Gruppen liegt das Eisen.

Die Linie, welche die Mittelpunkte der Atomkreise verbindet, ähnelt außerordentlich einer logarithmischen Spirale. Gegen Ende des Systems werden die Abstände chemisch homologer Elemente größer als im Beginn und es offenbart die Abbildung in der rechten Ecke der Tafel I eine Analogie zwischen der Gesetzmäßigkeit, welche die Abstände der Planeten von der Sonne und die Veränderungen des Planetenvolumens aufweist, mit der Gesetzmäßigkeit des Verhaltens der chemischen Elemente im periodischen System. Trägt man die Atomvolumina und Atomgewichte der Elemente Kohlenstoff (C), Silicium (Si), Titan (Ti). Germanium (G), Zinn (Sn) und Blei (Pb) in beliebigem Maßstab auf und daneben, das Volumen des Saturn gleich dem Atomvolumen des Bleies und seinen Abstand von der Sonne gleich dem Abstand von Pb vom Mittelpunkt der Spirale, so findet man die Lage und Größe der andern Planeten in demselben Maßstabe eingezeichnet, wie in der Abbildung geschehen, in vielen Punkten ähnlich der Lage der Atome auf dem gleichen Radius des periodischen Systems. Es scheint als wenn eine gleichartige Gesetzmäßigkeit die Ordnung im Weltall wiederspiegelt und die Welt des Kleinsten, was wir kennen, der Atome, und die Welt der Sterne zu einer Einheit verbindet. Ebenso wie nur die im Anfang des periodischen Systems befindlichen chemischen Atome die Zusammensetzung der lebendigen Substanz charakterisieren, ist Leben und sind lebende Wesen für uns vorläufig nur denkbar auf den sonnennahen Planeten.

Der schematische Bau der 4 großen Gruppen von Wachstumsbausteinen, die alle lebendige Substanz zusammensetzen, der Fette, der

Kohlenhydrate, der Eiweißstoffe und der Kernstoffe ist auf Tafel II und III bildlich dargestellt unter Projektion auf eine Ebene, während die wirkliche Stellung der Atome im Molekül im Raume durch das Gesetz bedingt wird, daß der wirklich eingenommene Raum einem Minimum zustrebt. Je sperriger ein Molekül gebaut ist im Vergleich zu den Verbrennungsprodukten, um so größer ist die bei der Verbrennung unter Atomannäherung als Wärme frei werdende Energie. Die Verbrennungswärme entstammt danach dem Zusammenrücken von Atomen. Der hohen Verbrennungswärme des Wasserstoffs mit Sauerstoff in Wasser entspricht das relativ überhohe spezifische Gewicht des Wassers bei 277^0 absoluter Temperatur, bei der sonst chemische Verbindungen, die aus zwei Gasen bestehen, gasförmig zu sein pflegen. Einer bestimmten Entropievermehrung entspricht eine bestimmte frei werdende Wärmemenge, wenn wir von Atomzerfall ganz absehen, der wiederum Wärmemengen frei werden läßt, die der Entropievermehrung proportional sind. Das Wachstum der Moleküle in der lebendigen Substanz bedingt eine Entropieverminderung, die Atome rücken weiter auseinander und deshalb ist äußere Energiezufuhr für die Synthese der Wachstumsbausteine erforderlich. Die Betrachtung des Molekularvolumens der großen Wachstumsbausteine wie der Stoffwechselprodukte liefert erst eine physikalische Basis für eine energetische Betrachtung des Wachstums und der Wachstumsarbeit, die bisher ohne dieses Fundament völlig in der Luft hing. Die obige Betrachtung lehrt, warum und inwieweit Wachstum als Arbeit aufgefaßt werden kann und lehrt ferner die Basis für eine Berechnung der wichtigsten Größe der Wachstumsarbeit kennen. Fette, Kohlenhydrate, Eiweißstoffe und Kernstoffe besitzen ein auch relativ höheres Molekularvolumen als Wasser, Kohlensäure, Ammoniak und Phosphorsäure, und zwar ist das spezifische Gewicht um so geringer, das Molekularvolumen um so größer, je geringer der Gehalt an Sauerstoff im Molekül ist.

Fette, Kohlenhydrate, Eiweißkörper und Kernstoffe setzen alle lebendige Substanz zusammen, und eine jede dieser Gruppen ist chemisch wohl charakterisiert durch den Gehalt an Kohlenstoffketten und durch die Art der Schloßbindung der einzelnen Kohlenstoffketten zu den ganzen Molekülen. Außer den Kohlenstoffketten kommt nur noch die kolloidale Metaphosphorsäurekette im Nucleinsäuremolekül (auf Tafel III dargestellt) in Betracht. Kein anderer der atomaren Wachstumsbausteine liefert so verschiedenartige Ketten von Atomen wie der Kohlenstoff, der für die chemische Bildung der Lebenssubstanz eine ähnliche Vorzugsstellung unter den chemischen Elementen einnimmt, wie die Erde bevorzugt ist in bezug auf Hervorbringung der einzelnen Lebensbedingungen, unter den Planeten. Das Skelett der Fettsubstanzen liefert, wie die Abb. 2 zeigt, eine dreigliedrige Kohlenstoffkette, an die mittels Sauerstoffatomen lange Kohlenwasserstoffketten (Fettsäurereste) verankert sind. Die Abbildung läßt erkennen, warum Fette mit Wasser nicht mischbar sind, geht doch die Wasserlöslichkeit der organischen, Substanzen dem Gehalt an OH-Gruppen meist parallel. Die für die

Stellung der W
im Periodis

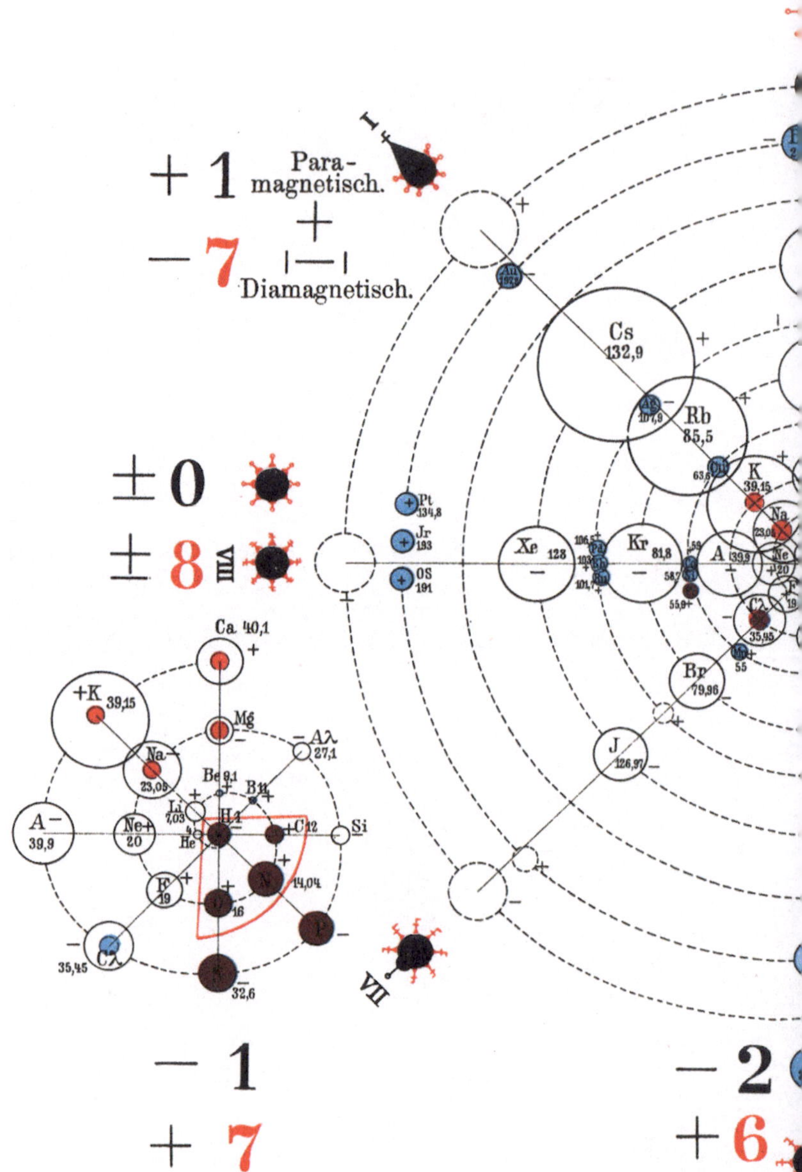

tumsbausteine
n System.

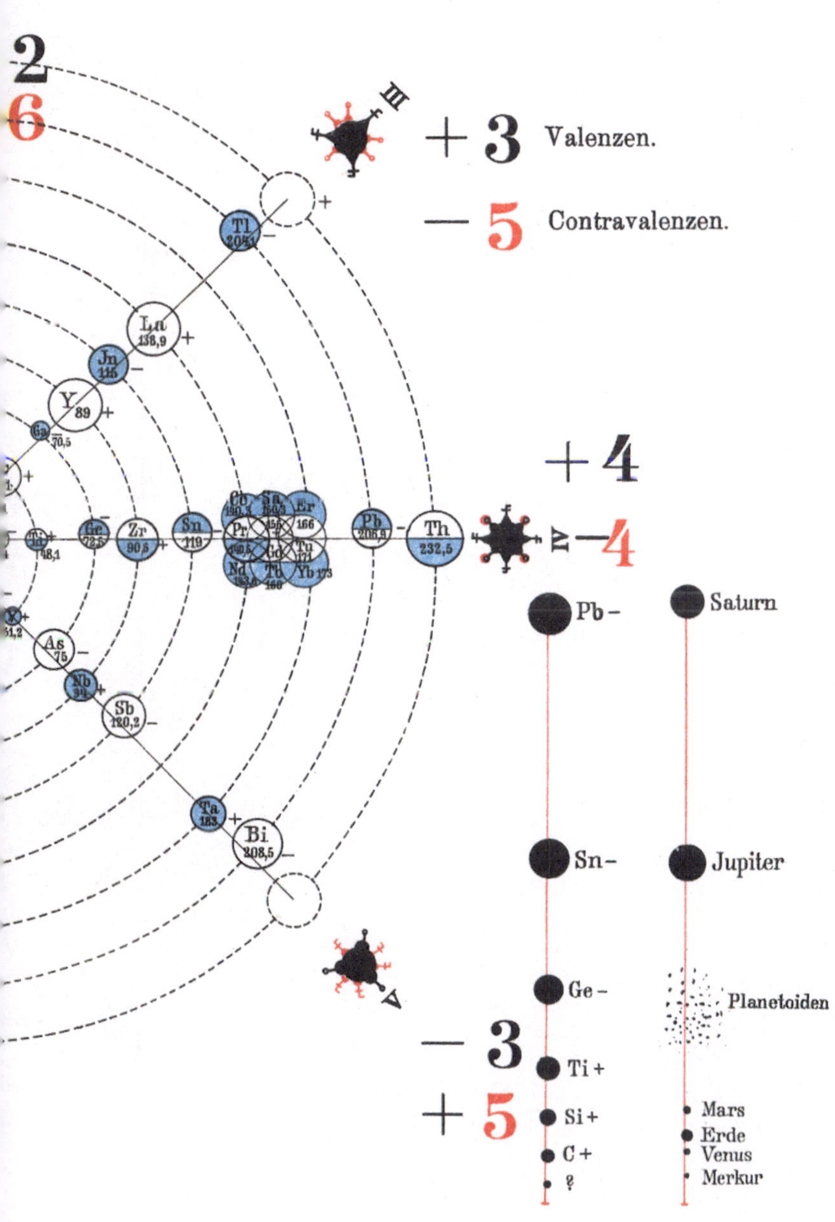

Verlag von Julius Springer in Berlin.

Schemata der größeren Wachstumsbausteine.

Bau der Fette, Kohlenhydrate, Eiweißstoffe.

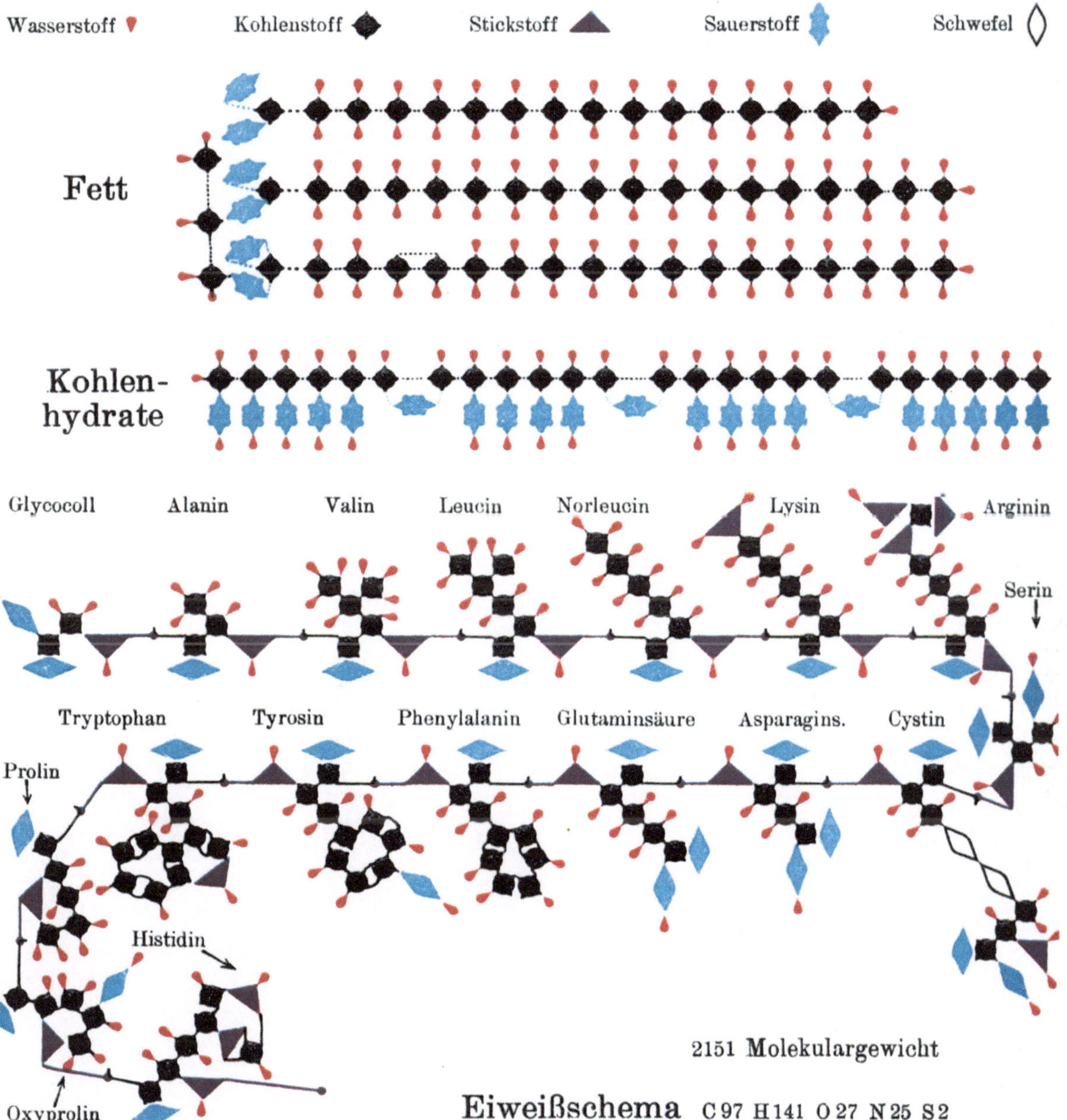

2151 Molekulargewicht

Eiweißschema C_{97} H_{141} O_{27} N_{25} S_2

Bau der Nucleinsäure.

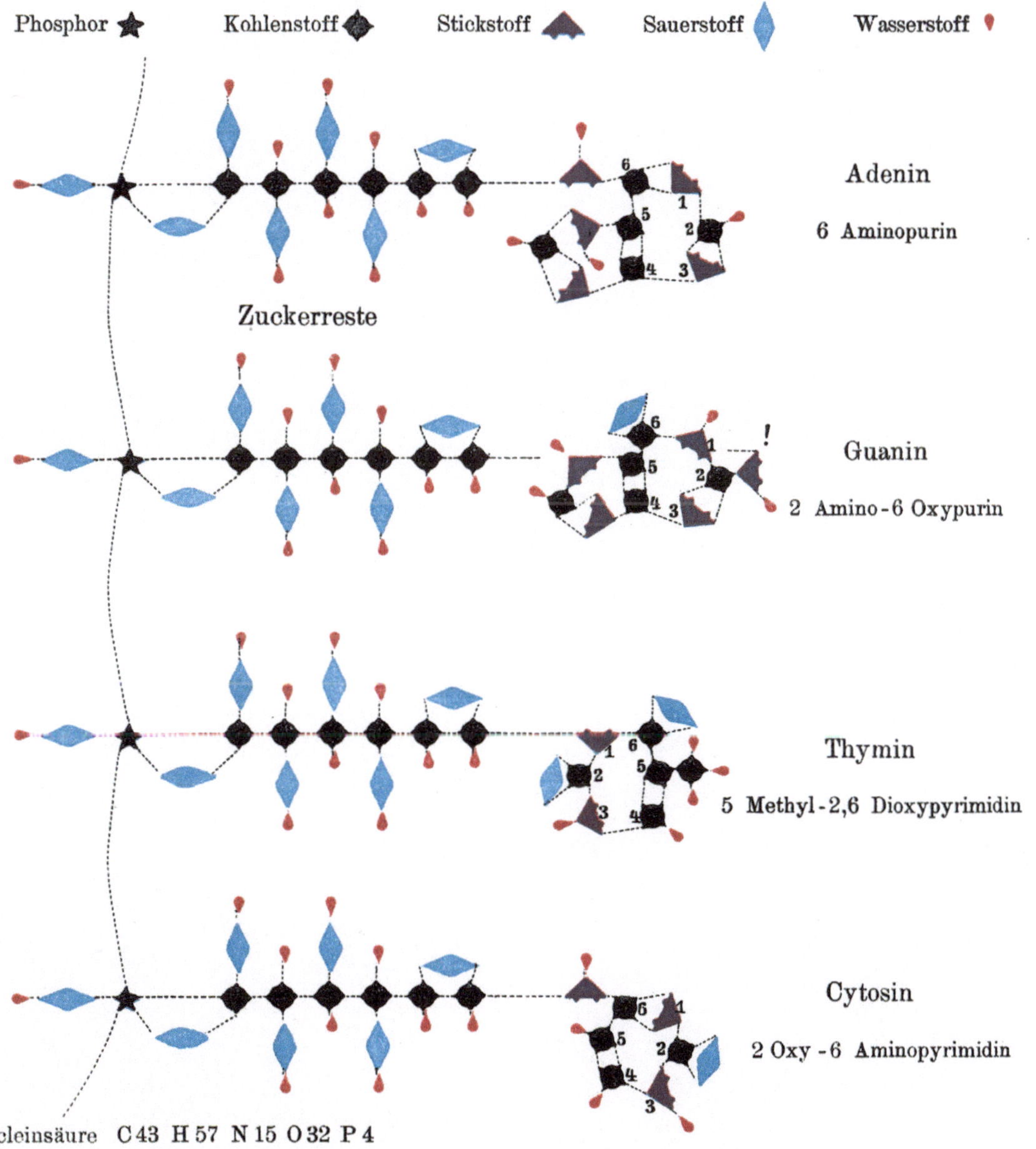

$4HPO_3 + 4C_6H_{12}O_6 + C_5H_5N_5 + C_5H_5N_5O + C_5H_6N_2O_2 + C_4H_5N_3O - 8H_2O$

Fette charakteristische Schloßbindung der Kohlenstoffketten durch Sauerstoff kehrt in dieser Form in keiner der anderen Gruppen der Wachstumsbausteine wieder, wodurch erklärlich scheint, daß auch die fettspaltenden Enzyme eine Gruppe für sich bilden werden.

Das Schema der Kohlenhydrate zeigt die Zusammenfügung von sechsgliedrigen Kohlenstoffketten durch Sauerstoff und Kohlenstoffkettung gleichzeitig, doch muß dazu bemerkt werden, daß es sich hier nicht um einwandfrei festgestellte Tatsachen, sondern um bildliche Darstellung einer Hypothese des Verfassers handelt. Daß auch fünfgliedrige Kohlenstoffketten die kolloidalen Kohlenhydrate zusammensetzen können, ist bekannt, an dem schematischen Bau der Kette wird dadurch nicht viel geändert. Das Kohlenhydratmolekül erscheint auch morphologisch als ein Mittelglied zwischen Kohlensäuremolekülen und Fettmolekül. Nach den heutigen Anschauungen wird die Wachstumsenergie aller Lebewesen letzten Endes bestritten allein von der Verbrennung von Kohlenhydraten.

Der schematische Bau der Eiweißsubstanzen, vielleicht zugleich ein Schema für alle eiweißartigen Substanzen, ist auf Tafel II dargestellt. Die einzelnen Eiweißbausteine, 17 an der Zahl, sind hier aufgefaßt als Seitenketten einer Zentralkette, die aus je zwei Kohlenstoffatomen besteht, die durch Stickstoff (als Schloßbildner) verbunden sind. Der hypothetische Charakter des Schemas des Verfassers braucht wohl nicht besonders betont zu werden. Es sind eine ganze Reihe von Kombinationen denkbar, bei denen auch dem Sauerstoff eine aktive Rolle als Schloßbildner zugewiesen werden könnte, doch zeigt das Schema besonders deutlich, warum nur α-Aminosäuren und keine anderen Aminosäuren das Eiweißmolekül zusammensetzen. Daß im Eiweiß anders als im Schema die einzelnen Amidosäuren mehrfach vorkommen können und werden, soll besonders betont werden. Die Rolle des Schwefels innerhalb der lebendigen Substanz erscheint noch ganz dunkel[1]; sehr deutlich zeigt das Schema, daß die Hälfte des Eiweißschwefels sehr leicht abspaltbar sein muß, während die zweite Hälfte erst bei Auflösung der Zentralkette frei wird. Durch Eintritt von 17 Molekülen Wasser in das Molekularschema würden die 17 Aminosäuren entstehen, deren Namen auf Tafel II angegeben sind. In welcher Weise Ammoniak, Kohlensäure und Wasser zum Eiweißmolekül sich zusammenschließen bei Zufuhr äußerer Energie, erscheint noch gänzlich dunkel und müssen wir die für die Wachstumsphysiologie wesentlichsten Aufklärungen in der Eiweißchemie noch von der Zukunft erhoffen.

Auf Tafel III findet sich ein Schema des Baues der Nucleinsäure, des chemischen Grundgerüstes aller Kernsubstanzen, aus deren Verbindung mit Eiweiß das komplizierteste Molekül, das wir bisher kennen, das Chromatinmolekül, hervorgeht. Eine Kette von 4 Phosphoratomen bildet das Gerippe des Nucleinsäuremoleküls, an dem in Form von 4 langen Seitenketten zunächst vier Zuckerreste aufgehangen sind, mit denen 4 Stickstoffsubstanzen in Verbindung stehen, während jedes Phosphoratom nach der anderen Seite eine saure OH-Gruppe trägt. Die Nucleinsäure ist eine vierbasische Säure, die im Chromatin mit vier

Eiweißmolekülen zu einem Riesenmolekül verbunden auftritt. Die Schloßbildung ähnelt durchaus der Schloßbildung der kolloidalen Kohlenhydrate. Die Tafel III zeigt die innere chemische Verwandtschaft der 4 Basen Adenin, Guanin, Thymin und Cytosin, die in der Nucleinsäure sich finden. Adenin, Thymin und Cytosin sind durch einen NH_2-Rest an das Zuckermolekül verankert, von dem sie durch starke Säure leicht sogar in der Kälte getrennt werden können, Thymin dagegen ist mit einem NH-Rest weit fester am Kohlenhydrat verankert, woraus sich die Bildung der Thyminsäure erklärt, die durch hydrolytische Abspaltung der drei anderen Basen aus der Nucleinsäure hervorgeht. Wie die Abbildung beweist, besteht nicht die geringste Analogie zwischen dem Bau des Eiweißes und der ebenfalls stickstoffhaltigen und ebenfalls kolloidalen Nucleinsäure. Die Schloßstellen zwischen Zucker- und Phosphorsäurerest und zwischen Basen und Zuckerrest andererseits besitzen keine Analogie mit den Schloßstellen der Eiweißkörper und verlangen daher andere Enzyme zur Spaltung. Der sechsgliederige Purinring ist in keinem der Eiweißspaltungsprodukte enthalten, die nur fünfgliedrige stickstoffhaltige Ringe aufweisen; Verfasser vermutet daher, daß der Purinring sich als notwendiger Wachstumsbaustein für die höheren Organismen erweisen wird. Die Verknüpfung der Nucleinsäure mit dem Eiweiß dürfte einfach unter Wasserverlust an die letzte Eiweißamidogruppe vor sich gehen nach dem Schema der Verknüpfung einer starken Säure mit einer schwachen Base. Mehr als 4 Eiweißmoleküle vermögen sich vermutlich nicht mit einem Nucleinsäuremolekül zu verbinden.

Die chemischen Grundlagen des organischen Wachstums legen sich klar, wenn wir die Atome, die chemischen Bausteine betrachten, die jede lebendige wachsende Substanz aufbauen helfen. Nur eine kleine Zahl der im periodischen System zusammengefaßten (72) Elemente beteiligt sich maßgeblich am Aufbau aller Organismen, deren innere Verwandtschaft durch die Einheitlichkeit der Grundsubstanzen am eindringlichsten vor Augen geführt wird. Alle bekannten Lebewesen besitzen chemisch einen prinzipiell gleichartigen Bau und ein prinzipiell gleichartiges Wachstum, so daß eine Schilderung der allen Lebewesen gemeinsamen Wachstumserscheinungen bereits alles Wesentliche umfaßt und nur noch einer Ergänzung bedarf durch die Schilderung der Sonderformen des Wachstums bei einzelnen besonders wichtigen Organismen, namentlich dem Menschen, bei dem auch die feinsten Besonderheiten des Wachstums von Interesse sind. Die lebensnotwendigen Elemente, zugleich die für das Wachstum notwendigen Elemente, sind Wasserstoff, Sauerstoff, Kohlenstoff, Stickstoff, Phosphor, Schwefel, Kalium, Calcium, Magnesium, Natrium, Chlor und Eisen. Diese Elemente setzen die Substanz aller bekannten Lebewesen zusammen, während außerdem noch Fluor, Brom, Jod, Silicium, Aluminium und Mangan sehr häufig gefunden werden.

Von den Elementen, die die Bausteine der lebendigen Substanz, namentlich die Eiweißkörper zusammensetzen, haben wir den Kohlenstoff als den wichtigsten Kettenbildner zu betrachten. Alle vielatomigen organischen Substanzen besitzen Kohlenstoffketten, deren Länge von zwei bis etwa achtzehn Kohlenstoffatomen schwankt. Diese Kohlenstoffketten bilden das Gerüst der wachsenden lebendigen Substanz. Nur eine einzige Kette, die nicht aus Kohlenstoffatomen gebildet wird, ist bekannt in der Nucleinsäure, in der kolloidale Phosphorsäure die Hauptkette bildet, an die sich die Seitenketten ansetzen. Kohlehydrate, Fette und Eiweißkörper, sowie alle übrigen bekannten organischen Verbindungen enthalten niemals Ketten eines anderen Elementes als des Kohlenstoffes. Bei allen Fetten und Kohlehydraten werden die einzelnen Kohlenstoffketten durch Sauerstoffatome miteinander verhakt oder aneinandergeschlossen, bei den Eiweißkörpern sind die Kohlenstoffketten durch Stickstoffatome miteinander verbunden. Man kann sagen, daß alles organische Wachstum im Grunde auf der Fähigkeit des Kohlenstoffes beruht, Ketten von Atomen zu bilden und sich mit sauren und basischen Atomen, besser ausgedrückt, elektropositiven und elektronegativen Ionen gleich leicht zu verbinden. Im Methan verbindet sich der Kohlenstoff mit vier Wasserstoffionen, zeigt also vier negative Valenzen, während im Kohlensäureanhydrid Kohlenstoff mit zwei Sauerstoffatomen verbunden ist, also vier positive Valenzen betätigt. Auf dieser elektrischen Doppelstellung des Kohlenstoffes beruht zugleich die Tätigkeit der Kettenbildung wie die leichte Reduzierbarkeit seiner Sauerstoffverbindung der Kohlensäure zu Kohlehydrat unter der Einwirkung des Lichtes. Bei der Reduzierung der Kohlensäure zu Kohlehydrat entstehen die primären Kohlenstoffketten im Innern der lebendigen Substanz, ohne die kein Wachstum möglich wäre. Der nächste Nachbar des Kohlenstoffes im periodischen System der Elemente, das Silicium, ist durch die Unlöslichkeit seiner Sauerstoffverbindung des Kieselsäureanhydrides SiO_2 (des Analogons des Kohlensäureanhydrides CO_2) in Wasser davon ausgeschlossen, eine maßgebende chemische Rolle beim Aufbau und beim Wachstum der lebendigen Substanz zu spielen.

Die Rolle des Stickstoffes in der lebendigen Substanz ist die des Basenbildners, da die negativen OH-Ionen der organischen Verbindungen vom Ammoniumrest $-NH_3 \diagdown OH$ abdissoziieren, zugleich schließen sich mit Hilfe des Stickstoffatomes Kohlenstoffketten zu Ringen und im Eiweißmolekül zu längeren Ketten zusammen. Die Wichtigkeit von Wasserstoff und Sauerstoff für die Zusammensetzung der lebendigen Substanz braucht bei der Unentbehrlichkeit des Wassers nicht näher erläutert zu werden. Eine einleuchtende chemische Rolle des Schwefels anzugeben, der doch in allen Eiweißkörpern gefunden werden soll, ist heute noch nicht möglich, dagegen bildet der Phosphor als Phosphorsäure einen der wichtigsten Bestandteile der Kernstoffe. Die Stärke der Phosphorsäure bewirkt einen elektrischen Gegensatz zwischen dem elektrisch neutralen Protoplasmaeiweiß und den sauren Kernstoffen, der für das Wachstum wie für jede Lebenserscheinung der lebendigen Substanz von höchster Bedeutung ist. Während das Protoplasmaeiweiß sich in schwachbasischer Lösung wie eine Base, in schwachsaurer Lösung wie eine Säure verhält, bestehen die Kernstoffe aus zwei chemischen Hälften von ausgesprochen elektrischem Charakter, den stark anodischen Nucleinsäuren und den stark kathodischen Histonen. Jeder dieser beiden Bestandteile vermag neutrales Plasmaeiweiß elektrisch umzustimmen, und zwar sind ganz geringe Mengen von Kernstoff imstande, große Mengen neutralen Plasmas auszufällen, zu binden und elektrisch umzustimmen. Chemisch unfaßbar kleine Mengen von Kernsubstanz werden infolge dieses elektrischen Gegensatzes genügen, um maßgebend in den Haushalt des Protoplasmas und damit auch in den Wachstumsvorgang einzugreifen. Die Anwesenheit kolloidaler Phosphorsäure ist imstande, eine große Reihe der Wachstumserscheinungen innerhalb der lebendigen Substanz dem Verständnis näherzuführen und die Rolle der Zellkerne verständlich zu machen. Freilich kann an dieser Stelle nur in ganz groben Umrissen die Rolle der einzelnen Elemente für den primären Wachstumsvorgang, nämlich die Bildung von Kolloidmembranen, angedeutet werden.

Von obigen Elementen vereinigen sich mit der lebendigen Substanz direkt ganz allein der Sauerstoff in der Form von molekularem Sauerstoff O_2, alle anderen Elemente treten bereits als Molekularverbindungen an die wachsende lebendige Substanz heran[1]), in deren Innern sie solche chemische Umlagerungen erleiden, daß aus den verhältnismäßig chemisch einfachen Bausteinen neue lebendige Substanz gebildet wird. Jede neugebildete, lebendige Substanz besitzt die Fähigkeit des Wachstums durch Zusammenfügen derselben chemischen Bausteine, aus denen sie selber gebildet wurde, und ganz allmähliche Übergänge führen vom Wachstum der Moleküle zu immer größeren Komplexen zum Wachstum der lebendigen Substanz. Nicht die Elemente, wohl aber die Molekularverbindungen Wasser H_2O, Ammoniak NH_3, Kohlensäureanhydrid CO_2. Schwefelsäure H_2SO_4 und Phosphorsäure H_3PO_4, sowie die Oxyde von Kalium, Magnesium und Calcium können wir als die primären Bausteine ansehen, die den einfachsten Organismen genügen, um die wesentlichen Molekularketten der lebendigen Substanz zu bilden. Ein Merkmal ist den verschiedenartigen, durch ihre Fülle verwirrenden chemischen Reaktionen innerhalb der lebendigen Substanz gemeinsam. Ohne Beteiligung des Wassers respektive seiner Ionen, der Wasserstoffionen und der Hydroxylionen, geht keine Reaktion im Innern der Organismen vor sich. Das Wasser bildet nicht nur einen beträchtlichen Bestandteil der lebendigen Substanz, sondern es ist noch einer beständigen Erneuerung durch Ausscheidung und Wiederaufnahme unterworfen, so daß mit Recht behauptet werden kann, nicht nur die im Wasser lebenden Organismen, sondern alle Organismen leben und wachsen in fließendem Wasser. Für die anorganischen Bestandteile der Organismen läßt sich ohne Schwierigkeit übersehen, daß alle ihre chemischen Reaktionen nur bei Anwesen-

[1]) Einige Knöllchenbakterien sollen imstande sein, elementaren Stickstoff (N_2) sich anzugliedern und zum Aufbau ihrer Substanz zu verwerten. Von anderen Lebewesen ist eine solche Fähigkeit nicht bekannt.

heit von Wasser vor sich gehen können. Bildung, Veränderung, Transport der anorganischen Stoffe in der lebendigen Substanz sind an die Anwesenheit von Wasser gebunden, in dem sie in Ionen zerfallen und durch Zusammentritt ihrer Ionen sich bilden. Weniger selbstverständlich erscheint dagegen die Tatsache, daß auch alle Nichtelektrolyte Eiweißstoffe, Kohlehydrate und Fette, sowie deren Abkömmlinge und Spaltungsprodukte, stets und ständig aufgebaut und abgebaut werden innerhalb der lebendigen Substanz unter Eintritt oder Austritt von H^+ oder OH^--Ionen. Jede Bindung kommt zustande unter Austritt von H^+ und OH^- aus zwei Molekülen, jede Spaltung durch Eintritt von H^+ und OH^- in die Bindungsstelle zweier Atome. Sind die obigen Annahmen richtig, so dürfte bei völliger Abwesenheit von Wasser auch im Reagensglase keine organische Synthese oder Spaltung gelingen wegen des Fehlens von H^+ und OH^-. Tatsächlich bleiben bei völliger Abwesenheit des Wassers selbst solche Reaktionen aus, die bei der bisherigen Formulierung des chemischen Vorganges, die Mitbeteiligung der Ionen des Wassers gar nicht erkennen ließen. Wasserstoff vereinigt sich nicht mit Sauerstoff bei Abwesenheit von H^+ und OH^-, daher läßt sich völlig getrocknetes Knallgas nicht zur Explosion bringen. Völlig trockene Kohle vereinigt sich nicht mit Sauerstoff bei Abwesenheit von H^+ und OH^-, die für das Wachstum so eminent wichtige Oxydationsformel für Kohlenstoff lautet daher nicht

$$C + O_2 = CO_2, \text{ sondern } C\begin{matrix}+\\+\\+\\+\end{matrix} + 4(OH^-) = C\begin{matrix}OH\\OH\\OH\\OH\end{matrix}.$$

$$C(OH)_4 \text{ zerfällt in } H_2CO_3 \mid H_2O,\ H_2CO_3 \text{ in } H_2O \mid CO_2.$$

Das Wachstum der Molekularketten in wässeriger Lösung bietet uns chemisch ein noch nicht völlig gelöstes Rätsel trotz obiger Feststellung, daß alles Wachstum auf Austritt von H und OH aus zwei benachbarten Molekülen beruht. Es erhebt sich die Frage, wie kommt der Wasseraustritt innerhalb der lebendigen Substanz, also innerhalb eines wasserhaltigen Mediums zustande, während im Reagensglase die Synthesen durch die schärfsten wasserentziehenden Mittel, wie Eisessig, erzwungen werden. Wo Säure und Base zusammenwachsen zu einem Salzmolekül, tritt freilich auch im Wasser H^+ und OH^- unter Wärmeentwicklung zu Wasser zusammen, bei der Bildung der Molekularketten der lebendigen Substanz handelt es sich aber im wesentlichen um Zusammenschluß von nur ganz minimal dissoziierenden Substanzen. Prinzipiell besteht allerdings kein Unterschied zwischen der Bindung von Säure und Base zu einem Salz und der Bindung zweier Zuckermoleküle zu einem Doppelmolekül oder der Bindung vieler Zuckermoleküle zu einem riesigen Glykogenmolekül oder Stärkemolekül, aber praktisch wachsen Zuckermoleküle in wässeriger Lösung nicht von selber, das heißt mit meßbarer Geschwindigkeit, zu Stärkemolekülen zusammen. Theoretisch ist die Geschwindigkeit der Reaktion Zucker minus Wasser gleich Stärke auch in wässeriger Lösung nicht Null, praktisch kommt sie nicht in Frage. Die lebendige Substanz bedient sich der chemisch noch unbekannten Enzyme oder Fermente, um das Wachsen der Moleküle unter Wasseraustritt wie das Spalten der Riesenmoleküle unter Wassereintritt mit meßbarer Geschwindigkeit ausführen zu können. Ohne Enzymwirkung erfolgt kein Wachsen der lebendigen Substanz, da die Enzyme zur Bildung ihrer Bausteine unbedingt erforderlich sind. Über das Wesen der Enzymwirkung besitzen wir noch keine klaren physikalisch-chemischen Darstellungen, es möge daher hier nur kurz die Annahme des Verfassers erwähnt werden, daß die Enzyme solche Kolloide sind, die ein starkes Adsorptionsvermögen (oder Lösungsvermögen) für H^+ resp. OH^- einerseits, für das fermentierende Substrat andrerseits besitzen. Wird bei der Synthese der Stärke aus Zuckerlösung durch Diastase jede Spur gebildeten Substrats (der Stärke), infolge der Adsorption durch das Enzym Diastase aus einer wässerigen Lösung entfernt, so muß unmittelbar eine Neubildung von Stärke in der wässerigen Lösung vor sich gehen, da die Dissoziationskonstante keiner Schloßstelle der Moleküle gleich Null sein kann. Jede OH-Gruppe einer organischen Verbindung kann als schwächste Base angesehen werden, jede H-Bindung als schwächste Säure. Bei Entfernung eines Reaktionsproduktes aus einer Lösung tritt automatisch Wiederneubildung der gleichen Menge auf Grund der chemischen Gleichgewichtssätze ein. Es würde zu weit führen, hier näher auf obigen ganz hypothetischen Mechanismus der Enzymwirkung einzugehen, es sei vielmehr hier auf die wichtigste Lücke in unserer Kenntnis von den Ursachen des Wachstums der Moleküle in der lebendigen Substanz hingewiesen. Enzymwirkung ist an die Anwesenheit von Wasser gebunden, wie schon oben bemerkt; jeder chemische Eingriff, der die Enzymwirkung schädigt, schädigt auch das Wachstum der Organismen. Daß ohne Enzymwirkung kein Wachsen der lebendigen Substanz stattfinden kann, ist ein wichtiger Unterschied gegenüber dem Wachsen der künstlichen Zellen, in denen die Wandbestandteile, z. B. Kupferion und Ferrocyanion, mit endlicher Geschwindigkeit zur Ferrocyankupfermembran sich vereinigen ohne Geschwindigkeitsbeschleunigung durch ein Enzym.

Chemische Grundlage für alles Wachstum ist die gleichzeitige Anwesenheit aller Primärbausteine der lebendigen Substanz in der Nähe des wachsenden Organismus und stete Zufuhr aller Primärbausteine während der ganzen Dauer des Wachstumsprozesses. Die Anforderung an die chemische Beschaffenheit der Primärbausteine ist im einzelnen bei Pflanzen und Tieren sehr verschieden.

Die chemische Betrachtung der Wachstumserscheinungen lehrt uns die Bildung der lebendigen Substanz weder auf Gravitation, noch auf Diffusion zurückzuführen, sondern auf chemische Affinität, die zwar zum großen Teil auf Elektrodifferenz zurückgeführt werden kann, aber doch nicht in allen Fällen. Ein Teil der für das Wachstum so wichtigen Adsorptionserscheinungen weist auf eine maßgebende Rolle der Anordnung der Atome im Raum, also der Morphologie der Moleküle hin.

Die physikalischen Grundlagen des organischen Wachstums sind nach der Besprechung der chemischen Bausteine des organischen Wachstums leichter verständlich. Da die Neubildung der Kolloidmembran der lebendigen Substanz nur bei Enzymwirkung vor sich gehen kann, ist alles organische Wachstum in verhältnismäßig enge physikalische Grenzen eingeschlossen. Kälte verhindert Enzymwirkung, also auch das Wachstum, Hitze zerstört alle organischen Substanzen. So ist das lebendige Wachstum aus chemischen Gründen auf Temperaturen angewiesen, die nicht wesentlich unter Null Grad und nicht wesentlich über 70° liegen dürfen. Für die Mehrzahl der Organismen ist sogar ein Wachstum über 50° ausgeschlossen, und nur einige thermostabile Bakterien und Algen machen eine Ausnahme. Bei genügender Zufuhr der chemischen Bausteine ist des Wachstumsprozeß der lebendigen Substanz in hohem Maße in seiner Geschwindigkeit abhängig von der Temperatur. Ebenso wie chemische Reaktionen durch Temperaturerhöhung um etwa 10° in ihrer Geschwindigkeit auf das Zwei- bis Dreifache gesteigert werden, so erfährt auch das Wachstum der Organismen innerhalb gewisser Temperaturgrenzen eine Beschleunigung gleichen Grades. O. Hertwig fand bei der Entwicklung von Froscheiern im Wasser von Temperaturen zwischen 6 und 24°, daß die verschiedenen Entwicklungsstadien Blastula, Gastrula, Larvenstadium um so rascher erreicht werden, je höher die Temperatur ist und daß die Geschwindigkeit bei Steigerung der Temperatur um 10° fast verdreifacht wird. Enzymatische Prozesse steigern ihre Geschwindigkeit innerhalb der Wachstumstemperaturen bei Erhöhung der Temperatur um 10° meist weit rascher als um das Dreifache bis zum Siebenundeinhalbfachen der Ausgangsgröße, verhalten sich also anders als wachsende Organismen, während der Stoffwechsel bei einigen Organismen die gleiche Steigerung bei Temperaturerhöhung erfährt, wie das Wachstum. So fand Clausen bei Lupinenkeimlingen, Weizenkeimlingen und Syringablüten die abgegebene Kohlensäuremenge um das Zweiundeinhalbfache ansteigen, bei Steigerung der Temperatur um 10°. Wollen wir uns über die hieraus zu folgernde Abhängigkeit der Wachstumsgeschwindigkeit von der Größe der Dissimilation der lebendigen Substanz Rechenschaft geben, so müssen wir daran denken, daß die Wachstumsgeschwindigkeit direkt abhängig sein muß von der Geschwindigkeitszufuhr der chemischen Bausteine des Wachstums. Ohne die Anwesenheit der chemischen Bausteine kein Wachstum. Chemische Bausteine für den Ansatz neuer lebendiger Substanz liefert aber nicht die Assimilation der Nahrung, die liefert zuerst Reservestoffe, sondern die Zerfallsprodukte der Reservestoffe im Stoffwechsel sind die chemischen Bausteine neuer lebendiger Substanz. Füttere ich einen wachsenden Organismus stärker, so setzt er zunächst nur mehr Reservestoffe an, während das Wachstum aus Mangel an chemischen Bausteinen sogar sistieren kann. Erhöhe ich dagegen durch irgendeinen Vorgang, z. B. Temperatursteigerung, die Dissimilation der Reservestoffe, so bilden sich im Stoffwechsel Zerfallsprodukte, die als chemische Bausteine für den

Aufbau neuer lebendiger Substanz Verwendung finden können. Die Zerfallsprodukte der lebendigen Substanz und der Reservestoffe im Stoffwechsel während der Lebensprozesse liefern die chemischen Bausteine für die Erzeugung neuer lebendiger Substanz dagegen im allgemeinen nicht die neu aufgenommene, noch nicht assimilierte Nahrung direkt. Da die Wachstumsgeschwindigkeit abhängig sein muß von der Anwesenheit der chemischen Bausteine in molekularer Nähe der wachsenden Kolloidmembranen der lebendigen Substanz, so ist die Geschwindigkeit des Zerfalls des Protoplasmas und der Reservestoffe der wichtigste Faktor für die Wachstumsgeschwindigkeit.

Wollen wir die nähere chemische Natur der Wachstumsbausteine kennen lernen, so müssen wir untersuchen, welche Bestandteile bei der Dissimilation dieser Substanz im Stoffwechsel entstehen. Wohinein ein Gewebe beim Stoffwechsel zerfällt, daraus baut es sich auch neu wieder auf beim Wachstum. Zerfiele Eiweiß beim Stoffwechsel direkt in Kohlensäure, Wasser, Ammoniak und Schwefelsäure, so müßten diese Spaltungsprodukte sich beim Wachstum durch Enzymwirkung wieder zu Eiweiß zusammenfügen lassen. Dieselben Enzyme, die den Zerfall bewirken, bewirken auch das Wachstum der neuen lebendigen Substanz. Die Stoffwechselprodukte sind die Wachstumsbausteine.

Die Beschaffung der chemischen Bausteine bildet allerdings, wie wiederholt hervorgehoben, die Fundamentalbedingung für jedes Neuwachstum, ist aber nicht die einzige Folge gesteigerten Zerfalles im Stoffwechsel. Der Zerfall der Gewebe und der Reservestoffe bewirkt durch Steigerung des osmotischen Druckes der Gewebsflüssigkeiten ein Zuströmen von Wasser und eine Erhöhung des Turgors und damit eine Dehnung der Kolloidmembranen der lebendigen Substanz, ohne welche diese ebensowenig durch Intussuszeption wachsen könnte als eine ungedehnte Ferrocyankupfermembran bei einer künstlichen Traubeschen Zelle. Bringen wir eine Luftblase in eine künstliche Traubesche Zelle, so dehnt diese die Wandlung und führt durch diese Dehnung schnelles Wachstum der künstlichen Zellen herbei. Die künstlichen Zellen mit den größten Luftblasen wachsen am schnellsten, da die Dehnung der Wandung am größten. In der gleichen Weise wie bei den künstlichen Zellen ist bei der lebendigen Substanz der Zerfall des Protoplasmas und der Reservestoffe im Stoffwechsel in kleinere osmotisch wirksame Moleküle der Grund für erhöhten Turgor und deshalb für erhöhte Wachstumsmöglichkeit durch Intussuszeption. Bei pflanzlichen Organismen können wir direkt beobachten, daß die Gewebsspannung bei raschem Wachstum erhöht gefunden wird und daß bei Abnahme der Spannung das Wachstum sich verlangsamt oder aufhört. Rasch wachsende Pflanzenteile zeigen meist hohen Turgor, ebenso arbeitende Gewebe tierischer Organismen.

Durch den Wachstumsprozeß wird nun auch umgekehrt der Stoffwechsel in zweifacher Weise begünstigt und erhöht. Durch Wegschaffung der Stoffwechselprodukte beim Wachstum wird erstens neue Dissimilation ermöglicht, während Anhäufung der Dissimilationsprodukte den Stoffwechsel hemmen würde, und zweitens kann sich die neugebildete Substanz an der Arbeitsleistung der alten beteiligen. Ein arbeitendes Gewebe wächst innerhalb gewisser Grenzen um so stärker, je mehr es arbeitet, aus den oben geschilderten Gründen. Freilich wird besonders bei tierischen Organen das Wachstum nicht etwa um den Betrag der Stoffwechselsteigerung zunehmen. Der größte Teil der Stoffwechselprodukte wird weggeführt, nur ein kleiner Teil für Neuansatz verwendet. Wie wir sahen, ist die osmotische Wasseraufnahme eine wichtige Phase bei dem Wachstum der lebendigen Substanz, die der Stoffneubildung vorangeht, um eine innere Oberfläche zu schaffen, die durch Adsorption (Intussuszeption) neugebildete Substanz in sich aufnehmen kann.

Der osmotische Druck einer Lösung, in der Organismen zum Wachsen gebracht werden, beeinflußt ganz direkt die Wachstumsgröße. So fand Loeb, daß Tubularia rascher wächst in verdünnterem als in konzentriertem Seewasser, für eine ganze Reihe von Meeresorganismen gilt das gleiche, selbst die Endgröße der Meerestiere erweist sich als abhängig vom osmotischen Druck des umgebenden Mediums. indem einige Organismen kleiner bleiben im konzentrierteren Meerwasser.

Während der osmotische Druck eine wichtige Rolle bei den Wachstumsvorgängen spielt, kommt von physikalischen Faktoren dem Gasdruck, resp. den Schwankungen des Gasdruckes auf der Erdoberfläche nur eine sehr untergeordnete Rolle zu. Erhöht man die Dichte des Sauerstoffs in der Atmosphäre, so erzeugt man bei einzelnen Pflanzen Wachstumsbeschleunigungen, bei höheren Sauerstoffdrucken dagegen erlischt Stoffwechsel und Wachstum der Organismen. Reiner Phosphor verbrennt in reinem Sauerstoff nicht, sondern nur in verdünntem, in Analogie mit dem Erlöschen der Sauerstoffzehrung in den Organismen bei allzu hohem Partiardruck des Sauerstoffs, während eine ganze Reihe von anorganischen und organischen Oxydationen im Reagensglas, auch bei sehr hohen Partiardrucken des Sauerstoffs ungestört von statten gehen. Eine Reihe von Organismen, die anaeroben Bakterien, vermögen nur bei Abwesenheit von freiem Sauerstoff in ihrer Umgebung zu wachsen, trotzdem Sauerstoff zu den allen Organismen absolut unentbehrlichen primären Bausteinen gehört. Diese Bakterien entnehmen chemisch gebundenen Sauerstoff ihrer Nahrung und verwenden ihn beim Aufbau ihrer Substanz, sie vermögen aber nicht, freien Sauerstoff im umgebenden Medium zu verwerten.

Das Licht gehört nicht zu den allen Organismen gemeinsamen Wachstumsbedingungen, da eine ganze Reihe niederer Lebewesen bei völligem Lichtabschluß zu wachsen vermögen. Bei den chlorophyllführenden Pflanzen ist allerdings das Licht das Mittel für die Umformung der Kohlensäure der Luft in Wachstumsbausteine und damit Wachstumsbedingung, aber selbst diese Organismen wachsen rascher im Dunkeln, wo die Dissimilation überwiegt, als im Licht, wo die Assimilation die Oberhand gewinnt. Das Wachstum erfolgt auch hier nicht direkt durch Assimilation, sondern erst beim Zerfall der Assimilationsprodukte. Die in den Pflanzen unter dem Einflusse des Lichtes gebildete Stärke ist zunächst kein Baumaterial, sondern Reservesubstanz für den Stoffwechsel. Erst nach der Zerlegung der Stärke in Zuker durch Enzyme liefert sie die Bausteine für das Wachstum der lebendigen Substanz. Das Licht gehört nach dieser Anschauung zu den nur indirekt das Wachstum beeinflussenden physikalischen Faktoren.

Elektrische Beeinflussung der Wachstumsprozesse kommt für die Organismen anscheinend unter natürlichen Bedingungen wenig oder gar nicht in Frage. Wenn man bei Zuführung schwacher elektrischer Ströme bei Pflanzenkeimlingen rascheres Wachstum beobachtet haben will, so erklärt sich dieser Einfluß durch die Erhöhung der assimilatorischen Prozesse infolge der zugeführten elektrischen Ströme. Auch in diesem Falle beruht die Wachstumsbeschleunigung auf einer Vermehrung der Wachstumsbausteine durch Zerfall der Reservesubstanzen und osmotischer Dehnung der Kolloidmembranen durch Zuströmen von Wasser zu den neu entstandenen, osmotisch wirksamen Zerfallsprodukten, wodurch die innere wachsende Oberfläche vergrößert wird. Die Wachstumsgeschwindigkeit wird in vielen Fällen proportional sein der wachstumsfähigen inneren Oberfläche, wie der Zahl der Wachstumsbausteine in deren molekularer Nähe.

Eine Betrachtung der energetischen Grundlagen des Wachstums hat von der Tatsache auszugehen, daß wir das Leben als einen Arbeitsvorgang anzusehen haben, von dem bei vielen Organismen die Wachstumsarbeit den ausgedehntesten und in die Augen fallendsten Abschnitt darstellt. Alles organische Wachstum auf der Erde beruht auf der Lebensarbeit der chlorophyllhaltigen Pflanzen, welche Energie des Sonnenlichtes in chemische Spannkraft umsetzen, die alsdann in den höheren tierischen Organismen in Wärme und teilweise in mechanische Bewegung umgesetzt werden kann. Wie zwei energetische Antagonisten stehen sich Pflanzen- und Tierwelt gegenüber. Beruht die Lebensarbeit der chlorophyllhaltigen Pflanzenwelt in einer Verlangsamung der Abkühlung der Erdoberfläche durch Bewahrung der Sonnenenergie und durch Verlangsamung der Strahlung der Erde in den Weltenraum und damit in einer Verzögerung des Alterns unseres Mutterplaneten, so besteht die Lebensarbeit der chlorophyllosen Organismen mit dem Menschen an der Spitze in der Rückverwandlung der von den Pflanzen aufgespeicherten Spannkraft letzten Endes in strahlende Wärme, die bei der ständigen Abkühlung in den Weltenraum der Erdoberfläche verloren geht. Für die Energiebilanz der Erdoberfläche stellen die Pflanzen das assimilatorische, die Tiere das dissimilatorische Element dar. Der Mensch zeigt seine Sonderstellung im Tierreich durch die Größe seiner Gegenarbeit gegen die Lebensarbeit der Pflanzenwelt. Was ungezählte Generationen von Pflanzen in ihrer Lebensarbeit an chemischer Spannkraft aufgespeichert haben, niedergelegt in den Steinkohlenablagerungen der Erdoberfläche, setzt der Mensch in kurzen Zeiträumen in Wärme um, im Dienste seiner Kulturarbeit, gegenüber der die Lebensarbeit der gesamten Tierwelt allmählich zur Bedeutungslosigkeit herabsinkt.

Das jährliche Wachstum der Pflanzen auf der Erdoberfläche ist bereits seit Jahren nicht mehr imstande, dem Energiebedarf der Menschheit zu genügen. Trotzdem ist heute noch das Wachstum des Menschen mit der Menschheit, wie das der gesamten Tierwelt und der Welt der chlorophyllosen Pflanzen und Protisten auf die Lebensarbeit der Chlorophyllträger angewiesen, da sie nicht imstande sind, den größten Teil der Wachstumsarbeit selber zu leisten. Sie sind nicht imstande, ihren Körper aus den elementaren Grundstoffen, wie sie sich auf der Erdoberfläche finden, aufzubauen. Wir wissen zwar nicht, ob nicht jede lebendige Substanz noch ererbte Reste der Fähigkeit besitzt, aus Kohlensäure, Wasser, Ammoniak und Salzen die chemischen Bausteine für ihr Wachstum sich zu bilden, aber wir wissen, daß alle chlorophyllosen Organismen die Zufuhr von energiehaltiger Nahrung vom ersten Anfang ihres individuellen Lebens an nötig haben. Die Wachstumsarbeit erscheint recht verschieden für zwei Organismen, von denen der eine sich die lebendige Substanz aus Wasser, Kohlensäure, Ammoniak und Salzen aufbauen muß, während der zweite neben fertig zubehauenen Bausteinen, Fetten, Kohlehydraten, Eiweißkörpern oder deren Spaltungsprodukten auch noch in ihnen die für die Weiterverarbeitung der Nahrung und deren Zusammensetzung zu lebendiger Substanz nötige Energie mitgeliefert bekommt. Den größten und schwersten Teil der Wachstumsarbeit leistet die Tierwelt nicht selber, es hängt daher die Größe des Zuwachses an Tiergewicht auf der Erdoberfläche (das Gewicht der Menschheit einbegriffen) heute noch unmittelbar von der Größe der Wachstumsarbeit der Pflanzenwelt ab und kann die von dieser vorgezeichnete Größe heute noch nicht überschreiten. Die Wachstumsarbeit der Tier- und Pflanzenwelt (richtiger gesagt, der chlorophyllhaltigen und chlorophyllosen Organismen) verläuft annähernd proportional; steigt die eine, so steigt auch die andere. Wohl könnte die Pflanzenwelt, nicht aber die Tierwelt verhältnismäßig stärker zunehmen. Daß der Mensch, abgesehen von der Steinkohlenverbrennung, auch durch Waldverwüstung, durch die ganze Gebirgszüge verkarsten und ihres Pflanzenwuchses beraubt werden, und Kontinente wie Nordamerika fast ihren ganzen Waldbestand einbüßen, in die Wachstumsmöglichkeiten von Tier- und Pflanzenwelt maßgebend eingreift, sei hier nur kurz erwähnt. Die Größe der Wachstumsarbeit, die die Pflanzen leisten, läßt sich annähernd schätzen aus der Verbrennungswärme der lebendigen Substanz, deren chemische Spannkraft ja das Ergebnis der Pflanzenwachstumsarbeit darstellt. Die Arbeit, die die wachsenden Pflanzen zu leisten haben, ist allerdings größer als die Oxydationsenergie der lebendigen Substanz, da kein Prozeß in der Natur mit 100prozentigem Nutzeffekt geleistet werden kann; wie groß aber die von Pflanzen wirklich geleistete Wachstumsarbeit bei Bildung der Einheit der lebendigen Substanz ist, scheint bisher nicht genauer bestimmt worden zu sein. Der nähere Modus des Wachsens der Körpersubstanzen ist noch unaufgeklärt, namentlich der Modus der Bildung der Eiweißsubstanzen aus Kohlensäure, Wasser, Ammoniak und Schwefelsäure, daß Wachsen der Moleküle bedarf an allen Stellen in gleicher Weise noch der grundlegenden Aufklärung, wie die Physiologie des Wachstums überhaupt.

Die Arbeit, die die tierischen Organismen beim Wachstum zu leisten haben, besteht erstens in dem Aufwand von Bewegungsenergie und Beschaffung der beim Wachstum erforderlichen Nahrungsmenge über den Lebensbedarf ohne Wachstum hinaus, zweitens in dem Aufwand an Energie zur physihalischen und chemischen Zerkleinerung der Moleküle im Verdauungsraum, die den Wachstumsbedarf in resorptionsfähige Form bringt, drittens in dem Aufwand an Energie zur Rückverwandlung der resorbierten Stoffe in Reservestoffe, da vermutlich nur in seltenen Fällen die diffusiblen organischen Verdauungsprodukte beim Wachstum direkt Verwendung finden, viertens in dem Aufwand zum Transport der rückverwandelten Nahrung zu den Stellen des Verbrauches, fünftens in dem Aufwand zur Zerlegung der Reservestoffe in Wachstumsbausteine, sechstens in dem Aufwand zur Verwandlung der Wachstumsbausteine in lebendige Substanz. Diese sechs Aufwendungen an Arbeit zusammen bilden die Wachstumsarbeit der lebendigen Substanz in den tierischen Organismen. Die Gesamtarbeit erscheint recht klein, wenn wir sie mit der Arbeit der Pflanzen vergleichen, die die lebendige Substanz aus den primären Bausteineu direkt aufzubauen haben. Man darf bei Berechnung der Wachstumsarbeit nicht vergessen, den Brennwert der Wachstumsbausteine abzuziehen. Bei den chlorophyllhaltigen Pflanzen ist der Brennwert der Bausteine so gut wie Null, die gesamte Oxydationsmenge der aufgebauten lebendigen Substanz ist daher der Wachstumsarbeit zuzurechnen, bei den übrigen Organismen dagegen ist der Brennwert der Wachstumsbausteine nur unerheblich niedriger als der Brennwert der lebendigen Substanz, wir dürfen nur die Differenz beider der Wachstumsarbeit zurechnen. Bei der Berechnung der Arbeit, die ein Holzhaus zu bauen kostet, dürften wir ebensowenig den Brennwert des benutzten Bauholzes zur Bauarbeit rechnen, nur die Bearbeitung, der Transport und die Zusammenfügung der Hölzer setzen die Bauarbeit eines Holzhauses zusammen.

Die Wachstumsarbeit der Pflanzen gleicht dem Aufbau eines Hauses ohne jedes Hilfsmittel. Die Ziegel müssen erst geformt und gebrannt werden, die Bauhölzer gefällt und zubehauen. Die Wachstumsarbeit der übrigen Organismen gleicht der Arbeit, aus einem fertigen Gebäude durch Abbruch unter Benutzung der Ziegel und Bauhölzer ein neues Haus in anderer Anordnung aufzubauen. Die chemische Differenz der verschiedenartigen Lebewesen beschränkt sich in der Hauptsache auf quantitative Differenzen bei der Benutzung der allen Lebewesen gemeinsamen Bausteine, die in verschiedenen Lebewesen hintereinander Verwendung finden, bis sie sich im Stoffwechsel in die Elementarbestandteile aufgelöst haben. Von dem Fett der Kohlpflanze geht ein Teil in das Fett der kohlfressenden Raupe über, von der Raupe auf den Singvogel, dem die Raupe zum Futter dient, von dem Singvogel auf den Raubvogel, von dem toten Raubvogel auf die Insekten, denen der Leichnam des Raubvogels zur Nahrung dient, bis schließlich kein Teil mehr der vollständigen Verbrennung zu Wasser und Kohlensäure im Stoffwechsel entgangen ist. Die Tierwelt als Parasit der Pflanzenwelt wächst auf Kosten schon verwendeten Materials, während ein Teil der Pflanzen aus selbstgeschaffenem Material ihren Organismus neu aufzubauen imstande ist. Ob wir die Wachstumsarbeit der Tiere als groß oder klein bezeichnen, hängt ab von der Größe der gleichzeitig ablaufenden Lebensarbeit, von der Größe des Kraftwechsels der wachsenden Organismen. Im Beginne des Lebens diente der weit überwiegende Teil der Lebensvorgänge dem Wachstumsprozeß, die Wachstumsarbeit erscheint daher mit Recht sehr groß im Lebensanfang. Je mehr die übrigen Lebensfunktionen der Organismen in die Erscheinung treten, desto mehr tritt der Aufwand für die Wachstumsprozesse in den Hintergrund. Der Bruchteil des gesamten Stoffwechsels, der für das Wachstum aufzuwenden ist, der sogenannte Wachstumsquotient, ist je nach der Stärke der Lebensbetätigung in jedem Moment des Lebens ein anderer. Im Beginne des Lebens der Eins nahekommend, nähert er sich beim Lebensende der Null, ohne diese jemals erreichen zu können, da die Wachstumsprozesse niemals vollständig aufhören. Es ist von großer Bedeutung, sich klar zu machen, daß die verschiedenen Organismen nicht etwa einen einzigen Wachstumsquotienten haben, der für sie charakteristisch wäre, sondern in jedem Lebensmoment einen anderen Wachstumsquotienten. Der Wachstumsquotient der sich furchenden tierischen Eizelle und desselben völlig ausgewachsenen, schwer arbeitenden Individuums unterscheiden sich annähernd voneinander wie Eins von Null. Allerdings gibt es keinen Organismus, der ganz allein Wachstumsarbeit verrichtete ohne jede andere Lebensbetätigung, doch gehört bei vielen rasch wachsenden Mikroorganismen auch der oxydative Abbau zu der Vorbereitung der Wachstumsprozesse, so daß wir von einer wachstumsfremden Lebensäußerung nichts zu sehen bekommen. namentlich bei unbeweglichen, fermentativ äußerlich inaktiven Spaltpilzen. Bei den komplizierteren Organismen hören die Wachstumsprozesse auch im höchsten Alter während des Lebens niemals an allen Stellen gänzlich auf, nicht einmal im Moment des Todes der Bewegungsmaschine; man denke an die Teilung der Zellen der Keimschicht der Epidermis in den Haarwurzeln; immerhin dienen im Lebensanfang den höheren Organismen alle Prozesse der Wachstumsfunktion, im ausgewachsenen Zustande dagegen tritt die Wachstumsarbeit ganz zurück hinter den speziellen Lebensäußerungen der differenzierteren Organismen, deren jeder eine besondere Rolle im Haushalt der Natur zu spielen hat.

Man spricht in übertragenem Sinne wohl von einer Wachstumskraft. Dieser bildliche Vergleich liegt nahe, wenn man von einer Wachstumsarbeit spricht, denn was Arbeit verrichten kann, nennt man eine Kraft- oder Energieform. Es ist besonders notwendig, zu zeigen, daß es keine Energieform gibt und geben kann, die man als Wachstumskraft bezeichnen darf, weil selbst bei energetischen Betrachtungen über das Wachstum in jüngster Zeit dem Wachstum jedes Organismus eine bestimmte Grenze zugeschrieben wurde, die sich auf keine Weise hinausschieben ließ. Wäre dies richtig, so würde man dem Wachstum wie jeder anderen Energieform eine gewisse Kapazität zuschreiben können und eine Intensität, die man durch die Wachstumsgeschwindigkeit messen könnte oder durch die Größe des Wachstumsquotienten, wenn man diesem, wie es fälschlicherweise geschehen ist, eine konstante Größe im Leben der Organismen zuschreibt. Wäre diese Anschauung richtig, dann wäre nachträglich die überwundene Lehre von dem Bestehen einer Lebenskraft glänzend gerechtfertigt, denn organisches Wachstum und Leben lassen sich nicht voneinander abgrenzen. Es ist, wie oben bereits auseinandergesetzt, ganz unrichtig, von einem konstanten Wachstumsquotienten der verschiedenen Organismen zu sprechen, ebenso unrichtig ist es aber, zu glauben, daß das Wachstum durch geleistete Arbeit in seiner Funktion irgendwelche Abnahme erleidet. Das organische Wachstum der lebendigen Substanz nimmt ebensowenig ab durch die Wachstumsfunktion wie das Wachstum eines Krystalls oder eines Planeten. Wachstum ist der Ausdruck einer energetischen Situation, nicht einer Energieform, und deshalb in seiner Größe nur durch äußere Faktoren beschränkt. Würde das Wachstum der Spaltpilze nicht durch Nahrungsmangel energetisch ebensowohl wie chemisch beschränkt, würde nichts sie hindern, Ballen zu bilden, die unser Sonnensystem an Größe übertreffen würden. Eine Erschöpfung der Wachstumskraft durch eine Anzahl von Teilungen bei günstigster äußerer Situation wird nicht beobachtet. Wenn man beobachtet haben will, daß von Einzelligen einige Infusorien nach einer gewissen Anzahl von Zellteilungen degenerieren und erst durch Kernaustausch wieder zu neuer Teilungsfähigkeit gebracht werden können, so liegt dies an äußeren Bedingungen, nicht an der Erschöpfung der Zellteilungsfähigkeit, vergleichbar dem Aufbrauchen einer Energiemenge. Nicht einmal die Zellen der höchsten Organismen altern und versagen nach einer bestimmten Zahl von Zellteilungen unter günstigen äußeren Bedingungen. Die Überimpfbarkeit der bösartigen Tumoren, Carcinome und Sarkome hat die Unerschöpflichkeit der Wachstumsfähigkeit und Teilungsfähigkeit der Zellen der höchsten Wirbeltiere erwiesen. Abnahme der Wachstumsfähigkeit erfolgt immer und jederzeit aus Gründen der äußeren Situation, eine innere Grenze für die Vermehrungsfähigkeit der lebendigen Substanz als solcher gibt es ebensowenig wie eine Grenze für das Wachstum einer unbelebten Masse. Es gibt weder eine Umwandlungsfähigkeit von Wachstum in andere Energieformen noch eine den anderen Energieformen vergleichbare wahre Arbeit des Wachstums nach Intensität und Kapazität. Wachstum ist, wie Verfasser ausführte, keine Energieform, sondern das Ergebnis einer energetischen und vor allem einer chemischen Situation.

Wo dem Wachstum bestimmte, anscheinend unüberwindbare Grenzen gesteckt sein sollen, wie die Betrachtung des Todes der höheren Organismen der Pflanzen sowohl wie der Tiere nahelegt, hat die Beschränkung des Wachstums chemische Gründe, es liegt aber keine Beschränkung der Wachstumsmöglichkeit in energetischer Beziehung vor.

Die Zellen eines Greises können ungezählte Zellteilungen noch durchmachen (Carcinom), wenu die chemische Veränderung ihrer Substanz verhindert wird, die mit dem Verlust der Wachstumsfähigkeit verknüpft ist und wenn ihnen genügend Nahrung zugeführt wird. Es läßt sich nicht leugnen, daß der Irrtum, als ob jeder befruchteten Eizelle nur eine bestimmte, energetisch genau umgrenzte Zahl von Zellteilungen zugewiesen wäre, bei oberflächlicher Betrachtung der Lebensvorgänge leicht entstehen kann, und es erscheint zunächst befremdlich, daß trotz verschiedenster Lebensumstände die häufig annähernd gleiche Lebensdauer verwandter Organismen auf Ähnlichkeit der chemischen Situation der lebendigen Substanz sollte zurückgeführt werden können. Eine eingehendere Analyse der Wachstumsvorgänge lehrt uns aber die Unerschöpflichkeit (Unsterblichkeit) der lebendigen Substanz und die Ursachen des Todes der vielzelligen Organismen (der höheren Organismen) erkennen.

Jeder kompliziertere Organismus setzt sich aus vier für die Wachstumsfunktion ganz verschieden zu bewertenden Bestandteilen zusammen, nämlich erstens aus dem Protoplasma oder der lebendigen Substanz, zweitens aus den paraplasmatischen festen Maschinenbestandteilen, drittens aus den Reservestoffen und viertens aus den flüssigen und festen Sekreten oder Abscheidungen.

Der wichtigste dieser vier Bestandteile ist das Protoplasma, das wir auch entsprechend der Allgemeingültigkeit des Massenwirkungsgesetzes bei den Lebensvorgängen als die aktive Masse bezeichnen können. Nur das Protoplasma besitzt die Fähigkeit einer aktiven Masse im physikalischen Sinne, daß das Neuerzeugte sofort an der Fähigkeit zu wachsen teilnimmt. Nur das Protoplasma vermag aktiv zu wachsen, die drei anderen Kategorien von Körperbestandteilen werden nur passiv im Anschluß an die Funktionen des Protoplasma abgelagert. Nur solange das neuerzeugte Protoplasma mit der Muttersubstanz chemisch annähernd identisch bleibt, behält es das Vermögen des aktiven Wachstums. Jede erhebliche chemische Umlagerung im Protoplasma ist mit Verlust der Aktivität verknüpft. Ohne Tätigkeit des Protoplasmas findet keine geordnete Massenzunahme der anderen drei Kategorien von Körperbestandteilen statt, da keine der drei Kategorien imstande ist, Enzyme zu erzeugen. Ohne Enzymwirkung ist kein organisches Wachstum denkbar. Wenn eine wachsende Protoplasmamenge in jeder Zeiteinheit einen größeren Zuwachs an Masse erfährt, so braucht es sich zunächst durchaus nicht um eine Katalyse zu handeln, sondern wir haben die Aufgabe, zu untersuchen, ob der Zuwachs der Masseneinheit in der Zeiteinheit zugenommen hat. Nur wo wir eine Zunahme der Wachstumsgeschwindigkeit der Masseneinheit festgestellt haben, haben wir ein Recht, von einer Beschleunigung des Wachstums zu reden. Bei einer nur absoluten Zunahme der Gewichtsvermehrung einer wachsenden Substanz liegt es viel näher, an die Massenwirkung zu denken, als an eine Katalyse. Bei gleicher chemischer Situation muß die doppelte Masse natürlich die doppelte absolute Zunahme aufweisen, damit die relative Zunahme, die Zunahme der Masseneinheit, die gleiche bleibt. Wie bekannt, vermehrt sich jede aktive Masse, deren Neuerzeugtes die Fähigkeiten der Muttersubstanz besitzt, nach der Formel e^x. Gilt das Gesetz der Massenwirkung, so muß auch z. B. die Menge der Bakteriensubstanz in genügenden Nährlösungen, in der die Unabhängigkeit der einzelnen Bakterien gesichert ist, so lange nach der Formel e^x zunehmen, bis die Bakterien beginnen, wegen Raummangel oder Nahrungsmangel sich gegenseitig im Wachstum zu behindern, wodurch die Zunahmegeschwindigkeit der Masseneinheit abnimmt. Das Gesetz der Massenwirkung gilt für das Wachstum jeder lebendigen Substanz. Bei gleicher chemischer Situation spielt die Zahl der bereits abgelaufenen Zellteilungen gar keine Rolle. Bei unveränderter chemischer Situation ist die lebendige Substanz als unsterblich anzusehen, die Wachstumsgeschwindigkeit der Masseneinheit konstant, die Zunahmegeschwindigkeit proportional der Masse lebendiger Substanz. In unserem Beispiel ist die Wachstumsgeschwindigkeit der Bakterien proportional der Zahl der Bakterien, weil die Zahl der Bakterien der Masse der Bakterien proportional laufen muß. Die Oberfläche der Bakterien geht der Zahl der Bakterien ebenso proportional wie der Masse, indem die doppelte Masse Bakteriensubstanz die doppelte Oberfläche besitzt, da sie auf die doppelte Zahl von Bakterien sich verteilt. Der Irrtum wäre leicht verzeihlich, wenn auch bei den Bakterien die Wirkung eines Oberflächengesetzes für das Wachstum angenommen würde, obwohl nicht die Oberfläche, sondern die aktive Masse die Geschwindigkeit der Zunahme bestimmt. Überall, wo die aktive Masse der Oberfläche proportional geht, resp. umgekehrt die Oberfläche der aktiven Masse, wird eine scheinbare Beziehung der Oberfläche zur Wachstumsgeschwindigkeit sich berechnen lassen trotz der Gültigkeit der Massenwirkung. Bei der Teilung eines Bakteriums in seiner Nährlösung ist keinerlei Beschleunigung des Wachstumsvorganges zu irgendeiner Zeit zu konstatieren, wohl aber eine Abnahme bei Nahrungsmangel und Vergiftung der Nährlösung durch Stoffwechselprodukte. Die Wachstumsgeschwindigkeit der Masseneinheit fällt bei den höheren Lebewesen vom ersten Beginn an ab, ihre Kurve ähnelt bei der Mehrzahl der Lebewesen einer Parabel. Die höchste Wachstumsgeschwindigkeit finden wir im Lebensanfang, unter allmählicher Abnahme nähert sich die Wachstumsgeschwindigkeit der Null. Der Grund für die baldige Abnahme der Zunahmegeschwindigkeit der Masseneinheit liegt bei den höheren Lebewesen nicht sowohl in einer Verminderung der Zufuhr der Wachstumsbausteine, als vielmehr in einer Abnahme der aktive Substanz im Rohgewicht. Die Eizelle der meisten Tiere besteht nur zum allerkleinsten Teil aus aktiver Substanz, zum allergrößten Teil aus Reservestoffen, festen und flüssigen Sekreten. Die erste Einleitung des Wachstumsvorganges besteht in der Bildung von Enzymen, die die Reservestoffe in Bausteine zerlegen und die Bausteine in lebendige Sustanz überführen unter gleichzeitiger Aufnahme von Wasser. Die aktive Masse des sich furchenden Eies wächst auf Kosten der Eireservestoffe. Es steigt also im Lebensanfang die

Menge der aktiven lebendigen Substanz im Rohgewicht. Berücksichtigt man bloß die äußere Gewichtszunahme, so beruht diese bei vielen wachsenden Organismen anfangs nur auf Wasseraufnahme mit Sauerstoffaufnahme unter Abnahme der Gesamtmenge an Trockensubstanz durch Abgabe von Kohlensäure und anderen Stoffwechselprodukten. Indem die Enzyme des sich furchenden Eies die Reservestoffe in kleinere Moleküle zerlegen, erhöhen sie den osmotischen Druck und führen dadurch das Einströmen von Wasser aus dem umgebenden Medium herbei. Bei den Froscheiern beruht die Massenzunahme der ersten 2 Wochen der Entwicklung auf das Zehnfache des Anfangsgewichtes nur auf Wasseraufnahme. Trotzdem keine feste Nahrung aufgenommen wurde, hat sich durch Enzymwirkung in dieser Zeit die aktive Masse um ein Vielhunderttausendfaches vermehrt auf Kosten der inaktiven Masse der Eizelle. Die Zahl der Zellteilungen in der Zeiteinheit gibt uns später einen guten Schätzungsmaßstab für die Masse der aktiven Substanz im Rohgewicht, denn auf den ersten Lebensstufen geht die Gesamtvermehrung und das Wachstum der lebendigen Substanz der Zahl der Zellteilungen in der Zeiteinheit ungefähr parallel. Wir können die Menge an aktiver Substanz in der befruchtungsfähigen Eizelle schätzen als ungefähr gleich dem Gewicht eines Spermatozoons derselben Art. Die Eizelle des Menschen mit einem Durchmesser von 2×10^{-2} cm hat ein Gewicht von etwa 4×10^{-6} g; die lebendige Substanz in ihr würde nach den Schätzungen des Verfassers etwa 2×10^{-10} g betragen, also nur etwa den zehntausendsten Teil der Gesamtmasse. Die Enzyme der befruchteten Eizelle zerschlagen die Reservestoffe in Wachstumsbausteine. Ein kleiner Teil von diesen wird verbrannt und im Stoffwechsel der lebendigen Substanz verbraucht, der allergrößte Teil zu neuer lebendigen Substanz durch Enzymwirkung zusammengefügt. Der Wachstumsquotient ist auf dieser Lebensstufe nahe der Einheit, denn die Lebensbetätigung mit Ausnahme der dem Wachstum dienenden Prozesse ist sehr gering. Je größer die Zellzahl des sich entwickelnden Eies, desto größer ist im allgemeinen auch die Zahl der Zellteilungen, doch spielt die Abscheidung fester und flüssiger Sekrete bei den Säugetiereiern selbst in den ersten Lebensmonaten schon eine so bedeutende Rolle, daß wir unmöglich das Wachstum hauptsächlich als Wachstum der lebendigen Substanz beschreiben können. Das Säugerei bildet im Blastulastadium eine gefüllte Wasserblase, mit dünnster Zellhaut überzogen, so daß, wie bei der Eizelle, das Gewicht der aktiven Masse wiederum nur einen ganz verschwindenden Bruchteil des Gesamtgewichtes ausmacht. Bis zum Morulastadium hatte das relative Gewicht der lebendigen Substanz rasch und beständig zugenommen, von da aus nimmt es wieder in sehr rascher Progression ab und erreicht ein Minimum im Blastulastadium. Im Innern der Blastula des Säugereies bildet sich der Leib des zukünftigen Tieres unter anfänglicher rascher Zunahme der lebendigen Substanz nicht mehr allein auf Kosten von Reservestoffen, sondern auch aus der dem umgebenden Medium entnommenen Nahrung, die sich freilich zunächst erst in Reservestoffe umwandeln mag, ehe sie von den Enzymen der aktiven Substanz in Bausteine zerschlagen und in neue aktive Substanz zurückverwandelt wird. Vom Blastulastadium ab verwandelt sich ein großer Teil der aufgenommenen Nahrung nicht mehr in neue lebendige Substanz, sondern in nicht mehr wachstumsfähige Maschinenteile des werdenden Organismus zur mechanisch vollkommenen Ausführung der speziellen Lebensarbeit. Wenn die paraplasmatischen Substanzen in Tieren und Pflanzen hier als Maschinenteile bezeichnet werden, so soll damit natürlich nicht ausgedrückt werden, daß die Wachstumsfunktion nicht mechanisch bedingt sei. Jeder Bewegungsvorgang in der ganzen Welt verläuft mechanisch bedingt, maschinenmäßig, also auch die Wachstumsbewegung. Aus systematischen Gründen ist es aber zweckmäßig, die zu speziellen Zwecken gebauten Teile der höheren Organismen als Maschinenteile zu unterscheiden von ihrem Baumeister, der lebendigen Substanz. Die festen Bestandteile der höheren Organismen sind als Maschinenteile anzusehen. Sie dienen speziellen Aufgaben der Lebensarbeit der Organismen, vermögen aber nicht aktiv zu wachsen wie die lebendige Substanz. Werden die Maschinenteile bei ihrem Funktionieren im Lebenhaushalt beschädigt, so kann nur vermittels lebendiger Substanz eine Reparatur erfolgen, indem lebendige Substanz die verloren gegangenen Maschinenteile, die selber wachstumsunfähig sind, neu ersetzt, die beschädigten völlig zertrümmert und die Reste zum Neuaufbau verwendet. Fehlt lebendige Substanz, so ist Regeneration unmöglich. Bei Tieren wie bei Pflanzen bildet die lebendige Substanz nur einen kleinen Bruchteil des Gewichtes der Organismen. Die höheren Pflanzen bauen vorwiegend statische Maschinen, die höheren Tiere dynamische Maschinen. Als Lebensaufgabe der höheren Pflanzenwelt können wir bezeichnen die Verminderung der Entropie, die Umwandlung der Sonnenenergie in chemische Energie, als Aufgabe der Tierwelt die Vermehrung der Entropie, die Umwandlung von chemischer Energie in strahlende Wärme. Die vollkommensten Pflanzen, diejenigen, welche die größte individuelle Lebensarbeit leisten, besitzen sehr wenig lebendige Substanz im Rohgewicht, die vollkommensten Tiere, ebenfalls diejenigen, welche die größte individuelle Lebensarbeit leisten, besitzen ebenfalls die am vollkommensten ausgebildete, aktiven Wachstums unfähige Bewegungsmaschine. Wachstum und Lebensarbeit stehen in einem gewissen Gegensatz. Entlastet von den Funktionen der Fortpflanzung und Regeneration, arbeiten die Maschinenteile des Organismus weit ökonomischer als ein Zellhaufen, bei dem jedes Zellindividuum neben seiner speziellen Lebensarbeit noch die Wachstumsfunktion sich bewahrt hat. Je weiter das Leben fortschreitet, um so mehr übernehmen bei den Tieren Fibrillen, die aus dem Protoplasma abgeschieden werden, die Funktionen der Formgestaltung, der Bewegung und Reizleitung, so daß der Körper des Menschen für eine Reihe von Funktionen aus einem Zellenstaat in eine Fibrillenmaschine übergeht.

Bei den höheren Pflanzen, Bäumen und Sträuchern dient der Aufbau der statischen Maschinenteile der Möglichkeit der Verteilung arbeitsfähiger Massen auf größerem Raume in einer größeren arbeitenden

Oberfläche. Nur nebeneinander angeordnete Pflanzenteilchen vermögen ohne gegenseitige Behinderung ihre Lebensarbeit, der Aufnahme von Sonnenenergie, nachzukommen; wir sehen daher bei der Mehrzahl der Pflanzen die arbeitende Oberfläche annähernd proportional der aktiven Substanz zunehmen Es muß hier hinzugefügt werden, daß ebensowenig wie bei den Tieren streng bei den Pflanzen die aktive Substanz nur in eine einzige Oberfläche gebracht ist. Die Pflanze arbeitet aber um so ökonomischer, je weniger die arbeitenden Teilchen sich gegenseitig behindern und das Sonnenlicht streitig machen. Die Größe der Lebensarbeit hängt bei den Pflanzen wie bei den Tieren von der Masse der arbeitenden Substanz ab, von der Oberfläche nur so weit, als diese der aktiven Masse proportional geht. Bei den Pflanzen hat die äußere Oberflächenentwicklung den Zweck, ein Maximum von aktiver Substanz in arbeitsfähige Situation zu bringen; bei den Tieren dient die sehr allgemeine Entwicklung innerer Oberflächen demselben Zweck. Die Pflanzen wachsen unter Faltung der Gewebe nach außen. Die höheren Tiere wachsen im Lebensanfang wie die Pflanzen unter Faltung der Gewebe nach außen (Chorionbildung), im späteren Leben dagegen im Gegensatz zu den Pflanzen durch fast ausschließliche Faltung der Gewebe nach innen unter Bildung innerer aktiver Oberflächen, die fast die gesamte arbeitende Substanz in einseitiger, die Wirkung des Massengesetzes am wenigsten behindernder Anordnung enthalten. Bei den Nieren der Tiere ist die Arbeit der Harnabsonderung proportional der aktiven Masse, d. h. der Masse der den Harn wirklich absondernden Elemente. Die Harnabsonderung ist nicht proportional der Masse der Niere, weil bei ausgewachsenen Tieren nur ein Teil der Nierensubstanz der Harnabsonderung dient, ein größerer Teil der Blutzufuhr, der Innervation und vor allem der Bildung des bindegewebigen Haltegerüstes der aktiven Massen. Die harnabsondernden Elemente der Niere befinden sich so gut wie einzeilig angeordnet in einer inneren Oberfläche. Gilt das Massengesetz, so muß die Harnabsonderung bei sonst gleichen Umständen dieser inneren Oberfläche parallel gehen, weil diese Oberfläche der Masse der harnabsondernden Elemente proportional ist. Um die Gültigkeit der Wirkung der Masse zu erweisen, dürfen nicht Rohgewichte, sondern die Gewichte der Arbeitselemente verglichen werden. Die Größe der Wachstumsarbeit wird überall da ebenfalls der Oberfläche proportional sein, wo die wachsende Substanz in einer Oberfläche angeordnet ist. Vergleichen wir die Größe der Assimilationsarbeit zweier Bäume, so werden wir nicht finden, daß bei gleicher Bestrahlung die Arbeit dem Gewicht der Bäume parallel geht, wohl aber werden wir finden, daß die Assimilationsgröße der Gesamtoberfläche der Blätter sehr nahe parallel geht und pro Quadratzentimeter Blattfläche bei vielen Pflanzen fast die gleiche ist. Der Grund liegt wieder in der Anordnung der assimilierenden Elemente, deren Masse maßgebend ist in einer Oberfläche, die der Masse annähernd parallel geht.

Die Faltung der wachsenden Gewebe nach innen ist bei den höheren Tieren eine so verbreitete und so allgemeine Eigenschaft geworden, daß tierische Teile, die unter enormer Oberflächenentwicklung nach außen wachsen, wie z. B. die Haare, zunächst durch eine Faltung der wachsenden Keimschicht der Epidermis sich nach innen verlagern, um erst durch eine zweite Faltung nach außen zu gelangen. Das gleiche findet bei dem Wachstum der Zähne, ja des gesamten Nervensystems der höheren Tiere statt. Zunächst versenkt sich das wachsende Gewebe nach innen, um erst sekundär von innen nach außen zu wachsen nach wiederholter Faltung. Der Grund für dieses scheinbar gegensätzliche Verhalten von wachsenden pflanzlichen und tierischen Organismen besitzt doch vielfach eine einheitliche Ursache. Jedes wachsende lebende Gewebe sucht die Zustromfläche der Wachstumsbausteine zu einem Maximum zu gestalten. Bei den Pflanzen strömt neue Substanz (Ammoniak und Kohlensäure) von außen zu, es vermehrt sich deshalb die äußere wachsende Oberfläche. Bei den höheren tierischen Organismen strömt die Nahrung von innen nach außen, daher erfolgt die Vergrößerung der wachsenden Oberfläche nach innen. Schon die Nahrungsaufnahme der Amöben unter Versenkung von Nahrungsballen in das Protoplasmainnere erscheint als die Einleitung der Umkehr der ursprünglichen Wachstumsfaltung nach außen; die bei den nur flüssige und gasförmige Nahrung genießenden Lebewesen vorherrschen muß, weil bei diesen die äußere Körperoberfläche die Einstromfläche für die Wachstumsbausteine ist. Diese Vergrößerung der Einstromfläche der Wachstumsbausteine durch das Wachstum ist durchaus keine mystische Besonderheit der lebendigen Substanz, sondern kommt auch anorganischen wachsenden Gebilden zu. In einer Tropfsteinhöhle faltet sich in ganz der gleichen Weise der neugebildete Steinüberzug stets in die Richtung des salzhaltigen Wassers hinein. Er faltet sich nach außen, wo das Wasser von außen herabtropft, er faltet sich nach innen, wo das Wasser durch Spalten sickert und von innen die festen Bestandteile absondert. Krystallwachstum in einer Druse nach innen bildet ein Analogon der Faltung wachsender tierischer Gewebe nach innen. Bei Tieren und Pflanzen gibt es eine große Reihe von Fällen, wo wir nicht einfach die Faltungsrichtung aus der primären Zustromrichtung der Nahrungsbestandteile voraussagen können, und wir dürfen nicht erwarten, bei einer Besprechung der Wachstumsvorgänge mehr als Wachstumsregeln aufzustellen, die eine große Reihe von Wachstumserscheinungen bequem zusammenzufassen erlauben. Keinesfalls gibt uns die Konstatierung der Tendenz, die Zustromfläche der Wachstumsbausteine zu einem Maximum zu gestalten, die Handhabe zu einer unfehlbaren Voraussage. Die Tendenz der Vergrößerung der Einstromfläche der Nahrung kann durch Bedingungen entgegengesetzter Art überwunden werden, wie die Sprossung der Gliedmaßenknospen der Tiere nach außen z. B. beweist. Bei den Pflanzen kommen Faltungen nach innen ebensowohl vor, wie bei den Tieren Faltungen nach außen, und doch besteht in der ganz überwiegenden Mehrzahl der Fälle beim Wachstum der eben erwähnte Gegensatz in der Faltungsrichtung bei Tieren und Pflanzen.

Die lebendige Substanz von der Konsistenz eines zähen Schaumes wäre ohne Gerüstsubstanzen nicht imstande, bewegungsfähige größere Einheiten zu bilden, bei den Pflanzen werden die Gerüstsubstanzen sehr allgemein in der Peripherie der Zellen abgeschieden, die Zellen durch Membranen allseitig eingekapselt; bei den Tieren erfolgt nur bei einem verschwindend kleinen Teil der Zellen die Abscheidung von Gerüstsubstanzen allseitig in die Umgebung der Zellen wie bei den Knorpelzellen, bei einem Teil an der Peripherie einer Zellseite als Cuticularbildung wie bei den Chitinzellen, bei der Mehrzahl der tierischen Zellen erfolgt die Abscheidung der Gerüstsubstanzen zunächst in Form von Körnchen, dann von Fibrillen in das Zellinnere. Das Wachstum der Gerüstsubstanzen erfolgt bei Tieren und Pflanzen auf Kosten des Wachstums der lebendigen Substanz. Die Gerüstsubstanzen mit allen ihnen eingelagerten anorganischen Bestandteilen sind nur passiven Wachstums fähig. Mit den chemischen Umlagerungen, die Teile der lebendigen Substanz in Gerüstsubstanzen umformen, geht neben der Lebhaftigkeit des Stoff- und Krafswechsels, die das aktive Wachstum erfordert, auch die Fähigkeit zur Enzymerzeugung und damit die eigene Wachstumsregulierung verloren. Bei den Pflanzen bauen sich die Gerüstsubstanzen aus festen Kohlenhydraten, bei den Tieren aus Abkömmlingen der Eiweißkörper, den sogenannten Albuminoiden, auf. Bei Tieren und Pflanzen überwiegen häufig im Rohgewicht die Gerüstsubstanzen weit die Menge der unveränderten, aktiv wachstumsfähigen, lebendigen Substanz. Der Wachstumsrhythmus und der Wachstumstypus müssen sich, wie leicht erklärlich ist, maßgebend ändern, wenn an Stelle aktiver vermehrungsfähiger Substanz passiv abgelagerte Elemente treten. Die Abnahme der Wachstumsgeschwindigkeit der höheren Tiere und Pflanzen vom Lebensanfang an ist der Abscheidung der Gerüstsubstanzen zuzuschreiben, die ebenso wie die flüssigen und festen Sekrete die tote Masse der Organismen vermehren.

Im weiteren Verlaufe des Lebens tritt eine zweite Verminderung der Wachtumsgeschwindigkeit ein durch die Verwendung der zuströmenden Nahrung zur Anhäufung toter Reservestoffe statt zur Neubildung von lebendiger Substanz im Lebensanfang. Die primitiven Organismen verbrauchen für das Wachstum, was ihnen an Nahrung zuströmt — sie leben sozusagen von der Hand in den Mund —, die höheren Organismen verwandeln nicht nur erhebliche Mengen der zuströmenden Nahrung in Maschinenteile, sondern legen auch noch Depots von erheblichem Gewicht an für die Betriebsstoffe ihrer Leibesmaschine. Gegen das Ende der Wachstumsentwicklung hin tritt die Menge der lebendigen Substanz immer mehr in den Hintergrund gegenüber der Menge der Reservestoffe, Gerüststoffe und Sekrete. Von besonderer Wichtigkeit für die Registrierung der Wachstumsprozesse wäre die Entscheidung der Frage, ob die Neurofibrillen und die Myofibrillen der höheren Tiere zu den aktiven Wachstums unfähigen Organismenbestandteilen gehören oder nicht. Verfasser glaubt, daß sämtliche Fibrillarsubstanzen zu den wachstumsunfähigen Teilen gehören, daß also das Sarkoplasma der Muskeln — oder die lebendige Substanz der Muskeln — die Myofibrillen in der gleichen Weise bildet wie die Bindegewebszelle die Leimfibrillen. Chemisch stehen, soweit bekannt, die Muskelfibrillen und Nervenfibrillen der Zusammensetzung der lebendigen Substanz am nächsten, enthalten sie doch Kernstoffe oder kernstoffartige Substanzen und Eiweißkörper. Trotzdem sprechen die Erscheinungen bei Verletzung der Muskelsubstanz für die Passivität der Myofibrillen, die an der verletzten Stelle von den Enzymen des Sarkoplasma aufgelöst werden, um neu abgeschiedenen Myofibrillen Platz zu machen. Immerhin erscheint die Frage nach der Natur der Myofibrillen, ob lebendige Substanz oder nicht, ob aktiven Wachstums fähig oder nicht, vielen Autoren zweifelhaft, da sogar von Teilungen von Muskelfibrillen beim Wachstum gesprochen wird, während nach Ansicht des Verfassers neue Fibrillen stets nur vom Sarkoplasma zur Abscheidung gebracht werden dürften. Die Frage nach der Menge der lebendigen Substanz im Rohgewicht der höheren Tiere hängt von der Entscheidung über die Zurechnung aller Fibrillensubstanz zu den toten Substanzen in hohem Maße ab. Weitere Forschungen über die Wachstumsunfähigkeit der Fibrillarsubstanzen erscheinen dringend notwendig.

Die Unfähigkeit der erwachsenen Ganglienzellen, sich zu teilen oder bei Beschädigung verloren gegangener Teile wiederherzustellen, beruht sehr wahrscheinlich auf der Abscheidung der Neurofibrillen im Innern der Ganglienzellen und auf dem allmählichen Verlust an lebendiger Substanz. In ganz ähnlicher Weise gehen bei der Verhornung der Epidermis alle Fähigkeiten der lebendigen Substanz der Keimschicht verloren, unter Ausbildung der Keratinfibrillen. Für das Wachstum der Fibrillarsubstanzen ist in vielen Fällen charakteristisch, daß die Zellgrenzen keine Rolle bei der Ausdehnung der einzelnen Fibrillen spielen, deren Länge nicht von der Zellgröße, sondern von den mechanischen Anforderungen an die abgeschiedene Fibrille abhängt. Die größte Ausdehnung in der Länge bis zu mehreren Metern erreichen die Neurofibrillen der peripheren Nerven und die Keratinfibrillen der Haare der Säugetiere.

Die Ausbildung von Fibrillarsubstanzen ist bei Einzelligen oder Protisten bereits eine sehr ausgedehnte, so daß wir durchaus nicht die ganze Masse eines Infusors etwa als lebendige Substanz aufzufassen haben, die aktiven Wachstums fähig wäre, wenn auch im Vergleich mit der toten Masse der höheren Organismen bedeutende, quantitative Unterschiede zu konstatieren sind. Die lebendige Substanz ist infolge von Enzymproduktion imstande, die Gerüstsubstanzen aufzulösen und die aufgelösten Bestandteile beim Aufbau neuer lebendiger Substanz zu verwerten. Hochdifferenzierte Zellen können durch Auflösen der Fibrillarsubstanzen und Vermehrung der lebendigen Substanz im Zellrohgewicht embryonalen Charakter und embryonale Vermehrungs- und Wachstumsgeschwindigkeit wieder annehmen, wie das Wachstum der Tumorzellen alter Individuen beweist. Die Wachstumsgeschwindigkeit und Wachstumsfähigkeit einer Zelle hängt in keiner Weise von ihrem absoluten Alter ab noch von der Zahl der vorausgegangenen Zellteilungen im

Leben des Organismus, sondern allein von der Masse lebendiger Substanz im Rohgewicht. Wenn bei den höheren Organismen das Lebensalter und die Zahl der bereits abgelaufenen Zellteilungen eine so große Rolle spielt, so liegt dies an der Umwandlung der lebendigen Substanz in inaktive Substanz im Zellinnern im Laufe der Entwicklung, sowie an der chemischen Situation auch in bezug auf den Zustrom der Wachstumsbaustoffe. Bilden sich in einer Zelle durch dissimilatorische Reize Wachstumsbausteine, so erwacht sofort die scheinbar verloren gegangene Vermehrungsfähigkeit und Wachstumsfähigkeit von neuem.

Da Verletzung als dissimilatorischer Reiz zur Bildung von Wachstumsbausteinen führt, haben wir in der Verletzung eines der kräftigsten zellwachstumsbefördernden Mittel zu erblicken. Wo lebendige Substanz zerfällt, da erwacht die Fähigkeit der Umgebung, neue lebendige Substanz zu bilden, das heißt zu wachsen. Den Grund sieht Verfasser in der Bildung der chemischen Wachstumsbausteine bei dem Zerfall der organisierten Teile. Regenerationsfähigkeit besitzt nur diejenige lebendige Substanz, die selbständiger Enzymproduktion fähig ist.

Ein Stillstand im Wachstum der Organismen kann bedingt sein einmal durch Fehlen der physikalischen Wachstumsbedingungen, zweitens durch Fehlen der chemischen Wachstumsbausteine. Bei Mangel an dissimilatorischen Reizen kommt es sekundär zu einem Fehlen der chemischen Bausteine, bei Anwesenheit von Reizen betätigt sich das Wachstum der lebendigen Substanz bei mangelhafter Zufuhr von außen unter Auflösung und Verwendung der paraplasmatischen Körperbestandteile, häufig unter Verringerung der Gesamtmasse. Bei äußerem Nahrungsmangel brauchen also Wachstumsbausteine nicht zu fehlen, und umgekehrt können Wachstumsbausteine fehlen bei reichlichster Nahrungsaufnahme. In beiden anscheinend entgegengesetzten Fällen wird ein Wachstumsstillstand beobachtet werden, der von uns in einheitlicher Weise auf Fehlen der Wachstumsbausteine bezogen werden kann. Am häufigsten pflegt Fehlen des Wassers als eines der unentbehrlichsten der Bausteine Wachstumsstillstand hervorzurufen. Fehlen lebensnotwendiger Metalle führt nicht direkt zum Wachstumsstillstand, sondern zur Erzeugung pathologischer Wachstumsprodukte (Lithiumlarven von Herbst bei Seeigeln), ebenso führt die Einlagerung körperfremder Substanzen allmählich sekundär zum Wachstumsstillstand. Wir können jeden Stillstand im Wachstum der Organismen im Prinzip zurückführen auf drei Faktoren: Fehlen der lebendigen Substanz nach chemischer Umwandlung derselben, Fehlen der physikalischen Wachstumsbedingungen oder Fehlen der Wachstumsbausteine. Einen Wachstumsstillstand aus energetischen Gründen kann es nach diesen Ausführungen nicht geben, da die Lebensarbeit nur chemisch die lebendige Substanz beeinflussen, ihre unbegrenzte Wachstumsfähigkeit aber nicht einschränken kann. Beobachten wir ein plötzliches Aufflammen der anscheinend verloren gegangenen unbegrenzten Wachstumsfähigkeit wie bei den Carcinomzellen, so beruht auch diese anscheinend neue Eigenschaft auf der Vermehrung der lebendigen Substanz im Zellgewicht und sekundäre Vermehrung der Wachstumsbausteine durch Vermehrung der dissimilatorisch wirksamen Enzyme im Inneren und häufig auch in der Umgebung der Zelle. Die Produktion von Verdauungsenzymen in die Umgebung der wachsenden Zellen ist eine sehr häufig zu beobachtende Begleiterscheinung des Wachstums.

Mit Hilfe der Abscheidung von Verdauungsenzymen sind die Gewebszellen imstande, anderes lebendes Gewebe zu durchwachsen und zu durchbrechen, deren Substanzen aufzulösen und beim eigenen Wachstum zu verwenden. Bei der Wachstumsdehnung der Pflanzenzellwände kommt es häufig zu einer enzymatischen Erweichung der einengenden Membranen mit nachträglicher Einlagerung und Wiederbildung neuer Zellwandsubstanz. In vielen Fällen sprengt allerdings die eingeschlossene lebendige Substanz die umschnürende Zellhaut im Verlaufe des Wachstums, ohne die Wandsubstanz bei der Fortsetzung des Wachstumsprozesses zu verwerten. Wir können einen derartigen Vorgang als Bildung von Abfallsprodukten des Wachstums bezeichnen. Die Bildung von individuell nicht mehr verwertbaren Abfallstoffen beim Wachstumsprozeß ist eine dem Pflanzen- und Tierwachstum gemeinsame überall verbreitete Erscheinung. Es sei hier nur erinnert an die periodischen Häutungen so vieler Tiere, an den Blätterwechsel der Bäume. Im weiteren Sinne ist jede Leiche einer Pflanze und eines Tieres als Bildung von Abfallstoff des Wachstums zu bezeichnen.

Bei der Bildung der höheren Organismen ist die Erhaltung der Lebensmöglichkeit in hohem Maße geknüpft an das Funktionieren der nicht lebendigen paraplasmatischen Maschinenteile. Versagen diese, so erlöschen allmählich die Lebenseigenschaften der eingelagerten lebendigen Substanz, die in den meisten Fällen nur mit der von ihr aufgebauten Arbeitsmaschine zusammen ein lebensfähiges und arbeitsfähiges System darstellt. Mit dem Tode erlischt bei den höheren Tieren in allen Teilen ihres Organismus die Zufuhr von Sauerstoff und assimilierbaren Substanzen, und es fällt mit dem Tode auch die Zufuhr der für das Wachstum so wichtigen dissimilatorischen Reize fort. Trotzdem besteht für uns Grund, zu glauben, daß die während des ganzen Lebens in ständiger Wachstumsbewegung begriffenen Keimzellen der Haarwurzel und der Nägel noch nach dem Tode der Fibrillenmaschine sich zu teilen und zu wachsen fortfahren bis zur Erschöpfung ihres inneren Sauerstoffvorrates und des Vorrates an erreichbaren Wachstumsbausteinen. Die Keimzellen der Haarwurzeln und der Nägel der Säugetiere sind in bezug auf ihre ständige Wachstumsfunktion sehr wohl zu vergleichen den Vegetationspunkten in den höheren Pflanzen, die bei dem allgemeinen Pflanzentode ebensowohl ihr Wachstum einstellen müssen als die tierischen Wachstumsbrennpunkte. Auf die Verhältnisse beim Tode der höheren Organismen näher einzugehen in einer Abhandlung über das Wachstum verbietet sich um so mehr, als wiederholt betont wurde, daß der Tod weder durch ein Erlöschen der Wachstumsfähigkeit der lebendigen Substanz in den höheren Organismen hervorgerufen wird, noch mit einem plötzlichen Erlöschen der Wachstumsfähigkeit der einzelnen Teile verknüpft ist. Immerhin sei die interessante Tatsache hier gestreift, daß bei Tieren und Pflanzen im Zusammenhang befindliche Teile gemeinschaftlich ihre Lebensfunktionen einbüßen, während die bloße Trennung der Teile genügt, die Wiederherstellung mehrerer vollständiger Individuen aus den getrennten Teilen zu veranlassen.

Der Zusammenhang der Teile eines höheren Organismus bedingt eine Regulierung der chemischen Situation der Organe und damit auch eine Regulierung der Wachstumsverhältnisse. Mit Hilfe chemischer Beeinflussung können an Masse unerhebliche Organe das Gesamtwachstum in höheren Organismen maßgebend beeinflussen.

Durch die Hormone genannten Produkte ihrer inneren Sekretion beeinflussen im Säugerorganismus Hypophysis und Schilddrüse, Hoden und Ovarium in hohem Maße das Wachstum weit entfernter Körperteile. Der Zusammenhang zwischen Akromegalie, Riesenwuchs und Hypophysiserkrankung ist im letzten Jahrzehnt einwandfrei erwiesen worden, und seit alten Zeiten ist man auf die Beeinflussung des Wachstums durch die Geschlechtsorgane aufmerksam geworden. Die Wachstumsänderungen der männlichen Kastraten waren bereits im Altertum bekannt; erst im Jahre 1849 zeigte aber Berthold, daß die Hoden ihren Einfluß auf dem Blutwege auf den ganzen Organismus ausüben. Er verpflanzte bei Hähnen den Hoden an andere Körperstellen und bemerkte, daß die Wachstumsänderungen, die durch die Fortnahme der Hoden bedingt werden, in diesem Falle ausblieben. Damit war zum ersten Male bewiesen, daß das Wachstum der Kämme und Halslappen beim Hahn angeregt wird durch chemische Stoffe, vom Verfasser Mitosone genannt, die vom Hoden abgeschieden durch die Blutbahn im ganzen Körper verteilt werden. Meisenheimer zeigte bei Fröschen, daß das Wachstum der Daumendrüsen der männlichen Frösche auch durch innere Sekretion transplantierter Ovarien angeregt werden kann nach Fortnahme der Hoden. Ovarien zur Zeit der Brunst liefern also auch Mitosone für wachstumsfähige männliche Organkomplexe. Zu welcher chemischen Stoffgruppe die Mitosone gehören, ist gänzlich unbekannt, und es ist eine unbewiesene Vermutung des Verfassers, daß die Mitosone zu den Kernstoffen und deren Zerfallsprodukten in Beziehung stehen. Auf die Wichtigkeit der Erforschung der chemischen Natur der Mitosone soll hier nur hingewiesen werden, bekämen wir doch durch sie ein Mittel in die Hand, bewußt regulierend in die Wachstumsvorgänge einzugreifen, die dem Menschenwillen bisher nur indirekt beeinflußbar erschienen sind. Die bekannteste Wachstumsbeeinflussung auf chemischem Wege ist die Beeinflussung des mütterlichen Organismus durch den sich entwickelnden Fötus. Neuere Untersuchungen haben ergeben, daß ein großer Teil der Wachstumsbeeinflussung des mütterlichen Organismus durch den Fötus auf dem Umwege über das Corpus luteum verum sich vollzieht. Das Corpus luteum wird beeinflußt durch Mitosone, die vom Fötus in die Blutbahn der Mutter abgesondert werden, Uterus und Brustdrüse werden beeinflußt durch Mitosone, die vom sich entwickelnden Corpus luteum aus in die Blutbahn gelangen. Baylíß, Starling und Claypon gelang es, durch Injektion von zerriebenen

Kaninchenföten bei unbefruchteten Kaninchen Brustdrüsenentwicklung zu erzielen; es soll hier auch darauf hingewiesen werden, daß bereits die Entwicklung eines Corpus luteum spurium zur Zeit der Brunst das Brustdrüsenwachstum beeinflußt. Interessant ist die Beeinflussung der Brustdrüse des sich entwickelnden Fötus durch die Hormone der Mutter, die deren Brustdrüsenwachstum veranlassen. Die Brustdrüse des Neugeborenen kann durch die Mitosone so aktiviert werden, daß es zur Milchabsonderung nach der Geburt kommt, zur Absonderung der sogenannten Hexenmilch der Neugeborenen. Da die Hexenmilch ebensogut von männlichen wie von weiblichen Neugeborenen abgesondert wird, steht zu vermuten, daß in Übereinstimmung mit den Daumendrüsenexperimenten von Meisenheimer bei Fröschen die Brustdrüsenmitosone der Säugetiere vom Geschlecht der Tiere unabhängig wirken. Wir können erwarten, nach chemischer Isolierung dieser Mitosone auch die männlichen Säugetiere zu Milchproduzenten umzugestalten, was bei unseren Haustieren wegen Ausbleibens der störenden Schwangerschaften sogar Vorteile verspräche. Voraussetzung für eine Beeinflussung der Milchproduktion ist eine Beherrschung der chemischen Situation der milchliefernden Zellen und ihrer Wachstumsmöglichkeiten. Nicht nur der Fötus der eigenen Art sondert Mitosone ab, die das Wachstum der höheren Organismen maßgebend beeinflussen, sondern parasitäre Organismen aus allen Ordnungen der Organismenwelt beeinflussen das Wachstum der Wirtsorganismen auf chemischem Wege. Es sei hier erinnert an das Wachstum der Tuberkelknötchen, an die Bildung der Gallen bei den Pflanzen, an die Symbiose von Pilzen und Algen in den Flechten. In allen diesen Fällen findet eine chemische Beeinflussung der Wachstumsvorgänge durch Mitosone statt.

Ebensowohl wie wachstumsbeschleunigende Mitosone gibt es auch Wachstumshemmung auf chemischem Wege. Bei raschem Wachstum des Hodens bildet sich die Thymusdrüse rasch zurück in Fällen von vorzeitiger Pubertätsentwicklung bei kleinen Kindern, und umgekehrt scheint Überentwicklung von Thymus (vielleicht auch Unterentwicklung von Schilddrüse) einen hemmenden Einfluß auf das Wachstum der Sexualorgane zu haben. Wegen Mangel an gesicherten, chemisch gut definierten Tatsachen soll an dieser Stelle die Frage der chemischen Wachstumsbeeinflussung durch Mitosone bei den höheren Wirbeltieren hier nicht ausführlicher erörtert werden.

Neben der chemischen Beeinflussung des Wachstums zeigen die höheren Organismen auch einen deutlichen Einfluß der Masse der Eizelle auf die Größe der Terminalform, Riesen- und Zwergenwuchs ließ sich bei niederen Tieren bereits experimentell hervorrufen durch Variation der Protoplasmamenge vor der Befruchtung der Eizelle. Löst man die ersten Furchungszellen aus ihrem Verbande, so kann man Zwergformen erhalten mit verringerter Zahl von Körperzellen, ebenso durch Verschmelzen von Eimassen Riesenformen mit vergrößerter Zahl von Körperzellen. Die Zellgröße wird in diesen Fällen annähernd konstant gehalten und die Zellzahl variiert. Unter dem Einfluß von Kälte gelingt es auch, die Zellgröße zu variieren, und zwar bilden sich größere Zellen in kalter Umgebung als in wärmerer. Bei den Säugetieren haben Mäuse und Fledermäuse die kleinsten Eizellen, die großen Huftiere große Eizellen, aber weder aus der Größe der Eizellen, noch aus der Größe der Spermatozoen können wir bei Vergleich nicht ganz nah verwandter Arten die Endgröße der Tiere voraussagen. Wohl verhalten sich die Spermatozoen der Ratten ähnlich zu den Spermatozoen der Mäuse in bezug auf Größe wie die Masse der erwachsenen Ratten zu der Masse der erwachsenen Mäuse. Die Spermatozoen des Menschen sind aber mehrere hundert Mal leichter als die der Ratten, trotz der Größe des Menschen. Wir vergleichen ja bei verschiedenen Eizellen und Samenzellen nicht die Größe der Erbmasse, die in Betracht käme, sondern das Rohgewicht. Bei ganz nah verwandten Tieren wird nun die Erbmasse einen annähernd gleichen Teil des Rohgewichts ausmachen und so einen brauchbaren Vergleich ermöglichen.

Die Frage nach den Ursachen der Terminalgröße des Wachstums gewinnt eine besondere Wichtigkeit bei der Betrachtung der Geschlechtsverschiedenheiten des Wachstums bei Pflanzen und Tieren. Nur bei einem Teil der Organismen sind die erwachsenen Männchen und Weibchen gleich schwer oder gleich groß. Bei einer großen Zahl von Tieren sind die Männchen viel größer und schwerer als die Weibchen. Bei den Säugetieren zeichnen sich Gorilla, Seerobben und einige Huftiere durch die relative Schwere der männlichen Individuen besonders aus, es handelt sich fast immer um sehr polygame Männchen, unter den Insekten besitzen einige Käferarten größere männliche Individuen, bei den Vögeln die polygamen Hühner und Laufvögel. Bei der Mehrzahl der Tiere aber besitzen die Weibchen die größere Körpermasse, so bei den Raubvögeln, der Mehrzahl der Fische, der Amphibien, der Mollusken, der Insekten. Es würde sich nun fragen, ob der größeren Terminalform auch die größere Erbmasse entspricht, und zu untersuchen sein, wodurch die Massenverschiedenheit der Geschlechter bedingt ist. Die größere Zahl der Spermatozoen gegenüber der Zahl der Eizellen weist uns darauf hin, daß die Geschwindigkeit der Zellteilung in den männlichen Individuen größer ist, als bei den weiblichen. Wir werden erwarten können, bei den größeren männlichen Individuen eine größere Zahl von Zellen zu finden als bei den weiblichen. Tatsächlich ist selbst die Zahl der Blutscheiben bei den größeren männlichen Säugetieren eine nicht unerheblich größere als bei den weiblichen Tieren, so daß wir begründete Vermutung haben, daß die Sonderform des männlichen Wachstums beruht auf einer Beschleunigung der Zellteilungsprozesse. Wir finden eine solche Beschleunigung der Wachstumsprozesse bestätigt bei einer großen Reihe von spezifisch männlichen Bildungen. Die Mähne des Löwen, die Sichelfedern des Hahnes, der Bart des Mannes, das Geweih des Hirsches und die Zangen des Hirschkäfers, sie alle sind im letzten Grunde nur der morphologische Ausdruck einer lokalen Beschleunigung der Zellteilung und einer Vergrößerung der Wachstumsgeschwindigkeit. Der Hoden ist nicht nur dem Eierstock gegenüber durch seine größere Zellteilunggeschwindigkeit gekennzeichnet, sondern die verschiedensten Körperstellen zeigen die gleiche Wachstumsbeeinflussung. Mit der Beschleunigung der Wachstumsgeschwindigkeit geht häufig eine Verkleinerung der Zellenmasse Hand in Hand. Unter den Pflanzen bilden Oedogonium mit seinen Zwergmännchen und Cannabis sativa mit seinen kleineren männlichen Pflanzen gute Beispiele für die Verkleinerung der Zellgröße bei männlichen Exemplaren. Wird die Verkleinerung überkompensiert durch die Vergrößerung der Zahl, werden die Männchen größer sein als die Weibchen, bei Überwiegen der Zellverkleinerung werden die Männchen kleiner sein, in beiden Fällen wird aber dem Männchen die größere Zellteilungsgeschwindigkeit zukommen. Wir haben sogar Grund zu der Vermutung, daß die Größe der Männchen uns in einigen Fällen einen Hinweis auf das Entwicklungsstadium der Art zu geben imstande ist. Bei aufsteigender Differenzierung werden die Männchen zunächst größer sein als die Weibchen, weil die Wachstumsbeschleunigung zunächst überwiegt; werden allmählich die Zellen kleiner, so werden am Ende der Entwicklungsreihe die Weibchen größer werden als die Männchen. Wir dürfen nicht vergessen, daß das Rohgewicht des Tierkörpers uns zunächst keinen direkten Hinweis auf die Zellgröße bietet, da ja die paraplasmatischen Massen im Alter weit überwiegen. Trotzdem bietet sehr allgemein bei Vergleich auch von ganzen Organismen derselben Art die absolute Körpermasse doch einen Hinweis auf die Masse lebendiger Substanz im Rohgewicht. Es ist interessant, zu bemerken, daß bei den Kulturschichten der Menschen jetzt ein Größerwerden der weiblichen Individuen und ein Nachlassen des Größenüberschusses der männlichen Individuen in Erscheinung tritt, während sonst sehr allgemein der Körper des Mannes im Mittel etwa 15 Proz. schwerer zu sein pflegte, als der des gleichalten Weibes. Wir nähern uns also dem Terminalzustand der Art, für den ein Überwiegen der weiblichen Körpergröße wie im übrigen Tierreich die Regel bilden wird. Bei statistischem Material aus den Volksschichten zeigen die männlichen Neugeborenen einen Gewichtsüberschuß von etwa 200 g über die weiblichen Neugeborenen, während bei Wägungen in der Kulturschicht die weiblichen Neugeborenen nach Stratz und anderen Autoren bereits jetzt an Gewicht dem der männlichen Neugeborenen völlig gleichkommen.

Eine Beschleunigung der Wachstumsintensität einzelner Organe oder höherer Tiere braucht durchaus nicht nur auf der Wirkung von Hormonen (Mitosonen) zu beruhen, die den Organen mit innerer Sekretion entstammen. Ebenso verbreitet wie die direkt chemische Wachstumsbeschleunigung durch Mitosone ist im ganzen Organismenreich die Wachstumsbeschleunigung durch Außenweltsreize, bei den höheren Tieren Nervenreize, die erst indirekt auf eine chemische Wachstumsbeschleunigung schließlich hinausläuft. Wir können als Wachstumsregel aufstellen: jeder gereizte Teil wächst. Bei den niederen Tieren wird die Reizenergie direkt beim Wachstum verwendet, bei den höheren Tieren auf dem Umweg über das Zentralnervensystem, das ja seinerseits nichts weiter als ein in die Tiefe versenkter Teil des reizaufnehmenden Ektoderms ist, der um so stärker gewachsen ist, je mehr Reize aufgenommen wurden. Das Wachstum und die Masse des Zentralnervensystems bietet uns einen direkten Maßstab für die Summe der aufgenommenen Außenweltsreize. Der Mensch steht mit der Zahl der von ihm aufgenommenen Außenweltsreize an der Spitze der Organismenwelt, wie Verfasser in seinen „Sonderformen der menschlichen Gestalt“, Jena 1911, ausführlicher begründet hat. Die ontogenetische Bildung der Sinnesorgane aus dem Ektoderm zeigt uns deutlich die Beschleunigung der Zellteilung an dem Orte der Reizaufnahme der zu einer Faltung der reizaufnehmenden Stelle und damit zur Bildung des Sinnesorganes selbst führte, das in vielen Fällen durch eine Faltung nach innen in die Tiefe versenkt wurde. Ontogenetisch wird jedes Sinnesorgan durch eine Wachstums- und Zellteilungsbeschleunigung angelegt, und wir haben allen Grund, für die phylogenetische Entwicklung der Sinnesorgane dieselbe wachstumsbeschleunigende Kraft der Außenweltsreize als Bildungsgrund anzunehmen. Wir haben bereits ausführlich erörtert, warum ein Gewebe, das dissimilatorischen Reizen ausgesetzt ist, schneller wachsen kann als ein ruhendes Gewebe. Dieser wachstumsbeschleunigende Einfluß der Außenweltsreize wird nur so lange sich äußern können, bis das differenzierte Sinnesorgan mit einem Zentralnervensystem in Beziehung tritt, zu dem der Außenweltsreiz als Erregung hingeleitet wird. Der wachstumsbeschleunigende Einfluß der Außenweltsreize wurde immer an die letzte Station im Zentralnervensystem hin verlegt, und so wuchs und differenzierte sich das Zentralnervensystem durch den wachstumsbefördernden Reiz, der von der Außenwelt durch das Sinnesorgan ihm zugeleitet wurde. Diejenigen Organismen mußten die größte Gehirnmasse ausbilden, die die größte Zahl der Außenweltsreize zu verarbeiten hatten. Im Laufe der Einzelentwicklung sehen wir heute noch die Differenzierung von der Peripherie allmählich zu den höchsten Zentren des Nervensystems nach innen fortschreiten, wobei die zuletzt erreichten Teile die letzte Wachstumsbeschleunigung aufweisen. Eine Wachstumsbeschleunigung kann sich nur da einstellen, wo noch lebendige Substanz vorhanden ist, die aktiven Wachstums fähig ist. Hat sich das Zentralnervensystem aus einem Zellenstaat in eine Fibrillenmaschine umgewandelt, so kann auch in der Fibrillenmaschine keine Wachstumserregung mehr entstehen, und so entladet sich die von den Sinnesorganen zentralwärts strömende Energie der Außenweltsreize in Bewegungen der Körpermaschine durch peripherwärts gesandte Entladungen des Zentralnervensystems. Bei noch wachstumsfähigem Zentralnervensystem verwandelt sich ein Teil der Reizenergie aus den Sinnesorganen in Wachstumserregung, ein Teil in Erregung der Arbeitsmaschine. Ausgewachsene Nervenzentren besitzen keine differenzierbare lebendige Substanz mehr in ihren Zellen und verwandeln die gesamte einströmende Energie in peripherwärts geleitete Erregung. Mit dem Verlust der letzten differenzierbaren lebendigen Substanz in ihren Ganglienzellen ist das

Ende aller Körperdifferenzierung und das Ende aller Umbildungsfähigkeit der Körperformen gekommen. Der Körper arbeitet mit seiner wachstumsunfähigen Fibrillenmaschine zwar weit vollkommener als mit wachstumsfähiger lebendiger Substanz, muß aber dafür auf die Möglichkeit weiterer Anpassung an Änderungen der Außenweltsbedingungen verzichten.

Wir sehen, daß wir die anfangs aufgestellte Regel: „Jeder gereizte Teil wächst“, mit einem Zusatz zu versehen haben.

Jeder gereizte Teil wächst, wenn nicht ein Zentralnervensystem die Erregung aufnimmt und in Reflexbewegungen umsetzt. Wachstumsfunktion und Körperarbeit in der Fibrillenmaschine stehen in einem Gegensatz, der sich immer klarer herausarbeitet.

Verworn hat in seiner Arbeit: „Die cellularphysiologische Grundlage des Gedächtnisses“, 1906, Zeitschr. f. allgem. Physiol., das Wachstum der Ganglienzellen an Masse durch die zugeleiteten Erregungen als die physiologische Grundlage des Gedächtnisses angesehen. Die obigen Ausführungen stimmen in wichtigen Punkten mit den Darlegungen von Verworn überein. Der Mensch ist durch seine lebenslange Gehirndifferenzierung vor den anderen Organismen ebenso ausgezeichnet wie durch die Zahl der von ihm verarbeiteten Außenweltsreize. Nimmt die Masse der lebendigen umbildungsfähigen Substanz im Großhirn des alternden Menschen allzusehr ab, so verliert er jede Anpassungsfähigkeit an Änderungen seiner Umgebung, auf deren Anforderungen er nur mit maschinenmäßigen, festgelegten Äußerungen zu antworten vermag. Der Mensch erliegt einer jugendkräftigeren, anscheinend unvollkommeneren jüngeren Mitwelt, wenn er die Wachstumsfähigkeit des Zentralnervensystems eingebüßt hat, welche allein die Harmonie seiner Lebensäußerungen mit den Anforderungen einer sich ändernden Außenwelt herstellen kann.

Wie die peripheren Teile des Säugerorganismus durch die zentralwärts geleiteten Erregungen das Wachstum des Zentralnervensystems maßgebend beeinflussen, so beeinflußt auch umgekehrt das Zentralnervensystem das Wachstum der peripheren Teile durch Regulierung der Blutzufuhr und der Gefäßweite der peripheren wachstumsfähigen Organe. Verfasser hat früher bereits in seinem Studium über das Haarwachstum darauf hingewiesen, welchen maßgebenden Einfluß die Tätigkeit des Zentralnervensystems auf die Gefäßweite in den Haarpapillen und damit auch auf das Haarwachstum ausübt. Jedes wachsende Organ ist in seiner Wachstumsgeschwindigkeit in hohem Maße abhängig von der in der Zeiteinheit ihm zuströmenden Blutmenge. Die Blutmenge wird durch reflektorische Nervenerregung vermehrt bei Gefäßerweiterung und vermindert bei Gefäßverengerung. Wächst ein Organ sehr rasch, so genügt die Blutzufuhr selbst bei maximaler physiologischer dauernder Erweiterung nicht mehr und wir sehen alsdann eine Wachstumsvergrößerung der Blutgefäße einsetzen, die bei der wachsenden und sezernierenden Brustdrüse und bei dem graviden Uterus erstaunliche Dimensionen annimmt. Die bloße Tätigkeit eines Organes des Säugetieres genügt, um eine Steigerung der Blutversorgung herbeizuführen, die ihrerseits wieder Organwachstum zur Folge hat, handele es sich um einen Muskel oder um eine Drüse. Bei empfindlichen Menschen genügt es, die Vorstellung der Tätigkeit eines Organes hervorzurufen, um reflektorische Gefäßerweiterung und damit Wachstumserleichterung in dem vorgestellten Gebiet zu erreichen. Fordert man einen Menschen auf, sich Schreiben vorzustellen, so nimmt die Blutfülle der rechten Hand zu, denkt man an Wandern, so wächst der Blutumlauf in den Beinen, bei erotischen Vorstellungen wächst der Blutumlauf in der Sexualsphäre. Für das wahre Wachstum, das sich ja immer auf längere Zeiträume verteilt, kommen weniger derartige bewußte meist rasch vorübergehende Beeinflussungen des Blutumlaufes durch das Zentralnervensystem in Frage als lang andauernde Änderungen der Blutzufuhr, die wir ohne Übung willkürlich zunächst nicht hervorrufen können. Immerhin steht einer steigenden psychischen Beeinflussung der Wachstumsvorgänge vom Großhirn aus auf dem Wege der Gefäßreflexe nichts im Wege, wenn sich auch vermutlich die lokale chemische Beeinflussung durch Mitosone als weit bequemer und energischer herausstellen wird. Welcher Teil einer tatsächlich beobachteten stärkeren Blutversorgung eines wachsenden Organes auf reflektorischer Gefäßerweiterung vom Zentralnervensystem aus beruht, welcher Teil auf lokale Ursachen im Organe selbst zurückzuführen ist, wird sich im Einzelfalle immer erst nach eingehender physiologischer Untersuchung entscheiden lassen. Daß tatsächlich vermehrte Blutzufuhr die Wachstumsarbeit erleichtern muß, lehrt der Anblick jedes rasch wachsenden Organes, daß dauernde Gefäßverengerung zu einer Behinderung des Wachstums führen muß, wird vielleicht in kurzer Zeit als wichtige Waffe im Kampfe gegen die bösartigen Tumoren Verwendung finden können.

Bei dem heutigen embryonalen Zustand der Wachstumsphysiologie, die vor allem Sammlung eines genügenden Tatsachenmateriales erfordert, gelingt es, biologisch wichtige Verhältnisse des Wachstums größerer Organismengruppen sich vor Augen zu führen durch einfache methodische Registrierung der Massenzunahme, also der Rohgewichtszunahme wachsender Organismen, in der Zeiteinheit. In der Betrachtung des Säugerwachstums wurde bisher ausnahmslos der Fehler gemacht, das Alter der Tiere vom Moment der Geburt an zu messen, obwohl die Tiere in ganz verschiedenen Entwicklungsstufen und ganz verschiedenen Altersstadien geboren werden. Es leuchtet ein, daß eine brauchbare Physiologie des Säugerwachstums erst datieren kann von dem Moment einer richtigen Altersbestimmung der wachsenden Tiere. Ein zweiter schwerwiegender Fehler in den bisherigen Gewichtsbestimmungen von Föten der Säuger bestand in der Vernachlässigung des Eigewichtes und alleiniger Berücksichtigung des am Nabel durchtrennten Embryonenleibes. Da Placenta und Eihäute wichtige Organe des Säugerwachstums darstellen, ist ihre Nichtberücksichtigung bei allgemeinen Wachtumsbetrachtungen ganz unzulässig und kann nur bei Lösung von Spezialfragen des Wachstums ihre Berechtigung haben. Wenn wir die Wachstumsgeschwindigkeit zweier Säuger vergleichen, so haben wir also das Lebensalter zu rechnen von der Befruchtung der Eizelle an, das Rohgewicht an den unverletzten Eiern festzustellen und höchstens eine Korrektur anzubringen, für die von dem mütterlichen Gewebe stammenden Placentarteile. Die gesamte Wachstumsleistung der sich entwickelnden Eizelle spiegelt sich in den Rohgewichtszunahmen der unverletzten Föten nur insofern wieder, als das Gewicht der im Laufe des Wachstums resorbierten Teile unerheblich ist im Vergleich zu der im Zusammenhange gebliebenen Gesamtmasse. Nach jeder Häutung und Metamorphose, die mit erheblicher Gewichtsabnahme verknüpft zu sein pflegt, erscheint die geleistete Wachstumsarbeit kleiner als die wirkliche Leistung. Die Säuger machen ihre erste und einzige auffällige Metamorphose mit erheblicher Gewichtsabnahme zur Zeit der Geburt durch. Bei der Geburt verwandelt sich das Säugetier in wenigen Stunden aus einem wasseratmenden, wechselwarmen, nur osmotisch gleich einem Parasiten ernährten Wesen in ein luftatmendes homöothermes, flüssige Nahrung genießendes Säugetier, unter Abstoßung der placentaren Atmungs-, Ernährungs- und Schutzorgane, die als Abfallstoffe des Wachstums in der Regel von den Erzeugern gefressen und so wenigstens einigermaßen noch verwertet werden. Selbst die reinen Pflanzenfresser (Ziegen, Schafe) fressen ihre Placenta, auch die Nagetiere; und es ist mehr als wahrscheinlich, daß der Mensch im Naturzustande als Omnivor und die anderen Affenarten keine Ausnahme machen. Wird doch bei einigen Menschenstämmen heute noch die Placenta verspeist, unzweckmäßigerweise allerdings meist vom Vater mit dessen Freunden (zit. nach Barthels: „Das Weib“). Abgesehen von dieser Abstoßung bei der Geburt findet bei den Säugern eine kontinuierliche, häufig periodisch gesteigerte Abstoßung der immerwährend wachsenden Gebilde; Haut, Haare, Nägel statt, die ebenso wie die zugrunde gehenden Zellen und Blutscheiben des Körperinneren bei bloßer Berücksichtigung der Rohgewichtszunahme unserer Registrierung entgehen.

Die Abb. 1 zeigt die Registrierung von Rohgewichtskurven von Lebewesen, wenn die Zeit in Sekunden gemessen wird, vom Tage der Befruchtung und die Abszissen und Ordinaten in logarithmischer Progression wachsen. Diese Progression entspricht dem inneren Wesen des Wachstumsvorganges, das ja als Vermehrung einer aktiven Masse nach der Formel e^x verlaufen muß bei Abwesenheit von Hemmungen. Die Methode ermöglicht zugleich, das Wachstum der kleinsten wie der größten, der kurzlebigsten wie der langlebigsten Organismen auf einer Tafel graphisch zu vereinigen. Wo auf der Abbildung Kurven sich schneiden, bedeutet der Schnittpunkt den Moment, wo zwei verschiedene Lebewesen gleich alt und gleich schwer sind. Die Wachstumskurven des Menschen und des Kaninchens schneiden sich in der Abbildung zweimal. Zweimal im Laufe des Lebens sind also Mensch und Kaninchen gleichalt und gleichschwer, das erste Mal etwa 10^{+5} Sekunden, das zweite Mal etwa $5 \cdot 10^{+7}$ Sekunden nach der Befruchtung der Eizelle.

Die Kurve des Ziegenmelkers (nach Heinroth) läuft nach dem Ausschlüpfen aus dem Ei fast durchaus identisch mit der Wachstumskurve des gleichalten Kaninchens und durchaus ähnlich der Wachstumskurve des gleichalten Menschen, ebenso läuft die Wachstumskurve des Meerschweinchens durchaus streckenweise analog der Menschenwachstumskurve, was bedeutet, daß nicht für einen Moment, sondern für eine ganze Entwicklungsspanne Mensch und Meerschwein gleich alt und gleich schwer sind und bleiben. Die Wachstumskurve des Frosches zeigt das Dauerwachstum der langlebigen Amphibien, die anscheinend auch im hohen Alter noch an Masse zunehmen. Das Dauerwachstum bewirkt, daß schließlich der Frosch, wie die Abbildung zeigt, den äußerst rasch wachsenden Vogel (Ziegenmelker) überholt.

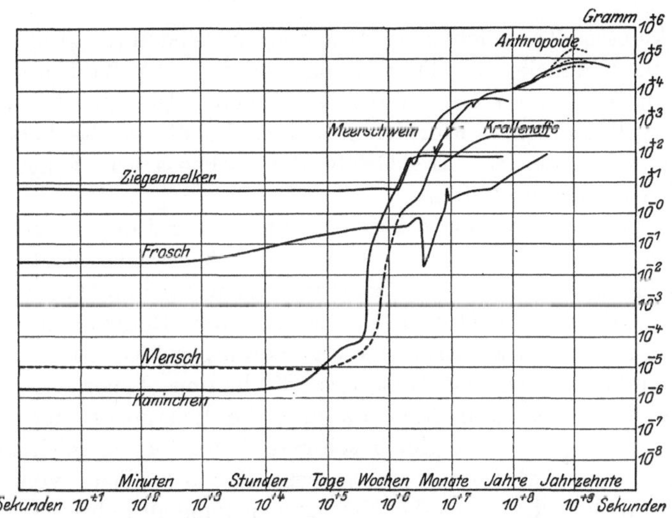

Abb. 1. Wachstumskurven verschiedener Tiere.

Eine vom Verfasser erstmalig vorgenommene Vergleichung der Rohgewichtszunahme gleichalter Säugetiere ergab folgende wichtige Wachstumsregeln:

1. Die prozentische Zunahmegeschwindigkeit der Säugetiere ist vor allem eine Funktion des absoluten Lebensalters, gerechnet von der Befruchtung der Eizelle an.

2. Die prozentische Zunahmegeschwindigkeit der Säugetiere sinkt von den ersten Lebensstadien mit geringen Schwankungen durch die ganze Wachstumsperiode hin ab, ebenso der Wachstumsquotient.

3. Die zu erreichende Endgröße ist ein wichtiger Faktor für die prozentische Zunahmegeschwindigkeit. Gleich große Tiere aus ganz verschiedenen Säugerordnungen wachsen annähernd gleich rasch, wenn man gleiche Altersstufen vergleicht, wachsen dagegen ganz ungleich rasch, wenn man die Neugeborenen vergleicht.

4. Die Wachstumsgeschwindigkeit ist annähernd proportional der Masse der lebendigen Substanz im Rohgewioht.

5. Die intrauterine Wachstumsgeschwindigkeit der Säuger ist in der Regel annähernd gleich der Wachstumsgeschwindigkeit bereits geborener Säuger von gleichem absoluten Alter und gleichem Gewicht. (Genauer von gleicher Masse lebendiger Substanz.)

6. Die gesamte Wachstumsarbeit der Tiere ist um so kleiner im Verhältnis zur Gesamtlebensarbeit der Tiere, je größer der Cephalisationsfaktor der Säugetiere und Vögel ist.

Unter Cephalisationsfaktor versteht Verfasser das Verhältnis von Masse des Zentralnervensystems zur Masse der lebendigen Substanz im Rohgewicht.

Die klügsten Tiere leben am längsten und leisten die größte Lebensarbeit. Die Klugheit der Tiere hängt ab von der Zahl der zu verarbeitenden Außenweltsreize in der Zeiteinheit. Die klügsten Tiere besitzen die vollkommenste Fibrillenmaschine, die die größte Lebensarbeit zu leisten imstande ist. Die Größe der Lebensarbeit hängt ab von der Zahl der Außenweltsreize.

Als wichtiges Ergebnis seiner Messungen der Rohgewichtszunahme von Tieren der verschiedensten Klassen des Tierreichs sieht Verfasser die Tatsache an, daß wir nur Wachstumsregeln mit konstatierbaren Ausnahmen, nicht aber Wachstumsgesetze aus den Rohgewichtszunahmen ableiten können. Dieses Ergebnis war vorauszusehen, da ja nicht das Rohgewicht die Geschwindigkeit des Wachstums beherrscht, sondern die Masse der lebendigen Substanz und die Leistungen der Fibrillenmaschine. Weder wachsen gleich schwere Tiere (bei möglichst gleichen Versuchsbedingungen) immer gleich schnell, noch Tiere von gleicher Oberfläche auch nicht immer bei Berücksichtigung des absoluten Lebensalters. Besonderen Schwankungen ist der Bruchteil der Nahrung ausgesetzt, der beim Wachstum Verwendung findet. Um ein Kilo Huhn zu erzeugen, braucht man ein Vielfaches der Nahrungsmenge, die genügt, um ein Kilo Schwein zum Ansatz zu bringen. Ganz nahe verwandte Tiere verhalten sich in dieser Beziehung ganz verschieden. Es gibt sehr schnellwüchsige und sehr langsam wachsende Hühnerrassen mit ganz verschiedenen Wachstumsquotienten bei gleicher Körperoberfläche.

Der Versuch, fundamentale Wachstumsgesetze energetischer Art aus Rohgewichtsmessungen ableiten zu wollen, ist gescheitert, da sich herausstellte, daß, um ein Kilo Tier zu erzeugen, durchaus nicht immer der gleiche Arbeitsaufwand erforderlich ist bei möglichst gleichen Bedingungen, nicht einmal, wenn es sich um Tiere von gleicher Oberfläche handelt oder von gleicher Körpergröße. Es stellte sich bei den Untersuchungsreihen des Verfassers heraus, daß um ein Kilo Tier zu erzeugen, um so mehr Energiezufuhr, besser Nahrungszufuhr, erforderlich ist, je leistungsfähiger die Fibrillenmaschine der betreffenden Tiere ist und je vielseitiger deren Gebrauch. Von allen bisher bekannten Tierarten stehen einige Hühnervögel mit dem größten Aufwand für Körperansatz (Rohgewichtszunahme) an der Spitze, aber auch die Affenarten mit dem Menschen mit ihrer vielseitig ausgebildeten Bewegungsmaschine gehören zu den langsam und mit großem Nahrungsaufwand wachsenden Tieren. Von kaltblütigen Tieren bilden die Fische und die Reptilien Antipoden in bezug auf die Wachstumsgeschwindigkeit und die Ausnutzung der Nahrung für den Rohgewichtsansatz. Bei rasch wachsenden Fischen wird so gut wie alle Nahrung in Körpersubstanz angesetzt, bei den Schildkröten und Alligatoren ein so verschwindender Bruchteil, daß diesen Tieren gegenüber selbst die langsamst wachsenden Vögel als schnellwüchsig zu bezeichnen sind. Der Energieaufwand, um ein Kilo Schildkröte oder ein Kilo Alligator zu erzeugen, ist ein ganz erstaunlich großer. Je schnellwüchsiger die Tiere sind, desto geringer ist im allgemeinen der Energieaufwand in der Nahrung, auch wenn man berücksichtigt, daß schnell wachsende Tiere pro Kilo wie pro Oberflächeneinheit oft unverhältnismäßig viel Nahrung zu sich nehmen und zum Ansatz bringen können. Verfasser vermutet, daß ein großer Teil der Unterschiede in den Anforderungen, die das Wachstum der höheren Tiere in bezug auf Nahrungszufuhr stellt, verschwinden werden, wenn wir nicht die Energiezufuhr pro Kilo Rohgewicht, sondern pro Kilo lebendige Substanz im Rohgewicht in Rechnung ziehen werden. Wir wissen ja, daß die verschiedenen Tiere ganz verschiedene Mengen von lebendiger Substanz pro Oberflächeneinheit wie pro Kilo Rohgewicht enthalten. Eine Prüfung der vom Verfasser vermuteten Gesetzmäßigkeit erfordert die chemische Erforschung zahlreicher Tiere mit einer bisher noch nicht ausgebildeten Methodik zur Feststellung der Mengen der lebendigen Substanz im Rohgewicht. Durch genaue chemische Vergleichung von Kaninchenföten mit erwachsenen Kaninchen konnte vom Verfasser die Zunahme der paraplasmatischen aktiven Wachstums unfähigen Stoffe beim Altern bereits nachgewiesen werden. Keratinsubstanzen, Leimsubstanz, Skelettsalze nehmen tatsächlich um so mehr zu im Rohgewicht, wie Verfasser fand, je mehr das Wachstum sich verlangsamt. Wir werden richtiger diese Tatsache so ausdrücken, das Wachstum verlangsamt sich, weil die relative Menge der lebendigen Substanz abnimmt.

Die Physiologie des Wachstums bedarf der Grundlegung durch Sammlung von Tatsachen, namentlich aber der chemischen Grundlegung durch Tatsachensammlung, während energetische Berechnungen erst angestellt werden könnnen, wenn die Menge der lebendigen Substanz bekannt ist. In bezug auf die Registrierung der Wachstumsvorgänge streiten sich die Messungen des Längenwachstums und die Messungen der Gewichtszunahmen um den Vorrang. Es kann wohl keinem Zweifel unterliegen, daß die Wage den Vorzug vor dem Zollstock verdient. Die Botaniker haben schöne Messungen des Längenwachstums der Pflanzen durch kinematographische Aufnahme der wachsenden Gebilde erzielt. Solange die Formen eines wachsenden Organismus einander geometrisch ähnlich bleiben, können wir aus Längenmessungen annähernd genau die Massenzunahmen errechnen, da die Massen unter diesen Bedingungen annähernd in der dritten

Potenz des Längenmaßes zunehmen. Sowie aber die Formen, die verglichen werden, einander nicht mehr ähnlich sind, und das ist bei wachsenden Pflanzen oft recht schnell der Fall, geben uns die Längenmessungen zu verschiedenen Zeiten keinerlei Anhalt mehr über die Massenzunahme in der Zeiteinheit. Für die Beobachtung des Tierwachstums sind dieselben Ausführungen gültig. Nur bei sehr ähnlich organisierten Tieren geben Messungen des Längenwachstums Aufschluß über die Wachstumsbewegung, die in den drei Dimensionen des Raumes erfolgt. Das Wachstum eines Organismus kann sogar in einer Dimension positiv erscheinen, wenn das Gesamtwachstum negativ ist, ein in die Länge sich streckender Teil kann an Masse abnehmen. Um so mehr bedürfen alle räumlichen Wachstumsmessungen der physikalischen und alsdann noch der chemischen Kontrolle. Selbst die Gewichtszunahme unterrichtet uns ja nicht über den Zuwachs an aktiven Wachstums fähiger Substanz. In der Physiologie hat sich eingebürgert, die Wachstumsgeschwindigkeiten zweier Tiere zu vergleichen durch den Vergleich der Zeiten der Verdoppelung des Körpergewichtes. Bei sehr verschiedener Ausdehnung der Verdoppelungszeiten stellen sich auf diesem Wege große Fehler ein, und es empfiehlt sich in allen Fällen die direkte Bestimmung der prozentischen Zunahmegeschwindigkeit in der Zeiteinheit, auf deren Feststellung in freilich etwas ungenauerer Weise der Vergleich der Verdoppelungszeiten schließlich hinausläuft. Als Gewichtseinheit wähle man bei Wachstumsmessungen das Gramm; als Zeiteinheit hat sich der Tag durch die Sekunde nicht verdrängen lassen, da die Zahlen bequemer registrierbar werden bei Annahme des Tages als Einheit der Zeit für das Wachstum. Mit Hilfe der bloßen Registrierung der Rohgewichtszunahme, gerechnet von der Befruchtung der Eizelle an, lassen sich (Abb. 1) Verwandtschaftsbeziehungen der Tiere verfolgen. Verfasser fand, daß den einzelnen Klassen der Wirbeltiere charakteristische Wachstumskurven des Körpergewichtes zukommen. Säugetiere zeigen eine andere Rohgewichtskurve als Vögel, Vögel eine andere als Amphibien oder Fische. Eine Konvergenz der Gewichtskurven zweier nicht verwandter Tiere während der ganzen Wachstumszeit und Lebenszeit hält Verfasser nicht gut für denkbar, bisher ist ein solcher Fall auch nicht nachgewiesen. Unter den Vögeln können wir die relativ sehr langsam wachsenden Nestflüchter von den sehr rasch wachsenden Nesthockern bequem unterscheiden. Bei den Vögeln scheint mit Erwerb des Flugvermögens eine höchst zweckmäßige Beschleunigung des Wachstums und Abkürzung der Entwicklungszeit stattgefunden zu haben. Ein Vogel, der seinen ersten Flug unternimmt, muß bereits ausgewachsen sein und hat sein volles Endgewicht bereits erreicht. Änderungen der Dimensionen des Körpers und Änderungen des Gewichtes würden die Korrelation der Bewegungen beim Fluge leicht zu stören vermögen. Die Laufvögel und Schwimmvögel sind dagegen imstande, auf dem Erdboden und im Wasser sich mit kurzen wie mit langen Extremitäten, mit leichtem wie mit schwerem Gewicht gewandt zu bewegen. Die Laufvögel haben daher die von den reptilienähnlichen Urahnen ererbte Langsamkeit des Wachstums getreuer bewahrt, und die Beschleunigung ihres Wachstums ist wohl mehr auf die Erhöhung der Körpertemperatur auf 44 Grad als auf biologische Erfordernisse rascher Reife zurückzuführen. Bei den Säugetieren finden wir in den ersten Zeiten des Wachstums bei verschiedenen Ordnungen eine gewisse Gleichartigkeit angedeutet, so daß eine Reihe von gleich schweren Tieren intrauterin annähernd gleich schnell wächst, wobei allerdings auch Ausnahmen zu bemerken sind. Von den Säugetieren haben namentlich die Huftiere und fast alle Mikromammalier im Interesse der Erhaltung der Art den Zeitpunkt der individuellen Reife und das Ende des Körperwachstums in immer frühere Lebensepochen zurückverlegt, während wir ein Dauerwachstum fast die ganze Lebenszeit hindurch zwar bei den niederen Tieren häufig, bei den Säugern aber fast nur bei den höheren Affen, besonders aber bei dem Menschen finden. Je frühreifer eine Tierart, desto größer ist die Zahl der in der Zeiteinheit produzierten Jungen und damit die Wahrscheinlichkeit der Erhaltung der Art. Das Wachstum ist ein Hemmnis der Lebensbetätigung in bezug auf Leistung der Lebensarbeit, eine Abkürzung der Wachstumsperiode erscheint daher zunächst als eine Begünstigung der Lebensarbeit. Flourens hat darauf aufmerksam gemacht, daß, je länger die Wachstumsperiode dauert, desto länger die Gesamtlebensdauer der Tiere sich erstreckt. Er meinte, daß die Gesamtlebensdauer auf etwa das Fünffache der Wachstumsperiode geschätzt werden könne. Tatsächlich finden wir bei Pflanzen und Tieren sehr häufig lange Lebensdauer und langsames Wachstum vereinigt. Unter den Bäumen sind die langsam wachsende Eiche und der langsam wachsende Taxus bekannte Beispiele für Langlebigkeit, bei den Säugetieren Mensch und Elefant. Die Ausnahmen von dieser Regel sind so zahlreich, daß von einem Wachstumsgesetz in obigem Sinne ebensowenig die Rede sein kann wie von einem energetischen Grundgesetz des Wachstums. Die äußerst rasch wachsende kalifornische Riesenfichte erreicht nach Zählung der Jahresringe ein Alter von über 1000 Jahren, der rasch wachsende Karpfen erreicht das für einen Fisch erstaunliche Alter von weit über 50 Jahren, die rasch wachsenden Papageien werden weit älter als die langsamer wachsenden Hühnervögel. Immerwachsende Tiere und Pflanzen sind keine Seltenheit. Es gibt also keine konstante Beziehung zwischen Länge der Wachstumszeit und absoluter Lebensdauer, auch nicht zwischen Wachstum und Gesamtlebensarbeit. Ebensowenig wie zwischen Länge der Wachstumsperiode und absoluter individueller Lebensdauer besteht eine ganz feste Beziehung zwischen der Fruchtbarkeit, also der Masse der durch Wachstum erzeugten Fortpflanzungsprodukte, und Langlebigkeit. Man hat darauf aufmerksam gemacht, daß viele langlebige Tiere wenige Junge zur Welt bringen, während kurzlebige Tiere durch zahlreiche Nachkommenschaft sich auszeichnen sollen. Es lassen sich für eine solche Regel wohl einige Beispiele anführen, aber wohl ebensoviel Beispiele dagegen. Die großen Raubvögel haben nur wenige Junge, die langlebigen Affen ebenfalls, die Langlebigen unter den Huftieren nur wenige Junge, während die kurzlebigen Nagetiere zahlreiche Nachkommenschaft haben. Unter den langlebigen Bäumen dagegen ist die Eiche nicht gerade durch Fruchtarmut ausgezeichnet, die langlebige Malermuschel unter den Tieren produziert zahlreiche Junge, dle langlebigen Amphibien produzieren sehr zahlreiche Nachkommenschaft. Die Unrichtigkeit aller bisher aufgestellten Gesetze des Wachstums läßt erkennen, wie notwendig es ist, für die Erforschung der Wachstumsvorgänge zunächst Beobachtungsmaterial zu sammeln und für zukünftige Zusammenfassungen in Form von Gesetzen den Boden vorbereiten zu helfen.

Über das menschliche Wachstum existieren so zahlreiche Untersuchungsreihen, und die Kenntnis selbst feiner Einzelheiten des Menschenwachstums ist für den Arzt und Naturforscher so wichtig, daß im zweiten Teil dieser Arbeit der Sonderform des menschlichen Wachstums ein besonderes Kapitel gewidmet werden soll.

Die Sonderform des menschlichen Wachstums.

Das Wachstum des menschlichen Körpergewichts in den verschiedenen Lebensaltern.

Das Wachstum des Menschen ist, wie jede vegetative Funktion des Körpers, dem direkten Einfluß des bewußten Willens völlig entzogen. Will der Mensch auf indirektem Wege Einfluß auf sein Wachstum gewinnen und seine Körperform, statt sie als gegeben hinzunehmen, nach den Anforderungen der maximalen Arbeitsfähigkeit zugleich und des sinnlichen Wohlgefallens gestalten, so ist das erste Erfordernis für eine solche künftige Beherrschung ein genaues Studium des unbeeinflußten natürlichen Ablaufs der Wachstumsvorgänge. Das Wachstum des Menschen ist zwar etwas verschieden nach Rasse, Geschlecht, Klima und Ernährung, doch fallen die Unterschiede völlig in die scheinbar spontan auftretende, sehr bedeutende individuelle Variationsbreite, so daß eine Einteilung des Menschengeschlechts auf Grund von Wachstumsverschiedenheiten nicht möglich erscheint.

Wenn es auch keinen idealen Maßstab für die Messung des Menschenwachstums gibt, so bietet doch die Vermehrung des Körpergewichts im Laufe der Entwicklung das bisher beste Abbild der Wachstumsfunktion. Es geht ein Teil der im Wachstum neugebildeten Substanz ständig dem Körper verloren. Die immer wachsenden Horngebilde der Haut stoßen sich ständig ab, die roten und weißen Blutkörperchen sterben ständig und werden dauernd ersetzt, jede funktionierende Körperzelle lebt zum Teil auf Kosten bereits gebildeter Menschensubstanz. Bei der Geburt werden beim Menschen in kurzer Zeit etwa 20 Proz. des gesamten Körpergewichts als Placenta, Eihäute, Fruchtwasser, Vernix caseosa, Meconium und Urin abgeschieden, bei vielen Tieren tritt durch Häutung und wiederholte Metamorphosen mehrmals im Leben trotz fortschreitender Entwicklung eine Abnahme des absoluten Körpergewichts ein. Das durch die Wage feststellbare Körpergewicht ist nicht anzusehen als ein genaues Maß der abgelaufenen Wachstumsfunktion, noch viel weniger allerdings das bisher allein als Maßstab benutzte Längenwachstum des Körperskeletts. Wachstum erfolgt in den drei Dimensionen des Raumes, die bisherige Alleinberücksichtigung des Längenwachstums führte zu dem Paradoxon, daß ein Mensch mit einem Körpergewicht von 2 Zentnern, mit abnorm plumpem Skelett, mit breitem und tiefem Leib als Zwerg bezeichnet wurde, wenn durch abnorm kurze Beine die Körperlänge das Menschenlängenmittel nicht erreichte.

Kollmann bezeichnete sogar die Neandertalrasse als kleinwüchsig und benutzte diese angebliche Kleinheit des Menschen der älteren Diluvialzeit als Stütze für seine Theorie von der Entstehung des Homo sapiens recens aus Zwergrassen. Die Dicke und Plumpheit der Kopf- und Beinknochen des Neandertalmenschen legt den Gedanken nahe, daß diese Menschenrasse einen bärenartigen oder vielmehr gorillaartigen Wuchs besessen hatte, mit einem Körpergewicht von vielleicht mehr als 100 Kilo. Die Beine waren allerdings nicht länger, sondern relativ kürzer als beim rezenten Menschen. Nach Gewicht und Raumausdehnung des Skeletts sind wir gezwungen, die Neandertalrasse, besonders den Spymenschen, als kurzbeinige Vorzeitriesen anzusehen, die sich zum rezenten Menschen fast genau so verhalten haben werden wie der Höhlenbär zum rezenten Bär und der Höhlenlöwe zum heutigen Löwen. Nach diesen Erwägungen wird man künftig zwei Menschen von gleichem Gewicht als gleich groß zu bezeichnen haben bei Ausschluß pathologischer Verhältnisse, wie Wassersucht, Fettleibigkeit oder krankhafter Magerkeit. Menschen von gleichem Skelettwuchs sind wissenschaftlich als gleich lang, nicht als gleich groß zu bezeichnen, trotz des abweichenden allgemeinen Sprachgebrauches.

Bei der Feststellung des Lebensalters ist es in der Menschenkunde und Tierkunde nicht ratsam, wie allgemein üblich, das Lebensalter von der Geburt an zu rechnen, sondern es erscheint physiologisch geboten, von der Befruchtung der Eizelle an zu beginnen. Vergleichbare Werte des Menschenwachstums und Tierwachstums erhielt Verfasser erst, als er Tiere von gleichem absoluten Lebensalter miteinander verglich.

Das Gewicht eines Wirbeltieres vor der Geburt bedeutet das Gewicht aller Teile, die von der befruchteten Eizelle geliefert worden sind. Außer dem Embryonalleib gehören Fruchtwasser, Placenta und Eihäute zu dem Rohgewicht einer intrauterinen Lebensstufe. Ist nur das Volumen, nicht aber das Gewicht einer Säugerfrucht bekannt oder ist es nötig, das Volumen aus einer Abbildung mit genauem Maßstab zu entnehmen, so entstehen keine in Betracht kommenden Fehler durch Gleichsetzung von Volumen und Gewicht. Das spezifische Gewicht der Säugerfrüchte weicht nicht erheblich von dem des Wassers ab. Unverletzte Menscheneier sind etwa vom 8. Tage nach der Befruchtung an beschrieben worden, für die ersten 8 Tage nach der Befruchtung des Menscheneies sind wir ohne Kenntnis der Gewichtsveränderungen im Laufe der Entwicklung von einer Zelle zu einem Saugwurzeln tragenden Bläschen, das die Eizelle an Gewicht bereits um etwa das Zehntausendfache übertrifft.

Das Gewicht der menschlichen Eizelle mit einem mittleren Durchmesser von 0,02 cm beträgt rund 4×10^{-6} g, also 0,000 004 g. Rechnet man das Gewicht eines starken erwachsenen Mannes der poikilodermen (weißen) Rasse zu 80 kg, so beträgt dies Gewicht das Zwanzigtausendmalmillionenfache des Eizellengewichts, ohne die Masse der Zellen zu rechnen, die im Laufe des Lebens zwar gebildet, aber später abgestoßen werden oder zugrunde gehen. Damit die menschliche Eizelle einen Körper von 80 kg aufbauen kann, muß ihr Gewicht sich 34 mal verdoppeln: $2^{+x} = 2 \times 10^{+10}\ x = 34$. Wäre der menschliche Körper nur eine Zellenkolonie, würden 34 Zellgenerationen zu seinem Aufbau nötig sein; da aber ein großer Teil der gebildeten Zellen sich in die menschliche Fibrillenmaschine umwandelt, sind die Zellen eines alten Menschen ver mutlich weit mehr als 34 Generationen von der befruchteten Eizelle entfernt. Für das chemische und physiologische Verhalten einer Menschenzelle wird die bisher nicht berücksichtigte Generationszahl, gerechnet von der Befruchtung der Eizelle an, eine maßgebende Rolle spielen,

Mensch — Homo sapiens recens ♂. Europäer.

Alter Tage	Gewicht g	Absolute Zunahme pro Tag g	Zunahme pro Tag Proz.
0	0,000004		
8	0,03	+ 0,0037	+ 90 000,0
17	0,86	+ 0,092	+ 307,0
20	1,4	+ 0,18	+ 16,0
26	2,0	+ 0,1	+ 6,0
35	2,9	+ 0,1	+ 4,5
40	19,0	+ 3,2	+ 29,0
60	220,0	+ 10,0	+ 8,4
100	800,0	+ 14,5	+ 8,0
120	1 200,0	+ 20,0	+ 2,0
106	2 800,0	+ 21,0	+ 1,1
250	3 800,0	+ 19,0	+ 0,6
280	4 500,0	+ 23,0	+ 0,5
280	3 300,0	− 1200,0	− 30,0
290	3 700,0	+ 40,0	+ 1,2
315	4 460,0	+ 30,0	+ 0,75
332	4 840,0	+ 22,0	+ 0,5
349	5 200,0	+ 21,0	+ 0,4
385	6 100,0	+ 25,0	+ 0,3
408	6 400,0	+ 13,0	+ 0,24
645	9 500,0	+ 13,0	+ 0,19
1 010	11 000,0	+ 4,0	+ 0,04
1 375	12 500,0	+ 4,0	+ 0,04
1 740	15 000,0	+ 7,0	+ 0,06
2 105	16 000,0	+ 3,0	+ 0,02
2 470	18 000,0	+ 6,0	+ 0,035
2 835	21 000,0	+ 8,0	+ 0,04
3 200	23 000,0	+ 5,5	+ 0,025
3 755	27 000,0	+ 11,0	+ 0,07
3 930	30 000,0	+ 8,0	+ 0,03
4 295	31 000,0	+ 2,8	+ 0,0093
4 660	32 000,0	+ 2,8	+ 0,0090
5 025	33 000,0	+ 2,8	+ 0,0087
5 390	37 000,0	+ 10,5	+ 0,032
5 755	41 000,0	+ 10,5	+ 0,028
6 120	45 000,0	+ 10,5	+ 0,025
6 485	50 000,0	+ 13,5	+ 0,030
6 850	55 000,0	+ 13,5	+ 0,027
7 215	60 000,0	+ 13,5	+ 0,025
7 580	65 000,0	+ 13,5	+ 0,220
11 230	75 000,0	+ 3,0	+ 0,0043
14 880	80 000,0	+ 1,4	+ 0,0002
18 530	85 000,0	+ 1,4	+ 0,0018
22 180	80 000,0	− 1,4	− 0,0017
25 830	75 000,0	− 1,4	− 0,0018

verschiebt sich doch das Verhältnis der Protoplasmamenge zu der Kernstoffmenge (die Kernplasmarelation Hertwigs) sehr beträchtlich im Laufe des Wachstums.

Die umstehende Tabelle gibt den Gang der Gewichtskurve für einen kräftigen Mann der poikilodermen Rasse durch das ganze Leben.

Die Zahlen für die Gewichtsveränderungen im Laufe des Lebens einer entsprechend kräftigen Europäerin zeigen merkliche Abweichungen in betreff des Endgewichts, das im Mittel um etwa 10 kg, also in unserem Falle $12^1/_2$ Proz. hinter dem des Mannes von gleicher Herkunft

Europäerin — Homo sapiens recens ♀.

Alter Tage	Gewicht g	Absolute Zunahme pro Tag g	Zunahme pro Tag Proz.
0	0,000004		
8	0,03	+ 0,0037	**+ 90 000,0**
17	0,86	+ 0,092	+ 307,0
20	1,4	+ 0,18	+ 16,0
26	2,0	+ 0,1	+ 6,0
35	2,9	+ 0,1	+ 4,5
40	19,0	+ 3,2	+ 29,0
60	220,0	+ 10,0	+ 8,4
100	800,0	+ 14,5	+ 3,0
120	1 200,0	+ 20,0	+ 2,0
196	2 800,0	+ 21,0	+ 1,1
250	3 800,0	+ 19,0	+ 0,6
280	4 200,0	+ 13,3	+ 0,37
280	3 100,0	— 1100,0	— 26,0
290	3 500,0	+ 40,0	+ 1,2
315	4 300,0	+ 32,0	+ 0,8
332	4 700,0	+ 23,5	+ 0,52
349	5 000,0	+ 18,0	+ 0,44
385	5 900,0	+ 24,0	+ 0,42
408	6 200,0	+ 13,0	+ 0,2
645	9 300,0	+ 13,0	+ 0,2
1 010	10 500,0	+ 3,3	+ 0,033
1 375	12 000,0	+ 4,1	+ 0,037
1 740	14 000,0	+ 5,5	+ 0,042
2 105	15 000,0	+ 3,0	+ 0,02
2 470	16 800,0	+ 5,0	+ 0,03
2 835	20 000,0	+ 8,8	+ 0,048
3 200	22 000,0	+ 5,5	+ 0,026
3 755	26 000,0	+ 7,0	+ 0,03
3 930	30 000,0	+ 23,0	+ 0,07
4 295	32 500,0	+ 7,0	+ 0,023
4 660	34 000,0	+ 4,0	+ 0,012
5 025	35 000,0	+ 3,0	+ 0,009
5 390	39 000,0	+ 11,0	+ 0,03
5 755	41 000,0	+ 5,5	+ 0,014
6 120	50 000,0	+ 24,5	+ 0,05
6 485	55 000,0	+ 13,5	+ 0,026
6 850	57 000,0	+ 5,5	+ 0,0098
7 215	58 000,0	+ 3,0	+ 0,005
7 580	60 000,0	+ 5,5	+ 0,0093
11 230	65 000,0	+ 1,4	+ 0,002
14 880	70 000,0	+ 1,4	+ 0,002
18 530	72 000,0	+ 0,55	+ 0,0009
22 180	70 000,0	— 0,55	— 0,0009
25 830	68 000,0	— 0,55	— 0,0009

und Konstitution zurückbleibt. Außerdem weist die weibliche Gewichtskurve auch ein etwas geringeres Geburtsgewicht und eine schneller verlaufende Zunahme in den Entwicklungsjahren auf. Als Näherungswerte für eine langsam sich entwickelnde, gut gewachsene Europäerin möchte Verfasser die nebenstehenden Zahlen ansehen.

Zu diesen Tabellenzahlen ist zu bemerken, daß die Gewichte der Stadien vor der Geburt teils mit der Wage festgestellt wurden, teils aus den Volumina unverletzt ausgestoßener Eier berechnet wurden.

Das Wachstum des Körpergewichts bei Mann und Frau zeigt nach dem Stillstand des Skelettwachstums eine sehr erhebliche Variationsbreite, so daß die obigen Gewichte den Ablauf der Wachstumszuwüchse so schildern, wie Verfasser es für funktionell günstig hält. Bei zahlreichen Individuen wächst das Gewicht in den Entwicklungsjahren weit rascher und nähert sich bereits Ende der zwanziger Jahre dem Höchstgewicht. Benutzt man statt ausgesucht vollkommener Werte die statistischen Mittelwerte aus großen Messungsreihen, so erhält man durchaus nicht ein brauchbares Bild des normalen Ablaufs der Wachstumskurven. Frühere Forscher, besonders Quételet, gingen allerdings von der Annahme aus, daß die Regelmäßigkeit in der Verteilung der Individuen auf gewisse quantitative Stufen oder Klassen die innere Einheitlichkeit einer Bevölkerung beweise. Der beobachtete Mittelwert sollte den mittleren Typus darstellen, um den alle Individuen variieren, und es sollte eine Tendenz bestehen, zu diesem Mittelwerte zurückzukehren. Wie v. Gruber an der Hand experimenteller Forschungen zeigte, war aber dieser Schein trügerisch, und eine Bevölkerung ist nach v. Gruber keineswegs etwas Einheitliches in bezug auf ihre Keimplasmakonstitution, die für die Wachstumsvererbung maßgebend ist. Große Mittelzahlen ohne Auswahl haben nur einen statistischen Wert, nicht aber eine Bedeutung für die Auffindung eines funktionell bevorzugten Typus.

Für eine vergleichende Betrachtung des Rassenwachstums dürfen wir nach obigem ebenfalls keine Mittelzahlen verwenden, sondern nur das Wachstum reiner Linien aus verschiedenen Rassen miteinander vergleichen.

Unter reinen Linien versteht die moderne Vererbungslehre nach Johannsen Erblinien von gemeinsamem Typus des Erbgutes (Genotypus gegenüber dem Phaenotypus einer gemischten Population), erhalten durch sorgfältige Individualauslese und strenge Fernhaltung von Fremdbefruchtung oder Kreuzung. Eine ganze Reihe von Fürstengeschlechtern stellen in diesem Sinne reine Linien dar. Enthalten Sperma und Eizelle die gleichen Erbanlagen, so spricht man von Homozygoten, enthalten sie verschiedene Erbanlagen, so spricht man von Heterozygoten. Die Erforschung der Wachstumsvorgänge sollte an Homozygoten vorgenommen werden, doch hat auch die Registrierung eines Phaenotypus (eines statistischen Mittels einer Population) in gewissen Fällen eine praktische Bedeutung. Im folgenden sollen daher die Gewichtszahlen wiedergegeben werden, die als Durchschnittswerte zahlreicher Messungen an nichtausgelesenen Einzelindividuen sich ergeben haben. Derartige Tabellen existieren von Quételet, von Landois, von Beneke und von Roberts. Die Zahlen, wiedergegeben in Vierordts Daten und Tabellen, Jena 1906, S. 22, geben die Gewichte mit Kleidern. Für die Kleidung der Erwachsenen rechnet Roberts rund 4 kg; bei Knaben und Mädchen sind 7 Proz. des Gesamtgewichts abzurechnen.

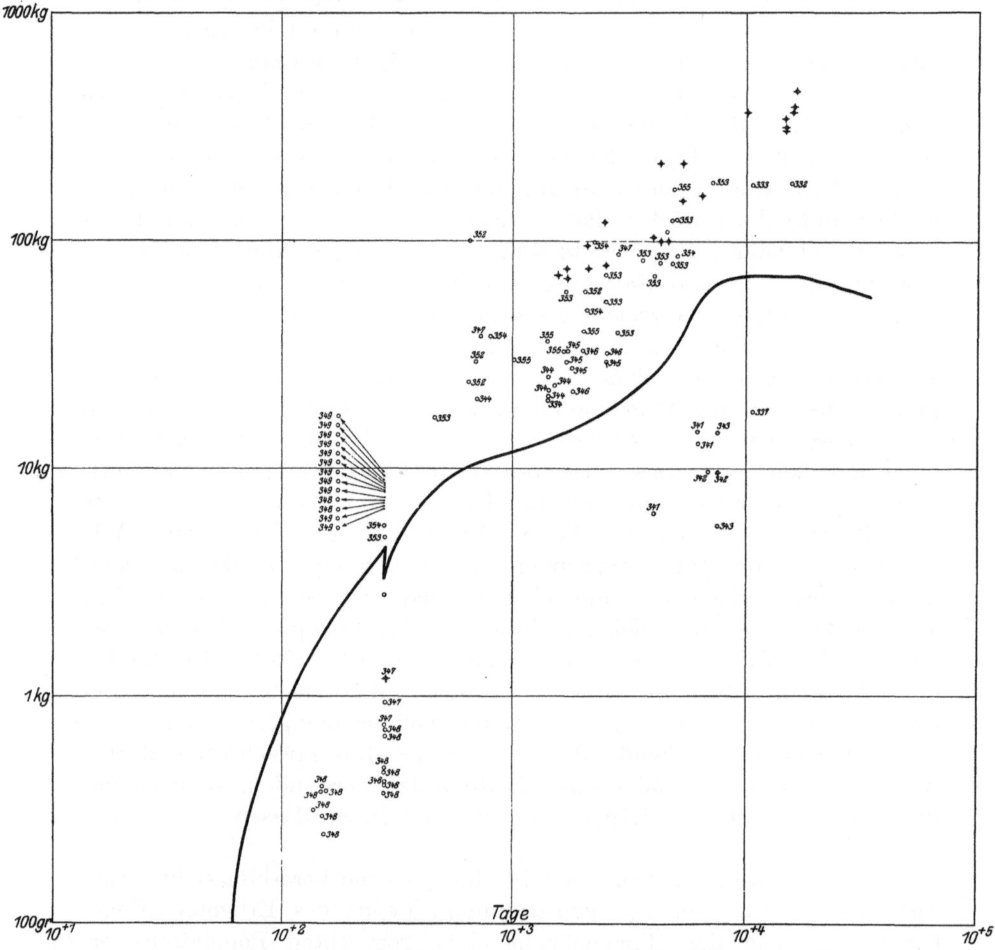

Abb. 2. Variationsbreite des Menschenwachstums.

In der folgenden Tabelle ist für die einzelnen Lebensjahre das Mittel aus den Angaben der obigen vier Autoren gezogen worden, obwohl streng mathematisch auch die Zahl der von den einzelnen Autoren untersuchten Individuen Berücksichtigung hätte finden müssen. Die Angaben bezieht Verfasser auf die Körpergewichte ohne Kleider. Vergleichen wir diese Mittelzahlen mit den Zahlen für gutgewachsene Individuen, so sehen wir, daß die Mehrzahl der Europäer mindergewichtig und schlecht gewachsen ist; ein Resultat, das exakt den Eindruck rechtfertigt, den man beim Umschauen in einer Bevölkerung gewinnen muß.

Körpergewichte des Menschen in den verschiedenen Lebensjahren nach Quételet, Landois, Beneke, Roberts.

Lebensjahre	Gewichte der männlichen Individuen kg	Gewichte der männlichen Individuen: Zunahme im Jahr kg	Gewichte der weiblichen Individuen kg	Gewichte der weiblichen Individuen: Zunahme im Jahr kg	Differenz der Körpergewichte männlicher und weiblicher Individuen. Mindergewicht der weiblichen Individuen kg	Differenz der Körpergewichte in Prozenten des weiblichen Körpergewichtes
Neugeborener . . .	3,100		3,06		— **0,12**	— 4 %
1 Jahr n. d. Geburt	9,45	+ **6,27**	8,88	+ **5,82**	— 0,57	—
2 Jahre „ „ „	12,11	+ 2,66	11,13	+ 2,25	— 0,98	—
3 „ „ „ „	13,24	+ 1,13	12,60	+ 1,47	— 0,64	—
4 „ „ „ „	15,87	+ 2,63	14,29	+ 1,69	— 1,58	—
5 „ „ „ „	16,50	+ 0,63	15,73	+ 1,44	— 0,77	—
6 „ „ „ „	18,19	+ 1,69	17,15	+ 1,32	— 1,14	—
7 „ „ „ „	20,26	+ 2,07	18,62	+ 1,67	— 1,64	—
8 „ „ „ „	22,26	+ 2,00	20,19	+ 1,57	— 2,07	—
9 „ „ „ „	24,29	+ 2,03	22,20	+ 2,01	— 2,09	—
10 „ „ „ „	26,38	+ 2,09	24,43	+ 2,23	— 1,95	—
11 „ „ „ „	28,42	+ 2,04	26,75	+ 2,32	— 1,67	—
12 „ „ „ „	30,94	+ 2,52	30,80	+ **4,15**	— 0,14	—
13 „ „ „ „	34,69	+ 3,75	34,50	+ 3,70	— 0,19	—
14 „ „ „ „	39,10	+ 4,41	38,42	+ 3,92	— 0,68	—
15 „ „ „ „	43,97	+ 4,87	42,17	+ 3,75	— 1,80	—
16 „ „ „ „	49,88	+ **5,91**	45,57	+ 3,40	— 4,31	—
17 „ „ „ „	54,26	+ 4,38	48,70	+ 3,13	— 5,56	—
18 „ „ „ „	58,05	+ 3,79	51,35	+ 2,65	6,70	—
19 „ „ „ „	60,52	+ 2,47	52,98	+ 1,63	— 8,54	—
20 „ „ „ „	61,91	+ 1,39	53,97	+ 0,99	— 7,94	—
30 „ „ „ „	66,21	+ 0,430	54,94	+ 0,097	— **11,37**	— **20,7** %
40 „ „ „ „	66,24	+ 0,03	55,92	+ 0,098	— 10,35	—
50 „ „ „ „	**66,80**	+ 0,056	57,31	+ 0,139	— 9,49	—
60 „ „ „ „	66,26	0,054	55,51	0,180	10,75	—
70 „ „ „ „	63,70	— 0,0256	52,66	— 0,285	— 11,04	—
80 „ „ „ „	59,51	— 0,0419	50,46	— 0,220	— 9,05	—
90 „ „ „ „	57,82	— 0,0169	49,36	— 0,110	— 8,46	—

In den Daten und Tabellen von Vierordt findet sich die Angabe, daß die obigen Werte mit Kleidern gewogen zu verstehen seien. Abgesehen davon, daß bei den Kindergewichten ganz sicher keine Kleidergewichte abzuziehen sind, ergeben sich auch bei den Erwachsenen so niedrige Durchschnittswerte auch ohne Kleiderabzug, daß nach Kleiderabzug (4 kg für den Erwachsenen) fast unmögliche, weil allzu niedrige Werte resultieren. Man kann ein Durchschnittsgewicht der Frau von 30 Jahren mit 104 Pfund nicht für richtig halten.

Die Abb. 2 zeigt die Variationsbreite der Menschengewichte im Laufe des Menschenlebens. Die mit einem Kreuz bezeichneten Stellen geben die Gewichte an, die als Beobachtungen beschrieben sind in Anomalies and Curiositys in Medicine von Gould und Pyle; die runden Kreise mit Zahlen die Seiten in Buschans Menschenkunde, Verlag von Strecker & Schröder. Die schwarze Kurve gibt das durchschnittliche Gewicht des Menschen an, wobei auf der Abszisse Tage, auf der Ordinate Kilogramme verzeichnet sind. Wie die Abbildung zeigt, entfernen sich die Gewichte der leichtesten und schwersten Menschen ungefähr gleich weit von dem menschlichen Mittel. Das höchste Gewicht eines Menschen ist angegeben mit über 500 kg (?), also etwa dem Gewicht eines Pferdes entsprechend, das kleinste Gewicht eines erwachsenen Menschen ist mit etwa 8 kg verzeichnet, entsprechend etwa dem Gewicht eines Fuchses. Von keinem der frei lebenden Tiere, auch von keinem unserer Haustiere sind derartig große Schwankungen von über 5000 Proz. des Körpergewichtes jemals bekannt geworden, wobei allerdings zu berücksichtigen ist, daß die Zahl der Menschen eine so sehr hohe ist und auch die kleinsten Zwergformen sorgfältig am Leben gehalten werden. Auf experimentellem Wege ist der Mensch heute bereits imstande, noch größere Variationen des Rohgewichtes bei Lebewesen zu erzielen, es sei hier nur an die blühenden, also geschlechtsreifen japanischen Zwergbäumchen erinnert, deren Gewicht einen noch viel kleineren Bruchteil des Gewichtes voll ausgewachsener Exemplare derselben Gattung ausmacht. Die geringen Gewichte von Frühgeburten, die am Leben erhalten wurden, nur solche verdienen natürlich eine Erwähnung, können in Erstaunen versetzen, doch ist anzunehmen, daß es in Kürze gelingen wird, nach dem Muster der Carrelschen Gewebskulturen noch viel jüngere Säugetierembryonen am Leben zu erhalten als bisher.

Der Ausbreitung einer bewußten und tatkräftigen Beeinflussung des menschlichen Wachstums nach den Anforderungen der Physiologie und der Rassenhygiene wird es vorbehalten sein, Wandel zu schaffen in der beschämenden Tatsache, daß noch nicht ein Prozent der lebend geborenen Kinder es heute zu einem befriedigenden Ablauf der Wachstumsvorgänge bringt.

Für die Wägungen in kleinen Zeiträumen ist es von Bedeutung, auf die Tagesschwankungen des Körpergewichtes zu achten. Bei Kindern kann nach Schmid-Monnard für Knaben auf eine Schwankung des Gewichtes von etwa $\pm$ 120 g, bei Mädchen von etwa $\pm$ 110 g gerechnet werden, doch wurden bei vierjährigen Kindern Schwankungen bis zu 700 g beobachtet. Bei Soldaten fand Ammon das größte Körpergewicht nach der Hauptmahlzeit, das kleinste Gewicht am Morgen, die tägliche Schwankung betrug nicht weniger als 1500 g.

Die Jahreszeit ist in unsern Breiten von erheblichem Einfluß auf die Gewichtszunahme, wie auch auf das Körpergewicht Erwachsener. In Kopenhagen fand Malling Hansen für Knaben von 9—15 Jahren eine Minimalperiode des Zuwachses von Ende April bis Ende Juli, eine Maximalperiode von August bis Mitte Dezember und eine Periode mittlerer Zunahme von Mitte Dezember bis Mitte April.

Unter dem Einfluß der Jahreszeit, namentlich des Frühjahres, kommt es gar nicht selten zu Verminderungen des Körpergewichtes selbst in der Wachstumsperiode, und die Gewichtsverringerungen können bei gesunden Kindern 0,5 Kilo überschreiten. Bei gut genährten Erwachsenen sind im Frühjahr Abnahmen des Gewichtes von mehreren Kilo keine Seltenheit. Das maximale Körpergewicht fällt auch bei Erwachsenen meist in die zweite Hälfte des Jahres. Bei der Wichtigkeit der Ermittlung des Ganges der menschlichen Gewichtszunahme genügen die oben mitgeteilten Generaldaten nicht, sondern sollen die einzelnen Lebensabschnitte gesondert noch einmal genauer dargestellt werden.

Gewichte isolierter menschlicher Föten[1]).

Monate vollendet	Absolutes Alter		Gewichte	Absolute Zunahmen pro Tag[2])	Zunahmen pro Tag in Proz.
	Wochen	Tage	g	g	
2	8	56	4	0,13	6,0
3	12	84	20	0,57	4,75
4	16	112	120	3,6	5,1
5	20	140	285	5,9	2,9
6	24	168	635	12,5	3,0
7	28	196	1220	21,0	2,2
—	29	203	1576	51,0	3,7
—	30	210	1868	42,0	2,5
—	31	217	1972	15,0	0,8
8	32	224	2107	19,0	0,95
—	33	231	2284	+ 25,0	1,1
—	34	238	2424	+ 20,0	0,95
—	35	245	2753	+ 47,0	1,9
9	36	252	2806	+ 8,0	0,3
—	37	259	2878	+ 10,0	0,3
—	38	266	3016	+ 19,7	0,6
—	39	273	3186	+ 24,0	0,8
10	40	280	3321	+ 19,5	0,6

Die größte absolute Zunahme des Körpergewichtes der isolierten Föten fällt auf den 203. Tag, die zweite relative Zunahme auf etwa den 56. Tag des Embryonallebens.

Das intrauterine Wachstum des menschlichen Körpergewichtes wurde oben nach den Gewichten unverletzter Eier bestimmt. Das Gewicht des isolierten menschlichen Fötus dagegen gibt vorstehende Tabelle (S. 55) an.

Es ist allerdings zu betonen, daß die größte relative Zunahme auf die allerfrühesten Stadien der Körperbildung fallen wird, die mangels verläßlicher Daten in dieser Tabelle noch nicht berücksichtigt werden konnten.

Die Abb. 3 (S. 56) zeigt die Kurve der Wachstumsgeschwindigkeit des Menschen. Auf der Ordinate ist der prozentische Jahreszuwachs, auf der Abszisse das Lebensalter in Jahren wiedergegeben. Wie man sieht, fällt die Zunahmekurve in den ersten Jahren so rapid, daß die höchste Wachstumsgeschwindigkeit in die allererste Entwicklungszeit, beim Menschen in die ersten 8 Tage nach der Befruchtung fällt. Vom 2. bis 20. Jahre sehen wir merkliche Abweichungen von einer Parabel, indem das Absinken langsamer erfolgt, ja zeitweilig zum Stillstand kommt. Vom 20. bis 36. Lebensjahre und darüber hinaus sinkt die Zunahmegeschwindigkeit weiter, bis sie schließlich die Nullinie schneidet, in höherem Alter, wo Abnahme des Gewichtes die Zunahme ablöst. Die Kurve der menschlichen Wachstumsgeschwindigkeit ähnelt einer Parabel in gewissem Grade, und besonders darin, daß die Wachstumsgeschwindigkeit (der prozentische Zuwachs) im Beginne ein Maximum, gegen Ende ein Minimum aufweist. Wolfgang Ostwald und B. Robertson

[1]) Literatur siehe Vierordt l. c. 1906. S. 186.

[2]) Siehe nächste Tabelle.

haben darauf aufmerksam gemacht, daß die Wachstumsgeschwindigkeit in der Mitte der Wachstumsperiode ihr Maximum haben soll, wobei sie den absoluten Zuwachs aus der Rohgewichtskurve der Messung der Wachstumsgeschwindigkeit zugrunde legten. Verfasser hält es für unzulässig, zu behaupten, daß der menschliche Neugeborene schneller wachsen soll als die menschliche Blastula, weil der Neugeborene pro Tag etwa 50 g, die Blastula aber nur Bruchteile eines Milligramms zunimmt. Der menschliche Neugeborene braucht zu einer Verdoppelung seines Eigengewichts über 4 Monate, die sich sondernde Eizelle einige Stunden. Trotzdem liegt das Maximum der prozentischen Zunahme nicht im Moment des Eindringens des Spermatozoons in die Eizelle oder im allerersten Lebensmoment, sondern nur sehr nahe dem Lebensanfang. Es resultiert wohl kaum bei einem Lebewesen eine Sförmige Kurve der Wachstumsgeschwindigkeit.

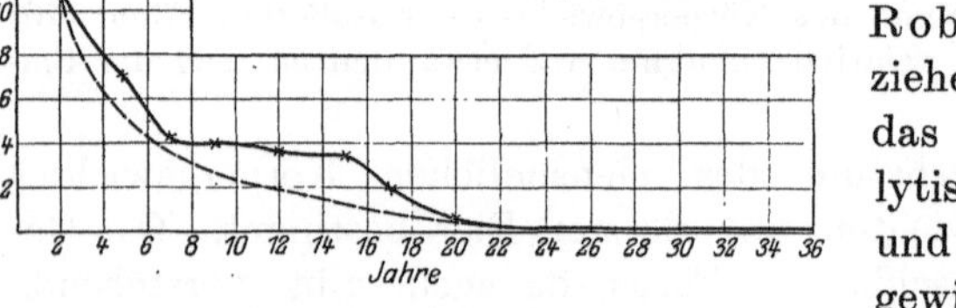

Abb. 3. Zuwachskurve des Menschen.

Jede sich entwickelnde Bewegung, nicht bloß innerhalb der Lebewesen, muß zu einem Maximum erst ansteigen und kann nicht plötzlich Null werden. Wenn Ostwald und Robertson daraus den Schluß ziehen, daß jede Bewegung das Ergebnis einer autokatalytischen Beschleunigung ist und durch eine S-Kurve (in gewissem Sinne) versinnbildlicht wird, so kann Verfasser dies deshalb nicht für richtig halten, weil die Zuwachskurve, die Wachstumsgeschwindigkeitskurve selbst dann nicht einer S-Kurve ähnlich sieht, wenn wir die allererste Entwicklung zum Maximum mit berücksichtigen. Wie beim Menschen liegt bei Tieren und Pflanzen das Maximum der Entwicklungsgeschwindigkeit und der Zunahmegeschwindigkeit (prozentisch) im allerersten Anfange. Ostwald wie Robertson haben bei ihren Betrachtungen versäumt, die Zunahme einer aktiven Masse ihren Wachstumsbetrachtungen zugrunde zu legen und aktive Masse und Rohgewicht streng zu scheiden bei der prinzipiellen Erörterung der allgemeinen Wachstumsgesetze. Setzt ein neuer Wachstumsimpuls, eine neue Wachstumsperiode bei den Organismen ein, so liegt wiederum, wie bei der Gesamtzuwachskurve, die größte Wachstumsgeschwindigkeit im Beginn der neuen Periode und dauert nur an, solange die aktive Masse sich vermehrt. Die größte absolute Zunahme wird erst registriert, wenn statt aktiver Masse paraplasmatische Substanzen abgelagert werden, wodurch die Wachstumsgeschwindigkeit der Gewichtseinheit sehr rasch herabgedrückt wird, da ja jede tote Substanz für weiteren Zuwachs nur ausnahmsweise in Betracht kommt. Die Ablagerung von Fibrillen, Skelettsalzen, Reservestoffen, Zellwänden als Ergebnis einer autokatalytisch beschleunigten Wachstumsbewegung anzusprechen, erscheint dem Verfasser nicht für möglich, auch wenn eine größere absolute Zunahme in der Rohgewichtskurve registriert wird. Verfasser würde es für berechtigt halten, von einer autokatalytischen Beschleunigung zu reden, falls eine aktive Masse sich schneller vermehrt, als der Formel e^x entspricht. Derartige Beschleunigungen sind innerhalb der lebendigen Substanz wohl denkbar, aber bisher nicht registriert. Durch Temperaturerhöhung wäre eine direkte Beschleunigung der Zellteilungsgeschwindigkeit wie der Vermehrung der aktiven Masse wohl denkbar, ebenso durch Verbesserung des Zustromes der Wachstumsbausteine; in den bisher veröffentlichten Wachstumskurven lagen aber nach Ansicht des Verfassers keinerlei Beweise für eine autokatalytische Beschleunigung des Wachstums vor. Wir müßten derartige, wirklich autokatalytische Beschleunigungen suchen in der kurzen Spanne der Entwicklung der Zuwachskurve von Null bis zum Maximum, im Laufe weniger Stunden und Tage. In der Abb. 6 ist der erste Abschnitt der Kurve von Null bis zum Maximum nicht enthalten, da keine Beobachtungen über die erste Wachstumszeit vorliegen. Es wäre auch ganz unmöglich gewesen, den Anstieg auf der gezeichneten Kurve sichtbar zu machen, selbst wenn man die entsprechenden Beobachtungen zur Verfügung gehabt hätte. Eine Registrierung wäre nur möglich mit der auf S. 40 beschriebenen Methode der Registrierung der Wachstumsvorgänge in logarithmischer Progression.

In den folgenden Zeilen sollen Schätzungsgewichte der frühesten Körperstadien, an der Hand von Abbildungen berechnet, wiedergegeben werden.

Alter	Embryogewicht ohne Dottersack und Amnion g	Absolute Zunahme pro Tag g	Zunahme pro Tag in Proz. rund
12 Tage	0,0002		
15 „	0,001	0,00033	60
19 „	0,027	0,0065	50
30 „	0,72	0,064	20
56 „	4,0	0,13	6

Es braucht wohl nicht besonders betont zu werden, daß die Gewichtsangaben um so unsicherer werden, je näher wir dem Beginn der Entwicklung rücken. Mit aller Deutlichkeit zeigen aber die Zahlen die Abnahme der prozentischen Zunahmegeschwindigkeit im Laufe der Entwicklung, ganz gleich, ob es sich um das Wachstum der ganzen Menscheneibildung mit Eihäuten, Fruchtwasser und Placenta oder um Wachstum des isolierten Embryonalrumpfes handelt.

Die Zuwachskurve des Menschen gleicht in hohem Maße einer Parabel, wenn man die allerersten Stunden des Lebens unberücksichtigt läßt.

Die außerordentlich schnelle Zunahme des Menscheneies in den ersten Entwicklungsstadien, weit mehr bedingt durch die Aufnahme von Wasser als von Trockensubstanz, schafft einen weiten Raum, in dem der anfangs winzige Embryonalleib sich unbehindert entwickeln kann. Je weiter die Entwicklung fortschreitet, desto mehr füllt der wachsende Embryonalrumpf den ihm von der Eiblase zugewiesenen Raum aus, der nicht so schnell zunimmt als der Embryonalleib, obwohl, absolut genommen, die Eiblase bis zur Geburt ständig an Volumen zunimmt. Ist zunächst der Embryonalrumpf ein sehr kleiner Bruchteil der Eiblase, so ist bei der Geburt umgekehrt das Gewicht der abzustoßenden Eiteile nur ein Teil des Körpergewichtes des Kindes. Bei einer großen Zahl von Wachstumsprozessen sehen wir ein wachsendes Gebilde durch Wasseraufnahme rasch ein großes Volumen annehmen, während durch Ablagerung fester Substanzen der abgegrenzte Raum erst allmählich voll in Besitz genommen wird. Das spezifische Gewicht wachsender Teile nimmt sehr häufig im Laufe des Wachstumes und der Entwicklung in nicht geringem Grade zu, während in den allerersten Entwicklungsstadien durch reichliche Wasseraufnahme ein sehr schnelles Sinken des spezifischen Gewichtes zu konstatieren ist bei denjenigen Lebewesen, die durch Anhäufung von Reservestoffen für ein beschleunigtes Wachstum im Lebensbeginn Sorge getragen haben. Fehlen dagegen die Reservestoffe, so finden wir geringes spezifisches Gewicht im Lebensanfang, entsprechend dem geringen spezifischen Gewicht der primitiven Tierwelt. Die biogenetische Entwicklungsregel, daß die Ontogenese die Phylogenese in gewisser Weise wiederspiegelt, findet also auch bei der Betrachtung des Ganges des spezifischen Gewichtes des Menschen im Laufe seiner Ontogenese eine schöne Bestätigung.

Das intrauterine Wachstum des Menschen ist, wie das seiner nächsten Verwandten im Tierreich, der Primaten, durch seine lange Dauer ausgezeichnet. Während im allgemeinen die Tragzeit eines Säugetieres um so länger ausfällt, je größer das Säugetier ist, trägt der Mensch, und vermutlich ebenso die antropoiden Affen, solange wie die Rinderarten, deren Neugeborenes an Entwicklungsgrad weit den neugeborenen Menschen übertrifft. Das Nilpferd entwickelt sogar in 240 Tagen einen Fruchtsack von 50 000 g. Das neugeborene Schwein ähnelt in bezug auf den Entwicklungsgrad seines Leibes außerordentlich dem neugeborenen Menschen, aber bei den Schweinen wird bereits nach 120 tägiger Lebensdauer dieser Entwicklungsgrad erreicht, beim Menschen erst nach etwa 276 tägiger Lebensdauer. Umgekehrt wie bei den Huftieren wird eine große Zahl von Säugetieren in recht unentwickeltem Zustand geboren, weit unentwickelter als der neugeborene Mensch. Die Raubtiere, mit Ausnahme der Wasserraubtiere, die Mehrzahl der Nagetiere und Insektenfresser und vor allem die Beuteltiere werden in ganz unfertigem Zustand der Bewegungsmaschine des Körpers geboren in Harmonie mit der geringen Verweildauer des Fötus im Uterus.

Auf das Wachstum der Tierarten übt die Art der Ernährung, ob intrauterin oder extrauterin, nur einen geringen Einfluß aus, weit maßgebender ist das absolute Alter der Föten, gerechnet von der Befruchtung der Eizelle an. Die prozentische Zunahmegeschwindigkeit ändert sich bei den untersuchten Tierarten nur unwesentlich durch den Geburtsvorgang, so daß die Zunahmekurve nach der Gewichtsschwankung bei der Geburt im wesentlichen die frühere Steigung wieder einnimmt, wobei allerdings zu betonen ist, daß wir nur von ganz wenigen Tierarten den Anfangsteil der Wachstumskurve kennen. Ob der Mensch als Tierart nach der Geburt schnell oder langsam wächst, kann entschieden werden durch Vergleich der prozentischen Zunahmegeschwindigkeit des menschlichen Neugeborenen mit der von Säugetieren gleichen absoluten Lebensalters. Verglichen mit den Huftieren, wächst der Mensch (überhaupt die Affenarten) langsam im absoluten Alter von etwa 300 Tagen, während die Kleinsäugetiere in diesem Lebensalter sehr häufig langsamer wachsen als der Mensch.

Gewichte des Kaninchens in verschiedenen Lebensaltern.

Belgisches Riesenkaninchen, hasenfarben, erreicht Gewichte bis zu 20 Pfund, die Weibchen bis zu 16 Pfund.

Alter Tage	Gewicht g	Absolute Zunahme pro Tag g	Zunahme pro Tag in Proz.
0,0	$2{,}0 \times 10^{-6}$		
0,17	$2{,}5 \times 10^{-6}$	$3{,}0 \times 10^{-6}$	133,0
0,3	$3{,}4 \times 10^{-6}$	$7{,}0 \times 10^{-6}$	241,0
0,6	$7{,}0 \times 10^{-6}$	$1{,}2 \times 10^{-5}$	231,0
1,0	$1{,}1 \times 10^{-5}$	$1{,}0 \times 10^{-5}$	111,0
1,3	$1{,}8 \times 10^{-5}$	$2{,}3 \times 10^{-5}$	160,0
2,6	$5{,}5 \times 10^{-5}$	$2{,}9 \times 10^{-5}$	81,0
3,2	$6{,}3 \times 10^{-5}$	$1{,}3 \times 10^{-5}$	22,0
4,0	$9{,}5 \times 10^{-4}$	$1{,}1 \times 10^{-3}$	204,0
5,8	$2{,}1 \times 10^{-2}$	$1{,}54 \times 10^{-2}$	140,0
8,3	$5{,}0 \times 10^{-1}$	$1{,}6 \times 10^{-1}$	62,0
11,3	2,0	$3{,}75 \times 10^{-1}$	30,0
18,3	48,0	6,6	25,0
24,0	56,0	1,4	3,0
29,0	70,0	2,8	4,6
30,0	50,0	− 20,0	− 33,0
31,0	46,0	− 4,0	− 8,0
32,0	51,0	+ 5,0	+ 13,0
33,0	56,0	+ 5,0	+ 9,0
34,0	64,6	+ 8,6	+ 14,0
35,0	71,7	+ 7,1	+ 10,0
36,0	81,0	+ 9,3	+ 12,0
37,0	92,0	+ 11,0	+ 13,0
38,0	97,0	+ 5,0	+ 5,0
39,0	100,0	+ 3,0	+ 3,0
40,0	120,0	+ 20,0	+ 19,0
41,0	130,0	+ 10,0	+ 8,0
42,0	140,0	+ 10,0	+ 7,34
44,0	154,0	+ 7,0	+ 4,8
46,0	172,0	+ 9,0	+ 5,5
48,0	170,0	− 2,0	− 1,3
50,0	186,0	+ 8,0	+ 4,4
51,0	200,0	+ 14,0	+ 7,2
85,0	1000,0	+ 24,0	+ 3,0
170,0	3500,0	+ 30,0	+ 1,7
360,0	5000,0	+ 8,0	+ 0,2
530,0	6000,0	+ 6,0	+ 0,1
1000,0	5000,0	− 2,1	− 0,04

Während der Mensch im Alter von 315 Tagen nach der Befruchtung eine prozentische Zunahme pro Tag von etwa 0,75 Proz. aufweist, zeigten belgische Riesenkaninchen des Verfassers in diesem Alter nur noch eine Zunahme von etwa 0,25 Proz. Wie begreiflich, hören kleinere Tierarten weit eher auf, rasch zu wachsen, als größere Tierarten. Zum Vergleich mit der Wachstumskurve des Menschen seien hier die Zahlen für die Gewichtszunahme des belgischen Riesenkaninchens nach Wägungen des Verfassers wiedergegeben (s. S. 59).

Zur Zeit nach der Geburt wächst das Kaninchen ebenfalls langsamer als der gleich alte isolierte Menschenfötus. Die prozentische Zunahme pro Tag für den Menschenfötus von 30 Tagen war oben mit 20 Proz. berechnet worden (S. 57), während das neugeborene Kaninchen nach obiger Tabelle pro Tag etwa 13 Proz. zunimmt. Das neugeborene Kaninchen wächst freilich vielmals rascher als der neugeborene Mensch. Von den neugeborenen Säugetieren wachsen die Affenarten am langsamsten, unter ihnen der Mensch, im Einklang mit den hohen absoluten Lebensalter der außerordentlichen relativen Schwere des Zentralnervensystems und der verhältnismäßig vermutlich geringen Masse der lebendigen Substanz im Rohgewicht. Außerhalb der Affenordnung wächst keines der bekannten Säugetiere so langsam wie der menschliche Neugeborene, wobei allerdings zu berücksichtigen ist, daß wir das Wachstum der Neugeborenen aus zahlreichen Säugetierordnungen gar nicht kennen.

Das intrauterine Wachstum des Menschen verläuft nicht rascher und nicht langsamer als das anderer Säuger. Der Mensch nimmt in dieser Beziehung keinerlei Sonderstellung ein. Die intrauterine Wachstumsgeschwindigkeit erhalten wir, wenn wir das Gewicht der Fruchtsäcke am Ende der Tragzeit durch die Tragzeit dividieren.

Wir finden die geringste vom Verfasser geschätzte Wachstumsgeschwindigkeit beim Opossum, dessen Fruchtsackgewicht 0,56 g beträgt bei 7 tägiger Tragzeit. Daraus ergibt sich die mittlere Wachstumsgeschwindigkeit zu 8×10^{-2}. Der Fruchtsack des Opossums nimmt also pro Tag durchschnittlich 0,08 g zu. Beim Elefanten sind die entsprechenden Zahlen $2{,}4 \times 10^{+5}$ g und 600 Tage, d. h. das Elefantenei wächst intrauterin durchschnittlich täglich um 400 g. Zwischen diesen Extremen liegen die intrauterinen Wachstumsgeschwindigkeiten der andern Säugetiere einschließlich des Menschen. Die Zahlen lauten:

	pro Tag		pro Tag
Maus	$\frac{1{,}6}{21} = 0{,}08$ g	Moschustier . . .	$\frac{220}{160} = 1{,}5$ g
Ratte	$\frac{5}{21} = 0{,}24$ g	Maki	$\frac{240}{144} = 1{,}6$ g
Hermelin	$\frac{25}{74} = 0{,}3$ g	Meerschwein . . .	$\frac{120}{63} = 2{,}0$ g
Hamster	$\frac{25}{21} = 1{,}2$ g	Wolf	$\frac{250}{63} = 4{,}0$ g

	pro Tag		pro Tag
Puma	$\frac{500}{92} = 5{,}4$ g	Esel	$\frac{20000}{380} = 53$ g
Eisbär	$\frac{1500}{240} = 7{,}0$ g	Nashorn	$\frac{50000}{550} = 90$ g
Löwe	$\frac{1000}{105} = 10$ g	Hirsch	$\frac{24000}{240} = 100$ g
Reh	$\frac{3000}{280} = 11$ g	Pferd	$\frac{70000}{350} = 200$ g
Schwein	$\frac{1700}{120} = 14$ g	Nilpferd	$\frac{50000}{250} = 200$ g
Mensch	$\frac{4200}{280} = 15$ g	Kamel	$\frac{80000}{400} = 400$ g
Schaf	$\frac{4000}{150} = 26$ g	Elefant	$\frac{240000}{600} = 400$ g
Seehund . . .	$\frac{10000}{350} = 30$ g		

Die mittlere Wachstumsgeschwindigkeit zeigt sich abhängig von der Trächtigkeitsdauer, indem die mittlere absolute Zunahme um so größer wird, je größer das Tier. Wir finden aber zahlreiche Beispiele in der Säugerordnung, daß bei gleicher Tragzeit ganz ungleiche Geburtsgewichte erreicht werden.

Das intrauterine Wachstum des Menschen wird im Anfang der Entwicklung sehr begünstigt durch die reichliche Ausbildung der Chorionzotten, die nur kleine Bezirke der Eiblase frei lassen. Später zeichnet sich der Mensch durch die Massigkeit der fötalen Organe aus, die der Atmung und Ernährung des Fötus dienen.

Rechnen wir mit Gaßner und Bumm das Gewicht des menschlichen Neugeborenen mit 3275 g, das Fruchtwasser mit 1589 g, die Placenta mit Eihäuten 614 g, so wiegt die Verpackung des Fötus nach diesen Autoren nicht weniger als 67,3 Proz. des Nettogewichtes des Kindes.

Bruttogewicht der ganzen Eiblase .	5477 g
Gewicht des Kindes	3275 g
Eihäute, Fruchtwasser und Placenta	2203 g
Placenta	614 g

Die Placenta allein macht 18,7 Proz. des Nettogewichtes des Kindes aus. Die Blutversorgung des menschlichen Fötus und zugleich die Sauerstoffversorgung wie die Zufuhr von Nährstoffen ist, wie bei allen Affenarten, dadurch eine besonders günstige, daß das mütterliche Blut Lakunen bildet, in denen die fötalen Zotten frei flottieren. Bei der Geburt werden deshalb in der Placenta nicht unbeträchtliche von der Mutter gelieferte Zellmassen und Blutmassen mit ausgestoßen, während bei vielen Säugern die fötalen Zotten sich ohne Verletzung aus den Vertiefungen der Uterusschleimhaut herausziehen, so daß durch die Geburt nur fötale Teile entfernt werden und die Ausstoßung der Frucht keine Wundfläche am Uterus der Mutter hinterläßt. Für das intrauterine Wachstum des Menschen wie für den intrauterinen Stoffwechsel ist diese Verschwendung mütterlicher Leibessubstanz zugunsten des Fötus sicherlich von hoher Bedeutung. Nach Viereck ist die Placentarversorgung der Mädchen etwas reichlicher als die der Knaben, denn es fallen auf 1 g Knabe 0,1834 g Placenta, dagegen auf 1 g Mädchen 0,1877 g Placenta. Nach Ißmer dagegen ist die Placenta bei Knaben 75 g schwerer als bei Mädchen, bei älteren Müttern 82,6 g schwerer als bei jüngeren Müttern und bei Mehrgebärenden um 100 g schwerer als bei Erstgebärenden. Diese Zahlen weisen darauf hin, daß die intrauterine Ernährung bei Erstlingsgeburten junger Mütter am ungünstigsten vorbereitet wird, wodurch die statistisch nachgewiesene größere Hinfälligkeit der Erstlingsgeburten eine anatomische Begründung erhält. Das mittlere Gewicht der menschlichen Neugeborenen ist bisher nur für die poikiloderme Rasse bekannt. Bei Europäern wurden von zahlreichen Autoren Statistiken für das Geburtsgewicht von Kindern veröffentlicht. Sfameni in Pisa fand als einziger das Geburtsgewicht der Mädchen mit 3175 g 1 g höher als das der Knaben mit 3173 g, während alle übrigen Autoren ein Mehrgewicht der Knaben meist über 100 g feststellten. Recht in Bonn gibt das Gewicht der neugeborenen Knaben mit 3607, das der Mädchen mit 3149 g an, also letzteres nicht weniger als 12,7 Proz. geringer. In der Kulturschicht der europäischen Bevölkerung scheint das Gewicht der neugeborenen Mädcheu jetzt dem der Knaben gleichzukommen, während im Volk durchschnittlich ein Übergewicht der Knaben besteht. Als runde Ziffer für Mitteleuropa nimmt man gewöhnlich 3300 g für Knaben und 3200 g für Mädchen an. Mit sehr verschiedenem Gewicht werden die menschlichen Neugeborenen zur Welt gebracht, In Gould, Anomalies and Curiosities of Medicine, London 1900, Saunders & Co., S. 347, wird berichtet von der Geburt eines lebenden Zwillings von 275 g am 139. Tage der Schwangerschaft und von einem 272 Tage alten Kinde, das 500 g wog. Von einem neugeborenen Kinde von 24 Pfund Gewicht berichtet Mittehauser. Die Mehrzahl der sehr schweren Kinder ist länger als 272 Tage getragen, so daß die obigen Grenzwerte 275 g und 12000 g nicht die Variationsbreite des Gewichtes normal geborener Menschen wiedergeben. — Als normale Dauer der Schwangerschaft beim Menschen kann man rechnen 280 Tage nach dem Eintritt der letzten Menstruation und etwa 273 Tage nach der fruchtbaren Begattung; nach Hochstetter sollen nicht weniger als 10 Proz. der Kinder erst 303 bis 318 Tage nach dem Eintritt der letzten Menstruation geboren werden. Winkel gibt eine Tabelle für die Schwangerschaftsdauer bei Kindern von 4000 g und darüber, nach der 71,8 Proz. aus 245 Fällen länger getragen wurden als 280 Tage nach dem 1. Tag der letzten Regel. Bei 6,6 Proz. dauert die Schwangerschaft zwischen 311 und 336 Tagen. Nach demselben Autor nimmt die Dauer der Schwangerschaft mit zunehmender Zahl der Schwangerschaften um 5 Tage zu bei normalgewichtigen Kindern, während bei Kindern schwerer als 4000 g die Verlängerung der Schwangerschaftsdauer 8,22 Tage beträgt. Nach diesen Zahlen besitzt die Schwangerschaftsdauer des Menschen eine unerwartet große physiologische Variationsbreite und ist weit schwankender als bei einigen von unsern Haustieren im guten Einklang mit der relativen Häufigkeit von Mehrlingsgeburten beim Menschen. Für das Wachstum der Föten ist die Zahl der gleichzeitig entwickelten Früchte nicht weniger wichtig als das absolute Lebensalter. Wir können als Wachstumsregel aufstellen: je größer die Zahl der Jungen bei einer Tierart, desto kleiner das Einzelindividuum. Beim Menschen sind die Mehrlingsgeburten meistens, allerdings nicht immer, kleiner und leichter als der Durchschnitt, und die Schwangerschaftsdauer zeigt auch beim Menschen die Tendenz bei Mehrlingsgeburten sich zu verkürzen. Es ist bisher nicht nachgewiesen, daß die ganze Gewichtskurve des Lebens bei Mehrlingsgeburten herabgedrückt ist, nur die Schwangerschaftsdauer und das Geburtsgewicht; es ist aber wohl möglich, daß bei Reinzüchtung von Mehrlingsgeburten die mittlere Körpergröße abnehmen würde. Es ist bekannt, daß die Neigung zu Mehrlingsgeburten eminent erblich ist und bei der Gattenwahl in dieser Beziehung Vorsicht geübt werden sollte. Das Maximum der Zahl an gleichzeitig geborenen Früchten beim Menschen gibt Gould mit 13 Früchten, sicher nachgewiesen erscheinen dem Verfasser nur Geburten von 6 lebenden Früchten.

Auf 80 bis 100 Geburten fällt bei der weißen Rasse bereits eine Zwillingsgeburt, auf 6400 Geburten eine Drillingsgeburt, Vierlinge auf 500000, Fünflinge auf 11 Millionen Geborener. Die Tendenz zu Mehrlingsgeburten kann, wie begreiflich, nicht nur durch die Frau, sondern auch durch den Mann vererbt werden, und diese Tendenz potenziert sich, wenn Mann und Frau aus belasteten Familien stammen. Boer veröffentlicht einen Fall, wo eine Frau bei 11 Geburten dreimal Zwillinge, sechsmal Drillinge und zweimal Vierlinge, zusammen also 32 Kinder zur Welt brachte. Der Mann war ein Zwillings-, die Frau ein Vierlingskind. Schon die große Zahl der Ureier in den Ovarien legt den Gedanken nahe, daß die entfernten Ahnenstufen des Menschen eine zahlreiche Nachkommenschaft zur Welt brachten, und daß die Einzelgeburt als sekundär erworbener, aber noch nicht absolut befestigter Terminalzustand der Art anzusehen ist, der eine ganze Reihe von Wachstumsprozessen seinerseits maßgebend beeinflußte. Im Gegensatz zu seinen nächsten Verwandten im Tierreich, den anthropoiden Affen, hat der Mensch eine 3- bis 4jährige Säugeperiode aufgegeben zugunsten einer fast jährlichen Kinderproduktion unter Beschränkung der Säugedauer auf etwa 9 Monate. Rei einigen Menschenstämmen ist eine etwa 4jährige Kinderproduktion mit entsprechend langer Säugeperiode noch heute üblich. Die raschere Kindererzeugung steht wohl im Einklang mit den großen Verlusten, verursacht durch die beständigen Kriege und Menschenschlächtereien, die weit über den natürlichen Verlust anderer Tierarten durch ihre Feinde hinausging.

In den ersten Lebenstagen nach der Geburt verliert nach Schütz der Neugeborene etwa 178 g gleich 5,4 Proz. des Anfangsgewichts und erreicht dasselbe wieder am 10. Tage nach der Geburt; auch Schäffer findet das Mindestgewicht am 3. Tage und die Wiedererlangung des

Anfangsgewichts am 10. Tage. Hierzu ist zu bemerken, daß gar nicht selten sehr gesunde Kinder bereits am Ende der ersten Lebenswoche eine beträchtliche Zunahme an der Mutterbrust aufweisen. Nach Gregory finden wir folgende durchschnittliche Werte für die Gewichtsänderungen in den ersten Lebenstagen.

1. Tag	— 139 g	4. Tag	+ 50 g
2. „	— 64 g	5. „	+ 50 g
3. „	+ 33 g	6. „	+ 36 g

Der Gewichtsverlust des Neugeborenen kann durch späte Abnabelung bei der Geburt etwas verringert werden, indem Blut aus der Placenta in das Kind gepreßt wird, ehe die Nabelgefäße sich contrahieren und blutundurchlässig werden. Der in dem Placentarblut dem Neugeborenen mitgegebene Eisenvorrat erscheint um so wichtiger, als die Eisenarmut der Milch eine reiche Blutversorgung des Kindes verlangt. Die spät abgenabelten Kinder nehmen in den ersten drei Tagen weniger ab als früh abgenabelte und nehmen rascher zu und erreichen früher als lelztere ihr Anfangsgewicht wieder. In vielen Fällen scheint in den letzten Tagen vor der Geburt ein Stillstand der Gewichtszunahme des Fötus einzutreten; tritt die Geburt nicht zur richtigen Zeit ein, so folgt in vielen Fällen eine außerordentlich rasche Gewichtszunahme auf die Überschreitung der normalen Schwangerschaftsdauer.

Die oben gegebenen Zahlen für die Verlängerung der Schwangerschaftsdauer bei Kindern von 4000 g und darüber, im Mittel 8,22 Tage nach Winkel, lassen vermuten, daß diese Kinder in den letzten Tagen etwa 100 g pro Tag zugenommen haben, und zwar hauptsächlich Fett und Reservestoffe, nicht etwa lebendige Substanz in dem entsprechenden Ausmaße. Mager geborene gesunde Kinder nehmen gewöhnlich sehr rasch nach der Geburt zu und bekommen rasch ein beträchtliches Fettpolster; sehr fett geborene Kinder nehmen dagegen nach der Geburt häufig weit langsamer zu und holen erst später die anfängliche Abnahme nach der Geburt wieder ein. Für den haararmen menschlichen Säugling ist ein reichliches Fettpolster als Wärmeschutz in allen Klimaten, auch den heißesten, erforderlich und der Erwerb dieses Fettpolsters in den ersten Wochen als physiologisch anzusehen. Zunahmen geborener Kinder von 100 g pro Tag und darüber bis 150 g sind zwar beobachtet worden, gehören aber doch zu den großen Seltenheiten. Eine tägliche Zunahme von 50 g kann als Durchschnitt in den ersten Tagen der Zunahme des Körpergewichts gelten.

Die Abb. 7 zeigt fünf Gewichtskurven besonders gesunder menschlicher Säuglinge, bei denen das Gewicht durch wöchentliche Wägungen zur gleichen Tageszeit festgestellt worden war. Bei vier von diesen fünf Kurven ist bereits in der ersten Woche nach der Geburt nicht eine Abnahme, sondern meist eine sehr beträchtliche Zunahme aufgezeichnet worden. Jedes der fünf Kinder hält in den ersten Monaten eine für das Individuum charakteristische Zunahmegeschwindigkeit recht genau inne und läßt sich auch durch kleine Störungen nicht aus der einmal eingeschlagenen absoluten Zunahmegeschwindigkeit herausbringen.

Es wäre Aufgabe der Kinderärzte, zu untersuchen, ob die verschiedene Ansatzgeschwindigkeit, wie sie in dem Neigungswinkel der Kurven sich kundgibt, parallel geht mit der Menge der aufgenommenen Nahrung, oder ob eine individuell verschiedene Ausnutzung der gleichen Nahrungsmenge bei den verschiedenen Kindern beobachtet werden kann, selbst wenn es sich um ganz gesunde Kinder handelt. Sehr schwere Kinder, die in der letzten Fötalzeit bereits viel Reservestoffe angesammelt haben, nehmen im allgemeinen nicht so schnell zu als normalgewichtige; die Kurve I von einem 4000 g schweren Knaben stellt eine ausnahmsweise rasche Zunahme eines so schweren Säuglings dar. — Die Verdoppelungszeit des Körpergewichts gesunder menschlicher Neugeborener kann auf 120—130 Tage angenommen werden. Als Durchschnitt großer Zahlen ohne Auswahl von Schwächlichen und Kranken erhält man eine Verdoppelungszeit von 140 bis 150 Tagen, vereinzelt wird sogar eine Verdoppelungszeit von 180 Tagen für den Menschen angegeben. Verfasser fand als Mittel von 15 ganz gesunden Fällen eine Verdoppelungszeit von 115 Tagen; in 40 Fällen, ohne Auswahl 125 Tage. Die kürzeste Verdoppelungszeit eines schweren Knaben fand Verfasser mit 79 Tagen. In zoologischen Gärten kann man beobachten, daß junge Ostaffen, z. B. Makaken oder Paviane, etwa 90 Tage zur Verdoppelung ihres Körpergewichts gebrauchen. Der Mensch nimmt also auch bezüglich seines Wachstums in den ersten Lebenswochen keine Sonderstellung im Tierreiche ein. Für das erste Jahr besitzen wir eine wertvolle Statistik der Gewichtszunahme für jede Woche nach der Geburt von Camerer, dessen Zahlen für Brustkinder an dieser Stelle wiedergegeben werden sollen. Zitiert nach Vierordt, Daten und Tabellen.

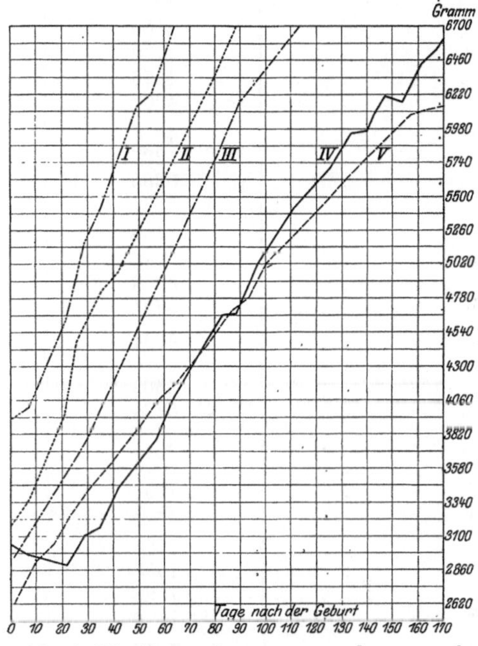

Abb. 4. Wachstumskurven gesunder menschlicher Säuglinge.

Die Tabelle von Camerer zeigt in einzelnen Wochen eine Abnahme (Zufälligkeit), aber deutlich die fast regelmäßige mittlere Abnahme der täglichen Gewichtszunahme im Laufe des ganzen ersten Jahres nach der Geburt. Die Zuwachskurve ähnelt einer Parabel.

Die Tabelle von Camerer, gewonnen aus den Durchschnittswerten von etwa 50 Kindern, gibt einen guten Maßstab für die mittlere Zunahme von Brustkindern, und man wird Säuglinge, die bei gleichem Geburtsgewicht die Camererschen Zahlen nicht erreichen, als unter-

Mittelgewichte in den 52 ersten Wochen nach der Geburt bei normalgewichtigen Brustkindern nach Camerer.

Alter nach der Geburt	Körpergewicht g	Wochenzunahme in g	Tägliche Zunahme in g
Geburt	3433	—	—
1. Woche	3408	− 25	− 3,6
2. „	3567	+ 159	+ 22,7
3. „	3781	+ 214	—
4. „	4008	+ 227	+ 30,6
5. „	4199	+ 191	—
6. „	4422	+ 223	—
7. „	4576	+ 154	—
8. „	4907	+ 331	+ 29,4
9. „	4958	+ 51	—
10. „	5227	+ 269	—
11. „	5365	+ 138	—
12. „	5600	+ 235	+ 26,0
13. „	5693	+ 93	—
14. „	5846	+ 153	—
15. „	6033	+ 187	+ 24,2
16. „	6294	+ 261	—
17. „	6434	+ 140	—
18. „	6516	+ 82	—
19. „	6569	+ 53	+ 20,1
20. „	6824	+ 255	—
21. „	6962	+ 138	—
22. „	7070	+ 108	—
23. „	7251	+ 181	+ 19,0
24. „	7289	+ 38	—
25. „	7485	+ 196	—
26. „	7505	+ 20	—
27. „	7698	+ 193	+ 16,0
28. „	7774	+ 76	—
29. „	7946	+ 172	—
30. „	7911	− 35	—
31. „	8061	+ 150	—
32. „	8175	+ 114	+ 13,6
33. „	8189	+ 14	—
34. „	8400	+ 211	—
35. „	8483	+ 83	+ 15,6
36. „	8655	+ 172	—
37. „	8746	+ 91	—
38. „	8641	− 105	—
39. „	8674	+ 33	+ 9,8
40. „	8855	+ 181	—
41. „	8979	+ 124	—
42. „	9146	+ 167	—
43. „	9028	− 118	+ 12,5
44. „	9232	+ 204	—
45. „	9330	+ 98	—
46. „	9307	+ 24	—
47. „	9398	+ 91	+ 11,3
48. „	9589	+ 191	—
49. „	9708	+ 119	—
50. „	9628	− 80	—
51. „	9816	+ 188	+ 12,0
52. „	10141	+ 325	—

gewichtig ansehen können. Die Verdoppelungszeit fällt bei Camerer in die 20. Woche, 140 Tage nach der Geburt, also viel später als die vom Verfasser ermittelte Verdoppelungszeit von 125 Tagen, bei der nur Fälle berücksichtigt wurden, bei denen keine Abnahme während der Verdoppelungszeit eintrat, abgesehen von dem Gewichtsverlust in den ersten Tagen nach der Geburt. Gibt die Camerersche Tabelle Mittelzahlen, so möchte Verfasser als Normalzahlen (für die physiologische Betrachtung gültige Zahlen) nur solche ansehen, die an ganz gesundem Material bei Ausschluß jeder pathologischen Störung (z. B. Grippe) gewonnen wurden. Dieses gesunde Material ist nur in besonders hygienisch lebenden Familien bei ganz gesunden Eltern und selbststillender Mutter (keine Amme) zu erhalten[1]). Der gesunde menschliche Säugling nimmt nach diesen Zahlen anfangs bedeutend rascher zu als bisher angenommen wurde. Erstlinge nehmen meist etwas langsamer zu.

Normalzunahmen menschlicher Säuglinge im ersten Jahre nach der Geburt.

	g	Monatszunahme g	Wochenzunahme g	Tageszunahme g	Zunahme täglich Proz.
Geburtsgewicht . .	3500	—	—	—	—
4 Wochen alt . .	4500	1000	250	36,0	0,8
8 „ „ . .	5400	900	225	32,0	0,6
12 „ „ . .	6130	730	182	26,0	0,43
16 „ „ . .	6800	670	168	24,0	0,35
20 „ „ . .	7400	600	150	21,0	0,3
24 „ „ . .	7900	500	125	18,0	0,23
28 „ „ . .	8300	400	100	14,0	0,17
32 „ „ . .	8650	350	88	13,0	0,15
36 „ „ . .	8980	330	82	12,0	0,13
40 „ „ . .	9280	300	75	10,7	0.12
44 „ „ . .	9550	270	64	9,0	0,096
48 „ „ . .	9800	250	62	9,0	0,09
52 „ „ . .	10000	200	50	7,0	0,07

Am Ende des ersten Monats nach der Geburt beträgt die prozentische Zunahme doch nur 0,8 Proz. des Körpergewichts täglich und sinkt bis zum Jahresende auf 0,07 Proz.

Die Mittelwerte unterscheiden sich von den Normalwerten hauptsächlich durch die raschere Zunahme der Normalwerte kurz nach der Geburt. Das gesunde Kind legt sich eben rasch einen dichten Fettpanzer als Wärmeschutz an. Gegen Ende des 1. Jahres rücken aber viele derjenigen Kinder auf, die in der ersten Hälfte etwas zurückgeblieben waren. Das Wachstum der letzteren erfolgt mehr in einer geraden Linie mit gleichmäßigem Anstieg gegenüber der physiologischen parabelähnlichen Kurve der Normalwerte. Dieses Aufrücken der Zurückgebliebenen macht sich noch mehr im 2. Lebensjahr nach der Geburt bemerkbar. Während das gesunde Kind im 2. Lebensjahr nur einen

[1]) Verfasser veröffentlichte eine Anzahl derartiger Beobachtungen in Friedenthal, Ges. Arbeiten, Jena 1911.

Gewichtszuwachs von 2,5 kg im Jahr, also nur 7 g pro Tag, aufweist, haben die im 1. Lebensjahr Untergewichtigen bei günstigen hygienischen Bedingungen Zeit, den Vorsprung der Normalen wieder einzuholen. Für das 1. Lebensjahr nach der Geburt ist es aber nicht richtig, zu behaupten, daß bei künstlicher Ernährung die gleichen Zunahmen im Durchschnitt erzielt werden als bei Mutterbrusternährung. Camerer fand, das künstlich genährte Kinder im Durchschnitt 1 Monat länger zur Verdoppelung des Geburtsgewichtes gebrauchen und am Ende des 1. Jahres nach der Geburt ein Minus von 520 g gegenüber den Brustkindern aufweisen. Im 2. Jahr nach der Geburt gleichen sich allerdings diese Differenzen bis zur Unkenntlichkeit aus. Während im 1. Lebensjahr nach der Geburt der Einfluß der gleichzeitigen Vermehrung der lebendigen Substanz und der leblosen Substanzen einen sehr merklichen Einfluß auf die Wachstumskurve ausübt, ist bereits im 2. Lebensjahr nach der Geburt die prozentische Zunahme an lebendiger Substanz im Rohgewicht so gering (unter 0,07 Proz. Bruttozunahme), daß die Gewichtszunahme so gut wie ganz durch die Zunahme an lebloser Substanz beherrscht wird. Die Schwankungen des Körpergewichtes durch Anhäufung oder Verlust von Reservesubstanzen sind so viel erheblicher als die wahre Zunahme, daß für diesen Zeitraum die Bestimmung des Skelettwachstums einen richtigeren Anhalt bietet für die Beurteilung des Wachstums als die Bestimmung mit der Wage. Der Einfluß der Jahreszeit auf das Körpergewicht ist im 2. Lebensjahr nach der Geburt mit seiner geringen Gewichtszunahme so merklich, daß auch gesunde Kinder ihr Maximalgewicht im Anfang des 2. Jahres erreichen können, wenn das Ende ihres 2. Jahres auf den Frühling fällt, in dem sehr häufig ein Verlust an Reservesubstanzen zu beobachten ist. Kinder, die nach Ende des 1. Jahres bereits ein Gewicht von über 12000 g erreicht haben, nehmen zuweilen trotz andauernden Skelettwachstumes im 2. Jahr gar nicht an Gewicht zu. Der Körper verliert Fett und Glykogen und setzt dafür Skelettsalze, Knorpelsubstanz und Muskelsubstanz, namentlich auch Leim im Austausch an ohne sehr merkliche Bruttogewichtsänderung. Verfasser hält eine geringe relative Verminderung des reichlichen Fettpolsters im 2. Lebensjahr nach der Geburt und einen Austausch desselben gegen die Baustoffe der Bewegungsmaschine für physiologisch. Bei nackt gehenden Menschenrassen besitzen auch die 2jährigen Kinder noch einen sehr erheblichen Panniculus adiposus, dessen Ausbildung bei uns zuweilen durch die oft übertrieben warme Kleidung verhindert wird. Bei haartragenden Säugetieren bewirkt Kälte dichtere Ausbildung des Pelzes, beim Menschen stärkere Ausbildung des Fettpolsters, und nur in sehr geringem Grade auch stärkeres Wachstum der Leibesbehaarung. Bei manchen Kindern, die Wadenstrümpfe auch im Winter tragen, sieht man allerdings auch die Außenseite der Waden mit ziemlich langen terminalhaarähnlichen Haaren besetzt, die nur durch ihre geringe Pigmentierung wenig auffällig sind, Beim nordischen Zweig der poikilodermen weißen Rasse ist also die Ausbildung eines Fellhaarschutzes gegen die Kälte noch nicht ganz überwunden. Ein eingehenderes Studium der speziellen Art des Menschenwachstums im 2. Lebensjahre wäre dringend zu wünschen.

Für die physiologische Gewichtszunahme von Knaben und Mädchen während der Hauptwachstumsperiode von der Geburt bis zum zurückgelegten 21. Lebensjahr geben die Mittelzahlen der Autoren nach den Ansichten des Verfassers ein auch nicht annähernd richtiges Bild. Ein solches kann nur erhalten werden, wenn man ein Mittel nur aus Werten von ganz gesunden rassigen Individuen zieht, die leider nicht in großer Zahl zu finden sind. Verglichen mit dauernd gesunden Individuen stellt die übergroße Mehrzahl der europäischen Menschheit, soweit sie gewogen wurde, ein verkrüppeltes und ganz mindergewichtiges Geschlecht dar, wie die Zahlen der Statistiken beweisen. Ein 12 jähriger weiblicher Schimpanse des Zoologischen Gartens zu Berlin ist schwerer als die 20 jährige Durchschnittseuropäerin nach den Autoren. In der folgenden Tabelle möchte Verfasser Normalwerte angeben, die bei Hebung der hygienischen und sozialen Verhältnisse vom deutschen Durchschnitt erreicht werden könnte, heute aber nur von bevorzugten, hygienisch lebenden Individuen erreicht werden. Daß viele Individuen diese Normalwerte überschreiten, soll zugegeben werden, doch dürfte die Überschreitung dieser Normalwerte mit einer Minderung der Bewegungsfähigkeit und Arbeitsfähigkeit der Körpermaschine erkauft werden, so daß die Normalwerte zugleich Optimalwerte für unsere Rasse darstellen. Bei dem wichtigen Einfluß des absoluten und relativen Gehirngewichtes auf das Wachstum und das Funktionieren der Bewegungsmaschine im Menschen dürfen wir eine Vergrößerung des menschlichen Bruttogewichtes über die Normalzahlen hinaus nur dann anstreben, wenn wir durch geeignete Maßnahmen (Auslese und direkte Beeinflussung) imstande wären, das absolute Hirngewicht beim Menschen zu steigern, so daß das relative Hirngewicht keine weitere Abnahme erleidet. Einseitige Steigerung des durchschnittlichen Körpergewichtes des Menschen würde kein Höhersteigen der Menschheit in bezug auf Arbeitsfähigkeit im ganzen bedeuten.

Die Zahl der von der menschlichen Muskelmaschine zu leistenden Arbeiten nimmt ständig ab und wird durch Kraftmaschinenarbeit abgelöst, die Zahl der vom Bau des menschlichen Zentralnervensystems bis ins feinste abhängigen Arbeiten nimmt ständig zu und verlangt eine bessere Auslese und hygienische Förderung der zur Vererbung gelangenden menschlichen Gehirne.

Nach den Zahlen umstehender Tabelle wächst sich ein kleines Mindergewicht bei der Geburt von nur 0,2 kg oder 6 Proz. des Körpergewichtes aus bei den weiblichen Individuen zu einem dauernden Mindergewicht von rund 17 Proz. bis 15 Proz. des Körpergewichtes. Die Differenz im Gewicht des männlichen und weiblichen Körpers erklärt sich durch die Verschiedenheit der Beanspruchung der Muskelmaschine beim männlichen und weiblichen Geschlecht, sowie durch die Menge der genossen Nahrung, die beim Manne eine viel erheblichere ist, im Anschluß an die viel größere Summe der Außenweltsreize, denen der Mann bisher aus-

Normalwerte für Europäer von der Geburt bis zum zurückgelegten 30. Lebensjahre, ohne Kleider.

Ende des Lebensjahres nach der Geburt	Körpergewicht der männlichen Individuen kg	Zuwachs pro Jahr kg	Körpergewicht der weiblichen Individuen kg	Zuwachs pro Jahr kg	Differenz des Körpergewichtes zu ungunsten der weiblichen Individuen kg	Gewichtsdifferenz der weiblichen Individuen in Prozenten des Körpergewichtes
Geburtsgewicht . .	3,5	—	3,300	—	— 0,2	—
1. Jahr	10,0	+ 6,5	9,5	+ 6,2	— 0,5	**— 6**
2. „	12,5	+ 2,5	12,0	+ 2,5	— 0,5	—
3. „	14,0	+ 1,5	13,5	+ 1,5	— 0,5	—
4. „	16,0	+ 2,0	15,0	+ 1,5	— 0,5	—
5. „	18,0	+ 2,0	17,5	+ 2,5	— 0,5	—
6. „	20,0	+ 2,0	19,5	+ 2,5	— 0,5	—
7. „	22,0	+ 2,0	21,5	+ 2,0	— 0,5	—
8. „	25,0	+ 3,0	24,5	+ 3,0	— 0,5	—
9. „	28,0	+ 2,0	27,5	+ 3,0	— **0,5**	—
10. „	30,0	+ 2,0	30,0	+ 2,5	— 0,0	—
11. „	33,0	+ 3,0	34,0	+ 4,0	+ 1,0	—
12. „	35,0	+ 2,5	38,0	+ 4,0	+ 3,0	**+ 8**
13. „	40,5	+ 4,5	43,0	+ **5,0**	+ 2,5	—
14. „	44,0	+ **5,5**	46,0	+ 3,0	+ 2,0	—
15. „	49,0	+ 5,0	49,0	+ 3,0	+ **0,0**	—
16. „	54,0	+ 5,0	51,0	+ 2,0	— 3,0	—
17. „	58,0	+ 4,0	53,0	+ 2,0	— 5,0	—
18. „	61,5	+ 3,5	55,0	+ 2,0	— 6,0	—
19. „	64,0	+ 2,5	56,0	+ 1,0	— 8,0	—
20. „	66,0	+ 2,0	57,0	+ 1,0	— 9,0	—
21. „	68,0	+ 2,0	58,0	+ 1,0	— 10,0	—
30. „	75,0	+ 0,7	65,0	+ 0,7	— 10,0	**— 17**

gesetzt war. Bei gleicher Betätigung und gleichem Sinnenleben beider Geschlechter muß nach Ansicht des Verfassers ein großer Teil dieser Differenzen fortfallen oder sogar sich umkehren.

Die S. 53 angegebenen Mittelwerte der Körpergewichte zeigten für die Knaben ständig höhere Gewichte als für die Mädchen, und zwar für alle Lebensstufen; die Normalwerte dagegen zeigen im Anschluß an die Messungen von Lange, Monti und Stratz, daß das Wachstum der Mächen in anderem Rhythmus durchschnittlich verläuft als das der Knaben. Die Mädchen werden etwas leichter geboren und bleiben etwas leichter bis zum vollendeten 10. Lebensjahre nach der Geburt. Zu dieser Zeit sind Knaben und Mädchen gleich alt und gleich schwer. Im 11. Lebensjahr nach der Geburt eilen die Mädchen den Knaben sogar voran, sind absolut schwerer als diese. Das Maximum des Überwiegens der Mädchen fällt in das Ende des 12. Lebensjahres. Von diesem Zeitpunkt ab verringert sich die Gewichtsdifferenz zwischen Mädchen und Knaben stetig, bis am Ende des 15. Jahres der Punkt erreicht wird, daß Mädchen und Knaben wiederum gleich alt und gleich schwer gefunden werden. Vom 16. Lebensjahre ab vergrößert sich stetig der Gewichtsüberschuß der Knaben, die vom 21. Lebensjahre ab etwa 15 Proz. schwerer bleiben als die weiblichen Individuen gleichen Alters. Das Gewicht der Frauen ist sehr häufig durch abnorme Ansammlung von Reservestoffen in pathologischer Weise vergrößert und über das gleich alter Männer gesteigert. Physiologischerweise besitzt jede gesunde Frau einen relativ größeren Vorrat an Reservestoffen als der Mann, trotz des absolut geringeren Körpergewichtes, im Anschluß an die Bedürfnisse der Milchbildung aus den Reservedepots des weiblichen Körpers. Die Fettpolster der Frau an Wange, Brust, Gesäß und Wade übertreffen normalerweise die entsprechenden Fettdepots des Mannes. Die Fetthügel der jungfräulichen Brust, die bei keinem anderen Säugetiere gefunden werden, erleichtern das Aussprossen der Brustdrüsen bei der Schwangerschaft und bilden einen Wärmeschutz auf der vorderen Wetterseite des Körpers für Herz und Lungen, die beim Weibe nicht, wie beim Manne, durch Bart und Brustfell gegen allzustarke Abkühlung geschützt sind. Die Ausbildung des menschlichen Fellhaares alterniert in gewisser Weise mit der Ausbildung des Unterhautfettgewebes.

Selbst bei gleichem Gewicht im gleichen Lebensalter ist bei männlichen und weiblichen Menschen das physiologische Mosaik aus den verschiedenen Baustoffen durchaus nicht das gleiche, sondern in den verschiedensten Lebensaltern überwiegen relativ beim Manne die Baustoffe der Bewegungsmaschine, beim Weibe Protoplasma und Reservestoffe. Der Aufbau und Abbau der Gewebe bei der Schwangerschaft stellt an die Fähigkeit des Protoplasmas, neue Substanzen aufzubauen und alte einzuschmelzen, ganz andere Anforderungen als die stärkere Betätigung der Bewegungsmaschine beim Manne. Es bedarf noch der Untersuchung, ob eine dem Manne gleiche Betätigung der Bewegungsmaschine nicht den weiblichen Körper auch im chemischen Sinne zu einem dem männlichen Körper immer ähnlicheren Gebilde umformt, und ob die Plastizität der Gewebe erhalten bleibt, die von der Protoplasmamenge abhängt, wenn die Fibrillenmaschine sich immer feiner differenziert. Verfasser vermutet, daß Wachstum und Regeneration einerseits, Arbeit der Fibrillenmaschine andererseits in einem notwendigen Gegensatze stehen.

Die Gewichtsveränderungen des weiblichen Körpers, die durch Schwangerschaften bedingt sind, beschränken sich durchaus nicht auf den den Fötus beherbergenden Uterus, sondern der gesamte Organismus der Schwangeren wird auf chemischem Wege von dem Corpus luteum verum aus maßgebend beeinflußt. Die Lebensgewichtskurve einer Frau, die mehrfache Schwangerschaften durchmacht, wird sehr erhebliche wellenförmige Schwankungen aufweisen, welche die normalerweise im Leben des Mannes zu beobachtenden Gewichtsschwankungen weit übertreffen. Nicht bloß die Wachstumskurve der Mädchen zeigt einen anderen Typus als den der Knaben, sondern auch die Gewichtskurve der erwachsenen geschlechtstätigen Frau weicht ab von der Gewichtskurve des Mannes gleicher Rasse. In der Jahreskurve des Mannes erfolgen unter dem Einfluß der Jahreszeit (Außentemperatur) Schwankungen, die für gewöhnlich 1 Proz. des Körpergewichtes nicht erreichen. Die Gewichtsänderungen der Frau, welche durch die Schwangerschaft bedingt sind, scheinen leider bisher nicht für die ersten Zeiten der Schwangerschaft und nicht an ausgesucht gesundem Material fortlaufend gemessen zu sein. Gaßner und Baumm geben folgende Gewichtszunahmen für die letzte Hälfte der Schwangerschaft:

Dauer der Schwangerschaft		Zunahme in der Woche
203 Tage	29 Wochen	670 g
210 „	30 „	790 g
217 „	31 „	235 g
224 „	32 „	**905** g
231 „	33 „	720 g
238 „	34 „	485 g
245 „	35 „	715 g
252 „	36 „	740 g
259 „	37 „	645 g
266 „	38 „	586 g
273 „	39 „	502 g
280 „	40 „	453 g
	Zunahme Summe	7446 g,

etwa 10 Proz. des Körpergewichts in 3 Monaten.

Wie aus diesen Zahlen hervorgeht, ist die Gewichtszunahme am größten in der 32. Schwangerschaftswoche. In den letzten Wochen vor der Geburt läßt die Geschwindigkeit des Zuwachses erheblich nach. Nach Zacharjewsky soll bei Erstgebärenden, aber nur bei diesen, statt der Zunahme in den letzten 8—13 Tagen vor der Geburt, eine tägliche Abnahme von durchschnittlich 250 g pro Tag stattfinden, das heißt also eine Gesamtabnahme von 2000—3250 g. Bei der Geburt entsteht durch den Verlust von Kind, Fruchtwasser, Placenta, Blut, Harn, Kot und Schweiß ein Mindergewicht von etwa 6500 g, dazu kommt ein weiterer Gewichtsverlust im Wochenbett von etwa 4000 g, von denen etwa 1485 g auf das Lochialsekret fallen. Während und trotz des Säugens sinkt das Körpergewicht der Frau im Wochenbett nur wenige Tage und ist 8 Tage nach der Geburt das Mindestgewicht bereits wieder überschritten. Für den Ansatz von rund 8 kg, soviel nimmt die Schwangere im Laufe von 40 Wochen zu, braucht ein Kind vom Ende des 1. bis Mitte des 6. Jahres $4^1/_2$ Jahre. Die Wachstumsleistung der geschwängerten Frau ist eine für den Menschen recht beträchtliche, wenn wir auch bei vielen Säugetieren weit höhere Wachstumsleistungen verwirklicht finden. Der menschliche Neugeborene wiegt nur etwa 5 Proz. des Körpergewichtes der Mutter, während bei Meerschweinchen das Gewicht eines Wurfes nach Messungen des Verfassers bis zu **50** Proz. des Gewichtes des frisch entbundenen Muttertieres gehen kann.

Eine Maus kann im Leben 20 Würfe zur Welt bringen und mit ihnen 1000 Proz. ihres Körpergewichtes. Der Mensch ist mit den Affenarten durch relativ geringe Wachstumsleistungen für die Nachkommenschaft ausgezeichnet. Die wesentlichste Eigentümlichkeit des menschlichen Wachstums, auf die bisher noch gar nicht aufmerksam gemacht zu sein scheint, sieht Verfasser in der Größe des Pubertätsanstieges der Gewichtskurve. Nur bei Affenarten fand Verfasser ein ähnlich ausgeprägtes Nachlassen des Wachstums in der Kinderzeit und langandauerndes Ansteigen des Gewichtes zur Zeit der geschlechtlichen Entwicklung. Bei der Mehrzahl der untersuchten Säugetierarten steigt das Wachstum anfangs steil, später langsamer werdend an, ohne daß die Geschlechtsreife einen sehr merklichen Einfluß auf die Gewichtskurve ausübt oder ein erneutes schnelleres Ansteigen hervorruft. Bei den Affenarten und mit ihnen beim Menschen sinkt die Geschwindigkeit des Wachstums nach der Geburt rasch ab, erhält aber einen erneuten Impuls zur Zeit der Erlangung der geschlechtlichen Reife, der viele Jahre lang anhält und das Bild der Wachstumskurve maßgebend beeinflußt.

Es war oben bereits aufmerksam gemacht worden auf eine Verschiebung der Geburtsgewichte von Knaben und Mädchen, die bei den Kulturschichten der poikilodermen (weißen) Rasse sich einleitet. In den Entwicklungsjahren zwischen 10 und 30 Jahren nach der Geburt macht sich die Wachstumsbeeinflussung durch die intensive Großhirnarbeit der gebildeten Volksschichten in den Schul- und Lernjahren so deutlich geltend, daß wir bereits zwei gesonderte Typen der menschlichen Gewichtskurven unterscheiden können. Erstens die ursprüngliche Wachstumskurve des Menschen durchaus ähnlich der Wachstumskurve der anthropoiden Affen, gipfelnd in der Erlangung der Geschlechtsreife, beim männlichen Geschlecht im etwa siebzehnten, beim weiblichen Geschlecht im etwa fünfzehnten Lebensjahr nach der Geburt; zweitens die verringerte Gewichts- und Wachstumskurve der Kulturschichten der Menschheit mit viel länger andauerndem Pubertätsanstieg der Gewichtskurve und einer Verzögerung des Skelettwachstumsabschlusses von nicht weniger als zehn Lebensjahren. Genauere Daten über die Verschiedenheit dieser beiden Gewichtskurventypen werden sich erst geben lassen, wenn von primitiven Menschenrassen Gewichtskurvenreihen vorliegen werden. Leider mangelt es bisher gänzlich an solchen Messungen des Körpergewichtes in den Wachstumsjahren. In Deutschland zeigt noch eine ganze Reihe von weiblichen Individuen, seltener von männlichen Individuen, den ursprünglichen Wachstumstypus, bei dem mit fünfzehn Jahren, in seltenen Fällen sogar noch früher, das Ende des Skelettwachstums und das maximale Körpergewicht erreicht wird. Verbunden mit einer solchen Gewichtskurve ist meist die Erlangung völliger geistiger Reife und Selbständigkeit mit Erlangung der Geschlechtsreife, wie sie auch bei der übergroßen Mehrzahl der Tiere die Regel bildet. Bei der Kulturwachstumskurve des Menschen dagegen dauert das Skelettwachstum und das Ansteigen des Körpergewichts über das 30. Lebensjahr hinaus, und bis zu diesem späten Termin soll auch der Kopfumfang (besser Kopfvolumen) noch zunehmen. Ein Teil der Individuen, die diese Gesichtskurve aufweisen, erreicht erst gegen das 40. Lebensjahr völlige geistige Selbständigkeit und Reife, ja eine beständige Großhirnbeanspruchung kann sogar bewirken, daß im Laufe des ganzen Lebens ein völliger Abschluß der Großhirndifferenzierung in allen Punkten ebensowenig eintritt wie ein völliger Abschluß des Haarfellwechsels beim

Menschen[1]). Bei der männlichen nordamerikanischen Jugend (weißer Abstammung) soll der Kulturtypus der Wachstumskurve am häufigsten sich finden, doch ist auch bei der nordamerikanischen weiblichen Jugend, namentlich der studierenden, der Kulturtypus der Gewichtskurve nicht selten. Bei den Romanen ist meist bei beiden Geschlechtern der Naturtypus der Gewichtskurve sehr ausgesprochen. Beim Naturtypus der Gewichtskurve tritt zwar das Ende des Wachstums, besonders des Skelettwachstums, sehr früh ein, doch kommt es sehr häufig in den vierziger Jahren nach der Geburt zu einer stärkeren Anhäufung von Reservestoffen, kurz vor der Altersabnahme, die bewirkt, daß ein zweites Maximum des Körpergewichts zwischen 40 und 50 Jahren registriert werden kann. Bei den anthropoiden Affen erfolgt die Gewichtszunahme in den Entwicklungsjahren sehr ähnlich wie bei den Menschen, so daß die beobachteten Zahlen völlig in die natürliche Variationsbreite des Menschenwachstums fallen. Bei den Anthropoiden nehmen namentlich die männlichen Individuen sehr lange an Größe und Gewicht zu, während die weiblichen Individuen nicht nur absolut klein bleiben, sondern auch viel früher aufhören zu wachsen. Die Geschlechtsreife tritt bei den Anthropoiden vor dem 10. Jahre auf, also zu einer Zeit, wo auch beim Menschen frühreife Individuen die Geschlechtsreife erlangen. Die Altersveränderungen treten bei den Anthropoiden noch früher ein als bei Naturvölkern und weit früher als beim Kulturmenschen.

In der nachstehenden Tabelle sind die Gewichtszahlen der Schimpansin — Missie — aus dem Berliner zoologischen Garten und eines Gorillaweibchens und eines männlichen Schimpansen des Breslauer zoologischen Gartens wiedergegeben.

Der männliche Gorilla erreicht ein Gewicht bis zu 200 000 g, wie es auch vom Menschen in seltenen Fällen erreicht wird. Vergleichen wir mit den Zahlen der Gewichtskurven der anthropoiden Affen die Wachstumszahlen von Krallenaffen (Kallithrix jacchus), so läßt sich an der Hand dieser Gewichtskurven zeigen, daß der Mensch mit den anthropoiden Affen näher verwandt ist als die anthropoiden Affen mit den Krallenaffen, die mit ihnen zu derselben Säugerordnung gehören. Be-

Gewichtstabelle von Anthropoiden.

Lebensjahr nach der Geburt	Schimpanse ♂ g	Schimpansin ♀ g	Gorilla ♀ g
3 Jahre	13 500	—	—
4 „	16 500	—	15 800
5 „	18 600	—	19 000
6 „	20 500	—	26 000
7 „	23 500	—	30 000
8 „	25 200	—	33 000
9 „	—	40 000	—
10 „	—	45 000	—
11 „	—	50 000	—
12 „	—	55 000	—

[1]) Friedenthal, Beiträge zur Naturgeschichte des Menschen. Jena 1908.

rücksichtigt man, wie nötig, das absolute Lebensalter der Krallenaffen, gerechnet von der Befruchtung der Eizelle an, so ergibt sich, daß das Wachstum der Krallenaffen sehr ähnlich verläuft wie das Wachstum von gleichgroßen Nagetieren (etwa Ratten) von demselben Alter. Sehr häufig, aber durchaus nicht immer, wachsen gleich alte Säugetiere von gleichem Gewicht annähernd gleich rasch, d. h. sie besitzen die gleiche prozentische Zunahmegeschwindigkeit[1]).

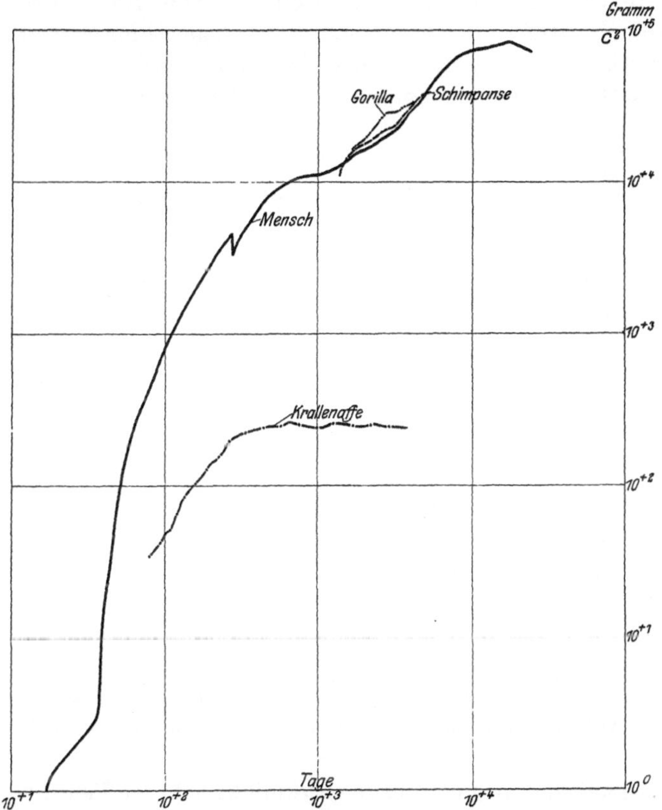

Abb. 5. Wachstumsverwandtschaft zwischen Mensch und Anthropoiden.

Die Abb. 5 zeigt die Richtigkeit der Huxleyschen Regel, daß Mensch und Anthropoide näher zusammengehören als Mensch und niedere Affenarten, an den Wachstumskurven von Mensch und Affen. Die Anthropoiden entwickeln sich schneller als selbst die frühreifsten Menschenrassen, bei den weiblichen Tieren tritt die Menstruation vor dem 12. Jahre auf, was beim Menschen nur selten der Fall ist. Vom Orang fehlt es bisher noch ganz an Wachstumskurven, und es steht zu hoffen, daß die Menschenaffenstation von Professor Rothmann auf Teneriffa wertvolle Daten über das Wachstum auch des Orangs liefern wird. Die

[1]) Die Daten für das Krallenaffenwachstum finden sich in Friedenthal, Ges. Arbeiten. Jena 1911.

Altersangaben der Tiere in den zoologischen Gärten sind meist ganz unsichere und nach der Größenordnung des Menschenwachstums abgeleitet. Das Wachstum der Krallenaffen weicht derartig weit ab von dem Wachstum des Menschen und der Anthropoiden, daß wohl erst eine genauere Beobachtung des Wachstums in der intrauterinen Lebensperiode bei den Krallenaffen die Verwandtschaft mit den anderen Affenarten wird erkennen lassen.

Die Abb. 6 zeigt die Wachstumskurven von Kaninchen, Mensch, Meerschwein, Ratte und Krallenaffen in logarithmischer Projektion, wobei die Abszisse Tage, die Ordinate Gramm anzeigt. Wenn wir neugeborene Ratten und neugeborene Krallenaffen vergleichen, finden wir

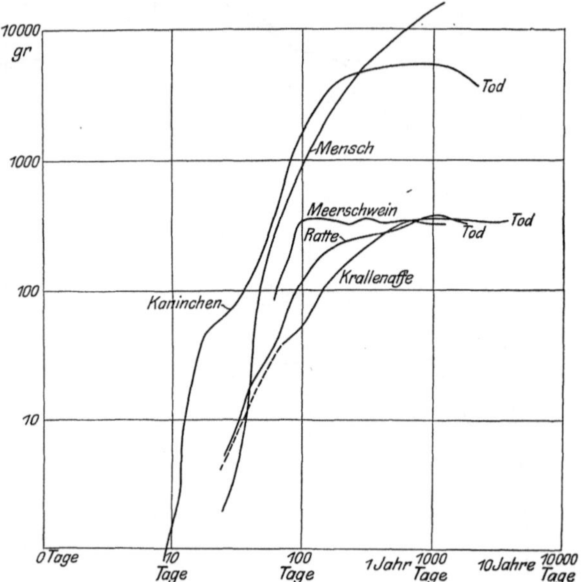

Abb. 6. Krallenaffenwachstum und Nagetierwachstum.

keine Ähnlichkeit der Wachstumsgeschwindigkeit dieser Tiere; vergleichen wir ältere Ratten und Krallenaffen, so finden wir, daß die Krallenaffen nur wenig langsamer wachsen als Ratten von gleichem absoluten Lebensalter. Die Ratten werden 26 Tage, die Krallenaffen etwa 75 Tage nach der Befruchtung der Eizelle geboren. Meerschweinchen wachsen, wie die Kurven lehren, schneller als gleichalte Ratten, der menschliche Embryo und der Kaninchenembryo wachsen aber beträchtlich schneller als die anderen Tiere, namentlich als die Krallenaffen, bei denen offenbar eine Verlangsamung der ursprünglich vorhandenen Wachstumsgeschwindigkeit sehr früh einsetzt, im Einklang mit der so außerordentlich früh einsetzenden Fertigstellung und Inbetriebsetzung der Fibrillenmaschine (Bewegungsmaschine) dieser Tiere, die bereits 100 Tage nach der Geburt so gut wie fertig ausgebildet ist.

Eine erhebliche Steigerung der Wachstumsvorgänge durch die Pubertät, die beim Menschen, aber auch bei den Anthropoiden so ausgesprochen ist, läßt die Krallenaffenkurve nicht erkennen. Bei der Mehrzahl der Tiere erfolgt das Wachstum bis zu seinem Ende viel gleichmäßiger, indem der Pubertätsanstieg einsetzt, ehe das Säuglings- und Kinderwachstum stark gesunken ist. Je später die Reifung der Keimdrüsen einsetzt, desto größer ist die Wirkung auf die Wachstumskurve.

Die Sonderform der menschlichen Gewichtskurve gegenüber allen anderen Säugetierarten beruht vor allem in der Länge des Pubertätsgewichtsanstieges, namentlich beim Kulturtypus der Gewichtskurve. Infolge der Wachstumsverzögerung durch die Kultureinflüsse wird für den Kulturmenschen die täglich zu leistende Wachstumsarbeit ein Minimum und dafür die zu leistende Lebensarbeit (Arbeit der Fibrillenmaschine) ein Maximum. Die Säugetiere haben im Interesse der schnelleren Erzeugung von Nachkommen die Erlangung der Geschlechtsreife und das Ende des Wachstums in immer frühere Lebensepochen zurückverlegt, der Mensch dagegen kann nach Überwindung aller Feinde aus dem Tierreich und nach Überwindung der Mordlust und Kampflust in der eigenen Psyche ohne Gefährdung der Erhaltung der Art das Ende des Wachstums und die Erlangung der vollen Zeugungsreife in immer spätere Lebensepochen hinausschieben. Zu der vollen Zeugungsreife des Kulturmenschen sollte der Entwicklungsgrad seiner Großhirnrinde nicht weniger gerechnet werden als der Reifegrad seiner Zeugungsorgane. So ist der Mensch nach Zurücklegung eines Umganges auf der Spiralbahn, in der aller Fortschritt und alle Entwicklung sich vollzieht, auf dem Wege, das Dauerwachstum, das seine reptilien- und amphibienähnlichen Ahnenstufen sehr wahrscheinlich besessen haben, sich zurückzuerobern im Interesse der individuellen Vervollkommnung und im Interesse der Vergrößerung der Lebensarbeit, die der einzelne Mensch zu leisten imstande ist.

Das Längenwachstum des Menschen und die Gliederung des menschlichen Körpers.

Gliederung des menschlichen Körpers und Meßschema für Mensch und Tier.

Ausgehend von einer Zelle entwickelt sich aus dem Menschenei die kunstvolle Bewegungsmaschine der Menschengestalt in einem Zeitraum von rund zwei Jahrzehnten. Nach diesem Zeitraum ist die Gliederung des menschlichen Körpers im wesentlichen beendet. Die Veränderungen namentlich des Knochensystems gehen alsdann so langsam vor sich, daß man die Körperproportionen des Erwachsenen meist als feststehende und unveränderliche behandelt hat, obwohl bei näherer Betrachtung eine ständige, obwohl geringfügige Verschiebung aller Maße bis zum Lebensende statthat.

Der Körper des erwachsenen Menschen gliedert sich in Kopf, Hals, Rumpf, Beine und Arme, ähnlich wie der Körper der Mehrzahl der Säugetiere. Ein für diese charakteristisches Glied, der äußere Schwanz, fehlt einigen Säugern, auch den anthropoiden Affen und dem Menschen. Am Kopf unterscheiden wir Schädelteil und Gesichtsteil, am Rumpf Brust- und Bauchteil, an den Extremitäten obere, untere und Endgliedmaße, welch letztere wiederum in Wurzelteil, Mittelteil und Phalangen sich gliedert. Die Rücksicht auf die Erfordernisse der künstlerischen Nachbildung der menschlichen Gestalt, wie die Notwendigkeit einer systematischen Einteilung der Menschenformen zwangen zu einem so genauen Eingehen auf die feinsten Einzelheiten der menschlichen Proportionen, daß die Menschenmessung zu dem am fleißigsten bearbeiteten Kapitel der Anthropologie: ja zu einer förmlichen Spezialwissenschaft sich auswuchs.

Für wissenschaftliche vergleichende Messungen sollten eigentlich nur Entfernungen anatomisch festgelegter Punkte in Betracht kommen; aus praktischen Gründen hat man bisher gerade Messungen von Strecken bevorzugt, wie die Gesamtlänge des Menschen, die Klafterbreite, den Brustwarzenabstand, die Kopfhöhe, die anatomisch und funktionell gar nicht zusammengehörige Strecken zu einer Summe zusammenfassen. Die außerordentliche Überlegenheit der wissenschaftlichen Messungen an anatomisch vergleichbaren Punkten über die bisherige Praxis haben wohl zuerst und am sichersten die Arbeiten von G. Schwalbe über den Pithekantropusschädelrest klargelegt. Messen wir die Klafterbreite zweier

Menschen als gleich, so können wir es mit einem schmalbrüstigen Menschen mit langen Armen und einem breitbrüstigen Menschen mit kurzen Armen zu tun haben. Es läßt sich aus der Klafterbreite selten ein Schluß auf irgendeine morphologische oder funktionelle Besonderheit des Gemessenen ziehen. Die Messung ist ohne erheblichen Vergleichswert und wäre nur berechtigt, wenn der absolute Wert der Klafterbreite bei irgendeiner besonders wichtigen menschlichen Verrichtung in Frage käme. Man sollte soviel wie möglich die Verwendung von Summenmaßen funktionell verschiedener Glieder vermeiden. Das Höhenmaß des Menschen, fälschlich die Körperlänge genannt, setzt sich ebenfalls aus funktionell nicht zusammengehörigen Größen zusammen, nämlich der Schädelhöhe, der Halslänge, der Rumpflänge, der Länge von Ober- und Unterschenkel und der Höhe der Fußwurzel, und müßte daher, streng systematisch genommen, ebenfalls bei Vergleichsmessungen ausscheiden. Dieses Maß nimmt insofern eine Sonderstellung ein, als sein absoluter Wert für den Menschen, der zu den Augentieren gehört, das heißt, zu den Tieren, die hauptsächlich ihre Netzhautbilder verwerten, von Wichtigkeit ist. Es sind so zahlreiche Messungen der Körperhöhe des stehenden Menschen vorgenommen, daß man unmöglich die in diesen Messungen niedergelegte Arbeit übergehen kann. Die Körperhöhe stellt eins der wesentlichsten Charakteristika des Bildes von einem Menschen dar und diese Größe gewinnt sogar für menschliche Verrichtungen einen funktionellen Zusammenhang, an dem sich freilich nicht alle Komponenten zu beteiligen pflegen. Wenn ein langer Mensch besser über einen Zaun zu sehen vermag als ein kurzer, so ist die Schädelhöhe für diese Funktion ganz ohne Belang; vermag ein langer Mensch höher mit seinem Arm hinaufzureichen als ein kurzer, so ist Halslänge und Schädelhöhe funktionell ausgeschaltet, und es kommt dafür die Armlänge als ein wesentlicher Faktor hinzu. Für wissenschaftlich vergleichende Messungen besitzt die Körperhöhe alle oben berührten Nachteile der Summenmaße. Ein Vergleich der Körperlängen von Menschen mit anderen Säugern wäre auf der Basis der Körperhöhe sehr erschwert und man würde nur mit äußerst gekünstelten Maßnahmen eine anatomisch homologe Pferdelänge messen können. Für vergleichende Messungen von Menschen untereinander besitzt die Körperhöhe ihrer Größe wegen noch den erheblichen Nachteil, daß auf sie bezogen die Unterschiede in den Proportionen der Gliedmaßen, auf die es in der Menschenkunde vielfach ankommt, sehr klein ausfallen und daher wichtige Unterschiede der Aufmerksamkeit entgehen können. Betrachtet man zwei Menschen als gleichgroß, nicht als gleichlang, wenn sie denselben Raum einnehmen, so müßte man zur richtigen Vergleichung von Längenmaßen bei der fast vollständigen Gleichheit der spezifischen Gewichte der Menschen jedes Längenmaß mit der dritten Wurzel aus dem Körpergewicht dividieren. Durch dies Verfahren hätten wir zugleich die Möglichkeit, die Menschenmaße mit den anatomisch homologen Maßen ganz verschieden großer Tiere einwandsfrei zu vergleichen. Bisher wurden sehr häufig, sogar meistens, die Messungen des Menschen ohne Gewichtsangaben ausgeführt, eine Umrechnung ist daher vielfach gar nicht möglich[1]). Will man ein Längenmaß als Vergleichsmaß verschieden großer Menschen wählen, so sollte man aus vielfachen Gründen der vorderen Rumpflänge nach Ansicht des Verfassers den Vorzug geben. Zunächst wird die Mehrzahl von Meßphotographien eine annähernd genaue Bestimmung der vorderen Rumpflänge von der Incisura sterni bis zur Symphyse gestatten, ferner ist die vordere Rumpflänge weit eher als die Körperhöhe dem Gewicht proportional und schon deshalb der geeignete Ausgangspunkt für Vergleiche. Ob ein Mensch einen relativ langen Hals oder relativ kurze Beine besitzt, erkennt man leicht bei Vergleich mit einem Normalschema von gleicher vorderer Rumpflänge. Zwei verschieden große Tierarten lassen sich am ehesten auf der Basis gleicher vorderer Rumpflänge vergleichen, wenn man den richtigeren Vergleich nach gleichem Volumen nicht anwenden will oder nicht anwenden kann.

Die Aufstellung eines Meßschemas für vergleichende Formenkunde hat mit der Schwierigkeit zu kämpfen, räumliche Verhältnisse durch Linien oder Flächen wiederzugeben. Wenn wir Arme und Beine eines Säugetieres durch Linien wiedergeben, die nur die Länge des Gliedes vor Augen führen, so ist der Schaden nicht allzugroß, der aus der Vernachlässigung der Breiten- und Tiefendimensionen der Maße oder des Volumens der Glieder resultiert, weil die Glieder gewöhnlich nur als Hebel aufgefaßt werden, die die Körpermasse zu bewegen haben. Bei einem Hebel ist die Kenntnis der Länge unbedingt erforderlich, die Kenntnis der Breite und Dicke nur, wenn außer der Geschwindigkeit und dem Kraftbedarf der Bewegung noch die Festigkeit der Maschine sowie ihr Eigengewicht in Betracht gezogen wird. Für den Rumpf eines Säugetieres kann unmöglich die Darstellung nur einer Dimension einen brauchbaren Vergleichsmaßstab abgeben, da die Hauptmasse eines Säugetieres im Rumpf konzentriert zu sein pflegt. Um die Bewegungsmaschine eines Säugers zu verstehen, müssen wir vom Schema des Rumpfes eine bequeme ablesbare Beschreibung nicht nur des Gesamtvolumens verlangen, sondern auch eine Darstellung der Massenverteilung durch gesonderte Berücksichtigung der Längen-, Breiten- und Tiefenverhältnisse. Für den Kopf eines Säugers ist in gleicher Weise wie für den Rumpf die Darstellung einer einzigen Dimension unzureichend, ja wir müssen die Volumverhältnisse vom Gesichtsschädel und Hirnschädel gesondert zur Anschauung bringen, wenn wir wichtige Bauverhältnisse der verschiedenen Tierarten berücksichtigen wollen. Die Mehrzahl der Säugetiere gliedert sich für das Auge zwanglos in Rumpf, Hals, Kopf, Arme, Beine und Schwanz. Für Hals, Arme und Beine

[1]) Benutzt wurde das 1911 bei Strecker & Schröder erschienene, bisher ausführlichste Werk von Dr. G. Weißenberg, „Das Wachstum des Menschen", das neben reicher Literaturangabe zahlreiche eigene Ergebnisse des Verfassers und kritische Sichtung des vorhandenen Materials aufweist. Benutzt wurden ferner Angaben von C. H. Stratz, „Der Körper des Kindes", Stuttgart 1904, und „Naturgeschichte des Menschen", Stuttgart 1904. Stratz versucht nicht nur Mittelzahlen zu verwerten, sondern durch Messung ausgesucht vortrefflicher Menschen Normalmaße zu gewinnen.

genügt zur Not die Angabe der Länge und der Längsgliederung, während Rumpf, Gesichtsschädel und Hirnschädel die Darstellung der Gliederung in allen drei Raumdimensionen gebieterisch verlangen. Durch Hinzufügung von Umfängen kann man auch bei den Gliedmaßen, wenn es not tut, zu einer bequemen Darstellung der Massenverhältnisse gelangen.

Abb. 7 (S. 82) zeigt ein Schema für Darstellung des Säugetierbaues, das wohl durch Hinzufügung neuer Linien eine Bereicherung erfahren kann — in den Fällen wo es auf genauere Vergleichung von Einzelheiten ankommt — in denen aber keine Linie weggelassen werden darf, wenn nicht wesentliche Elemente der Bewegungsmaschine unberücksichtigt bleiben sollen. Am ehesten wird man noch die spezielle Gliederung von Arm und Bein beim Menschen vermissen können, obwohl auch diese Gliederung für die Art der Bewegungen wie bei vielen Säugetieren recht wichtig ist.

Von der allergrößten Bedeutung ist die Wahl eines geeigneten Grundmaßes für ein Meßschema, denn es empfiehlt sich, alle gemessenen Größen in Prozenten dieses Grundmaßes zu zeichnen und anzugeben. Wir erhalten auf diese Weise die Möglichkeit, eine Vergleichung homologer Teile vornehmen zu können und einen Kanon aufzustellen, der das funktionelle Optimum der Körperproportionen für jede Tierart wiederspiegelt. Verfasser glaubt, daß der Abstand der Symphyse des Beckens von dem oberen Sternalrande (die Linie *a*, S. 83) das geeignetste Grundmaß für die Mehrzahl der Säugetiere mit dem Menschen darstellt. Der sehr beachtenswerte Vorschlag von Fritsch, die gesamte Länge der Wirbelsäule als Grundmaß zu nehmen, wird der Gliederung des Säugerkörpers in Hals und Rumpf nicht gerecht — auch ist die Feststellung der Wirbelsäulenlänge (ohne Schwanz) bei nicht skelettierten Tieren so erschwert, die Bequemlichkeit der Messung der Linie *a* des Schemas dagegen bei der Mehrzahl der Tiere so groß, daß die vordere Rumpflänge nach Ansicht des Verfassers das ideale Grundmaß darstellt. Die beiden Endpunkte dieses Grundmaßes sind zugleich die durch die Anatomie des Säugerleibes gegebenen bequemsten Ausgangspunkte für die Messung der Breitendimension und Tiefendimension des Rumpfes an seinem oberen und unteren Ende. Um die Proportionen zweier verschieden gebauter Tiere zu vergleichen, muß das Grundmaß gleich gemacht werden. Wir erklären damit zwei Tiere für gleich groß, wenn ihre vorderen Rumpflängen gleich sind. Für die funktionelle (physiologische) Betrachtung sind zwei Tiere als gleich groß anzusetzen, wenn sie das gleiche Raumvolumen einnehmen. Da das spezifische Gewicht der meisten Säugetiere sehr annähernd gleich Eins zu setzen ist, so können wir mit Recht zwei Säugetiere als gleich groß bezeichnen, wenn sie das gleiche Gewicht besitzen. Die Größen zweier Tiere verhalten sich dann wie ihre Gewichte. Wollte man bisher die Abbildungen (Projektionen) zweier ungleich großer Tiere auf gleiche Größe bringen, so begnügte man sich damit, zwei besonders auffällige homologe Längsdimensionen, entweder die Längen oder die Höhen der Tiere, auf gleiche Größe zu bringen. Es ist klar, daß derartige Abbildungen bei geometrisch ähnlichen Körpern tatsächlich die Bilder zweier gleicher Raumvolumina wiedergeben. Bei ungleichen Raumproportionen (Tiefendimensionen) gibt es keine Möglichkeit, in einfacher Weise homologe Volu-

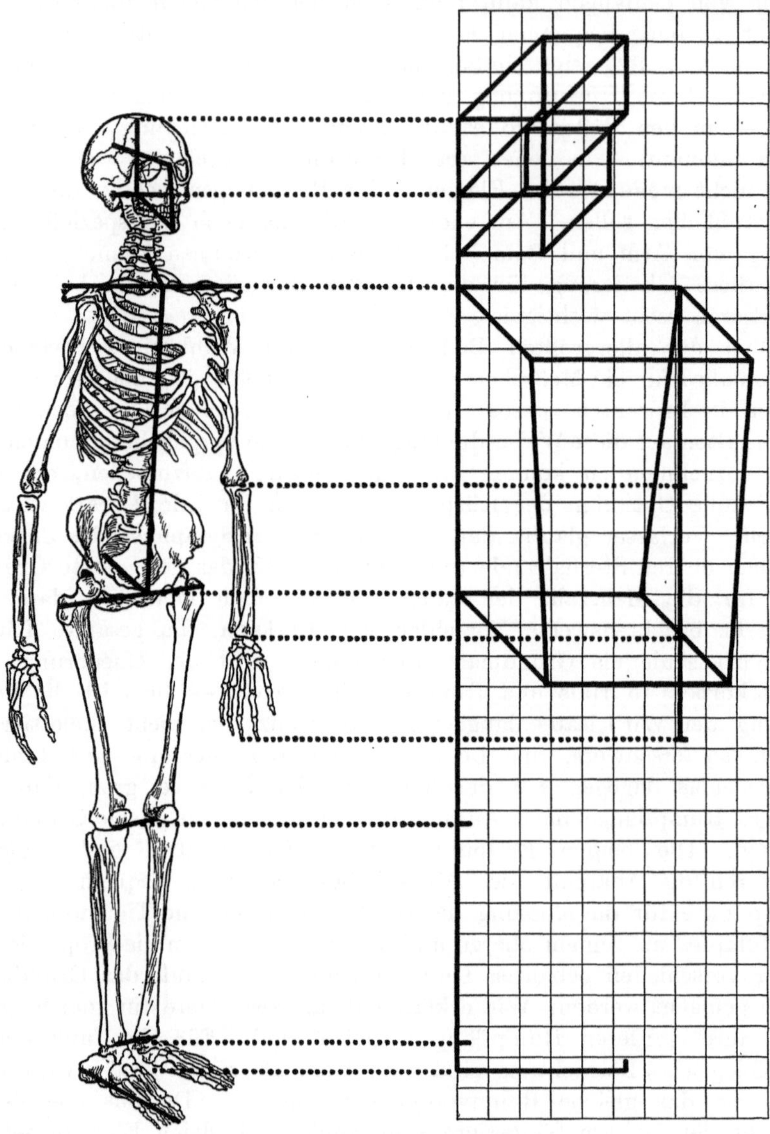

Abb. 7. Meßschema.

mina zweier Körper durch Gleichsetzung von Linien zur Abbildung zu bringen.

Wie oben erwähnt setzen wir den Abstand der Symphyse vom oberen Sternalrand gleich 100 und tragen 100 mm als Grundmaß auf Papier auf. Beträgt die wirklich gemessene Rumpflänge (z. B. an einem

Menschen) 500 mm, so haben wir nur alle fernerhin gemessenen Strecken mit $\frac{100}{500} = 0{,}2$ zu multiplizieren, um sofort jede Strecke in Prozenten des Grundmaßes ausdrücken zu können. Messen wir von unserem Ausgangspunkte (dem Symphysion) die Entfernung bis zum Schwanzansatz oder dem unteren Ende des Sacrum, so erhalten wir die wichtige

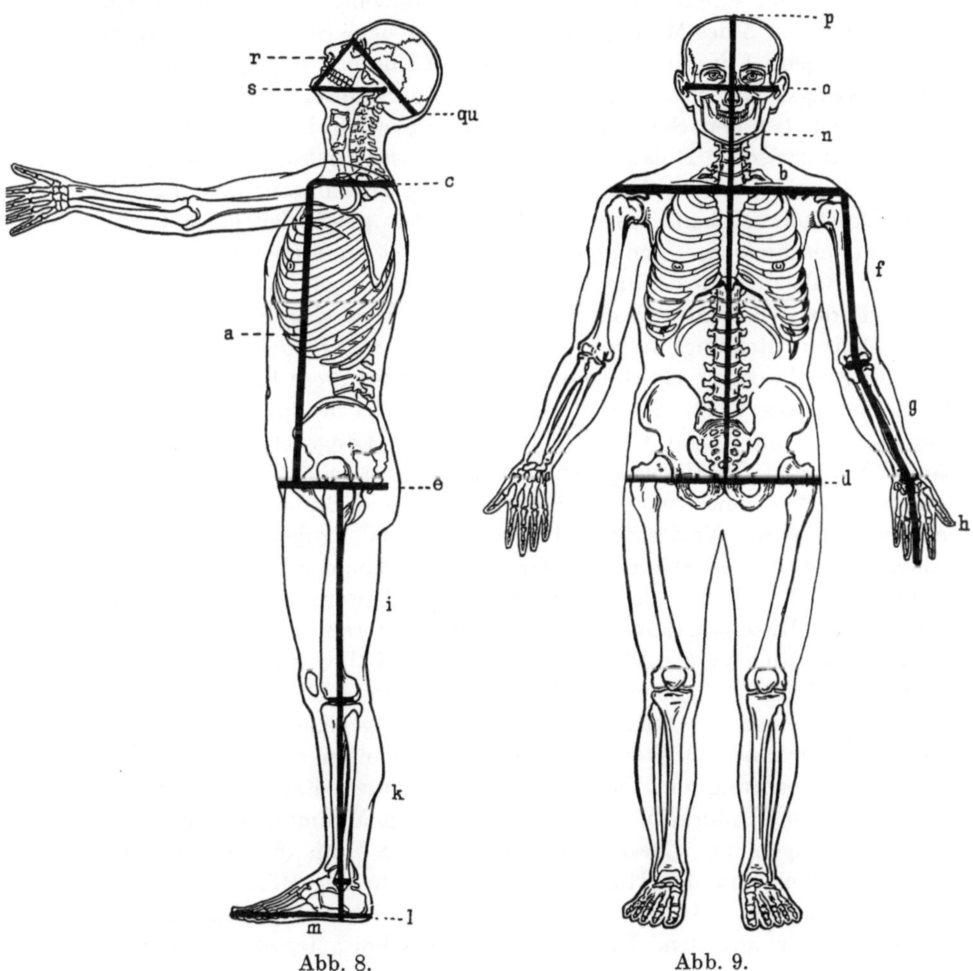

Abb. 8. Abb. 9.

Größe der unteren Rumpftiefe (*e* im Schema). Messen wir die Breite des Rumpfes senkrecht auf die Längsachse der Wirbelsäule in der Höhe des Symphysion, so ergibt die Linie *d* des Schemas zugleich die Stelle der maximalen unteren Rumpfbreite beim wohlgewachsenen Menschen. Die drei eben genannten Maße stehen beim Menschen fast genau aufeinander senkrecht. Das Breitenmaß trifft das obere Drittel der Trochanteren der Oberschenkel. Ähnlich günstig gelegen wie das Symphysion für die Messung des unteren Rumpfendes liegt das Sternion, das obere

Ende des Sternum, für die Messung der oberen Rumpfdimensionen. Messen wir vom Sternion senkrecht auf die Längsachse der Wirbelsäule, die Schulterbreite, so erhalten wir in der Linie *b* die maximale obere Rumpfbreite, messen wir bis zu der beim Menschen leicht fühlbaren Spitze der Vertebra prominens, so erhalten wir die obere Rumpftiefe (*c* des Schemas). Wiederum stehen beim Menschen diese oberen Rumpfmaße sehr annähernd aufeinander senkrecht. Bei Tieren läßt sich der Wirbelpunkt 5 des Meßschemas nur schwer ohne Skelettfreilegung ermitteln, es genügt in diesem Falle, die obere Rumpftiefe genau senkrecht auf die Längsachse der Wirbelsäule und die Schulterbreite zu messen. Wir besitzen bei den Säugetieren keinen äußerlich leicht auffindbaren Grenzpunkt zwischen Halswirbelsäule und Brustwirbelsäule. Die Mittellage des Sternion, das bei Ein- und Ausatmung keinen ganz fixen Skelettpunkt darstellt, ist beim toten Tier von Natur gewährleistet und beim lebenden unschwer mit genügender Genauigkeit zu ermitteln.

Die Halslänge des Säugetieres ergibt sich ungezwungen aus dem Abstand des Ohrloches vom Sternion. Linie *n* des Schemas. Der gleichmäßigen Messung halber wurde nicht der Luftlinienabstand vom Ohrloch zum Sternion als Halslänge gewählt, weil diese Linie windschief im Raum gelagert ist, sondern den Abstand der Fußpunkte der Lote von Sternion und Otion (Ohrlochmitte) auf die Längsachse der Wirbelsäule. Während die Messung der Luftlinien beim lebenden Objekt sehr erleichtert ist, können wir an Photographien und Bildern nur die Projektionen messen. Verfasser wählte deshalb die Projektionen für das Schema. Die obere Extremität setzt sich im Schema in ihrer Länge zusammen aus der Länge des Oberarmes *f*, des Unterarmes *g*, der Handwurzel, der Mittelhandknochen des längsten Strahles und schließlich des längsten Fingers *h*. Für viele praktische Fälle wird es genügen, die Gesamtlänge anzugeben. Bei speziellen Untersuchungen werden die Längen jedes einzelnen Strahles an der Hand angegeben werden müssen und außerdem noch Breitendimensionen und Umfänge.

Eine Gliederung der Gesamtlänge der oberen Extremität in drei Teile: Oberarm, Unterarm und Hand, stellt das Minimum der erforderlichen Messungen dar. Messen wir den größten Umfang des Oberarms, des Unterarmes und der Hand ohne Daumen in der Höhe der Fingeransätze, so können wir mit nur 6 Maßen zugleich Volumschemata aufstellen, da wir aus dem Umfang den Querschnitt feststellen können. Die durch Multiplikation von $\frac{\text{Umfang}^2}{12}$ und Länge erhaltene Zahl gibt, wie selbstverständlich erscheint, nicht das wahre Volumen wieder, sondern ein für Vergleichszwecke brauchbares Schema, welches gestattet, mit praktisch genügender Annäherung ein Bild der Massenentwicklung der untersuchten Gliedmaßen zu geben. Ebenso wie man bei genaueren Messungen die Länge der Handwurzel angibt, wird es sich empfehlen, außer den oben erwähnten Umfängen bei sehr genauen Messungen den Umfang des Handgelenkes zu messen und anzugeben.

Bei der Rumpfmessung hält es Verfasser nicht für praktisch die

Strecken b und c durch Angabe des Umfanges in der Höhe des Sternion und die Strecken d und e durch Angabe des Umfanges in der Höhe des Symphysion zu ersetzen, weil das Verhältnis von Tiefe und Breite sichtbar gemacht werden muß. Es erscheint rätlich, diese Umfänge zu den Breiten und Tiefenmaßen als Ergänzung noch hinzuzunehmen. Eine Vergleichung der Beinlängen verschiedener Säugetiere stößt auf sehr erhebliche Schwierigkeiten. Ein Meßschema, das dem Bau von Primatenbeinen angepaßt ist, kann nicht ohne weiteres für Messung von Einhuferbeinen sich bequem erweisen. In dem Meßschema vertritt die Linie c, der Abstand des Symphysions von dem unteren Rande der Kniescheiben, die Oberschenkellänge. Nimmt man das Femur aus der Pfanne, so übertrifft seine größte Länge dieses Maß, wie die Abbildung deutlich macht. Da kein Punkt der Außenhaut die größte Länge des Femur zu erkennen gestattet, wählte Verfasser obigen Abstand als bequemes Vergleichsmaß. Die Linie k dient zur Messung der Länge des Unterschenkels, die Linie l zur Messung der Fußhöhe. Linie m gibt die Fußlänge, gegliedert in Fußwurzellänge, Mittelfußlänge und Zehenlänge.

Eine wichtige Größe, die gesamte Beinlänge von der Spitze der Zehe bis zum entferntesten Punkte des Femur in der Achse des Beines kann am lebenden Menschen nicht direkt gemessen werden. Wir erhalten aber eine sehr gute Annäherung, wenn wir die Linie $i + k$ die Beinhöhe des Schemas um die gesamte Fußlänge 23, 26 verlängern. Die Summe dieser beiden Strecken entspricht der nicht direkt meßbaren Gesamtlänge des Beines, die wir an Einhuferskeletten bequem messen können. Bei der Mehrzahl der Primaten ist die Fußhöhe sehr viel geringer als beim Menschen, weil aber zugleich die Ferse weit weniger nach hinten vorspringt, ist die gesamte Beinlänge aus der Summe der beiden oben erwähnten Linien berechnet, doch durchaus homolog der beim Menschen gemessenen Strecke. In den Tabellen dagegen bezeichnet Beinlänge die Summe von Oberschenkellänge, Unterschenkellänge und Fußhöhe. Für viele physiologische Betrachtungen ist die Kenntnis der Querschnitte der einzelnen Beinstrecken wichtig. Messen wir den größten Oberschenkelumfang, den größten Unterschenkelumfang (Wadenumfang beim Menschen) und den Umfang des Fußes an der Grenze zwischen Mittelfuß und Fußwurzel (Punkt 24 des Schemas), so können wir wiederum aus diesem Umfang $u = 2\,r\,\pi$ einen Querschnitt berechnen nach der Formel $r^2\pi = \frac{u^2}{12}$. Querschnitt $\times$ Länge ergibt dann ein schematisches Volumen, das für Vergleichung sich brauchbar erweist.

Der Hals wird in seiner Länge wiedergegeben durch den Abstand des Ohrloches vom Sternion (Linie n). Messen wir den kleinsten Halsumfang, so können wir wieder mit $\frac{u^2}{12}$ einen Querschnitt des Halses berechnen und durch das Produkt von Querschnitt und Länge ein schematisches Halsvolumen, das bei den verschiedenen Säugetieren recht charakteristisch verschiedene Werte annimmt.

Der Abstand der äußeren Ohrlöcher (*o* im Schema) ergibt Gesichtsbreite und Schädelbreite, der Abstand der Ohrlochachse vom Kinn Genion (*s* im Schema) ergibt die Gesichtstiefe, der Abstand vom Nasion zum Genion (*r* im Schema) ergibt die Gesichtshöhe. Gesichtsbreite $\times$ Gesichtstiefe $\times$ Gesichtshöhe ergibt ein Schema für das Gesichtsvolumen.

Am Schädel messen wir die Höhe (*p* im Schema) als Abstand der Ohrlochachse vom Bregma und die Schädellänge als Abstand des Nasion vom Inion *qu*.

Schädelbreite $\times$ Schädelhöhe $\times$ Schädeltiefe ergibt ein schematisches für Vergleiche brauchbares Schädelvolumen.

Vom Sacrion, dem Ende des Kreuzbeins bis zur Schwanzspitze, messen wir die Schwanzlänge. Fügen wir die Messung des größten Schwanzumfanges u hinzu, so erhalten wir wieder als $\frac{u^2}{12}$ einen Querschnitt und durch Multiplikation mit der Schwanzlänge ein Schwanzvolumen bei Tieren mit äußeren Schwänzen. Es wird sich empfehlen, die oben beschriebenen Maße soweit als möglich anzupassen den Bestimmungen der internationalen Vereinbarung zur Herbeiführung einheitlicher Meßmethoden am Lebenden. Schlaginhaufen, Korrespondenzblatt der Deutschen Gesellschaft für Anthropologie usw. Januar 1913.

Mit verhältnismäßig wenigen Meßpunkten kann man sich, wie Abb. 7 zeigt, einen Überblick über die wichtigsten Gliederungen eines Säugetierkörpers, namentlich des Menschenkörpers verschaffen.

Wo eine spezielle Funktion ganz spezielle Anpassungen bei einzelnen Tieren geschaffen hat, versagt jedes Schema und bei ihrer Beurteilung bedarf es einer künstlerischen Nachempfindung und Schilderung des Wachstumsvorganges, der zur Sonderform geführt hat, nicht aber einer Angabe von Zahlenunterschieden.

Für die Vergleichung homologer Maschinenteile bei den Lebewesen dagegen bedeuten Meßschemata und Zahlenvergleichung eine außerordentliche Vereinfachung und Erleichterung der Vergleichung und Beschreibung.

Die Namengebung der einzelnen Meßpunkte im Schema ist die folgende: Es bedeutet

Symphysion	Schamfugenpunkt
Sternion	Brustbeinpunkt
Nychion	Nackenpunkt
Coccygion	Schwanzansatzpunkt
Aurion	Ohrlochpunkt
Genion	Kinnpunkt
Nasion	Nasenansatzpunkt
Inion	Hinterhauptspunkt
Bregma	Schädelhöhenpunkt

Die Namen der gemessenen Linien sind folgende:

Vordere Rumpflänge, Grundmaß *a*

Obere Rumpfbreite, Schulterbreite *b*

Obere Rumpftiefe, Brusttiefe *c*
Halslänge *n*
Untere Rumpfbreite, Trochanterenbreite, Beckenbreite *d*
Untere Rumpftiefe, Beckentiefe *e*
Schwanzlänge
Kopfbreite, Schädelbreite, Gesichtsbreite *o*
Gesichtstiefe oder Gesichtslänge *s*
Gesichtshöhe *r*, fälschlich zuweilen als Gesichtslänge bezeichnet
Schädelhöhe *p*
Schädeltiefe *qu* oder Schädellänge
Oberarm *f*
Unterarm *g*
Hand *h*
Oberschenkel *i*
Unterschenkel *k*
Fußhöhe *l*
Fußlänge *m*

Während obenstehende Schilderung vielleicht recht umständliche Menschenmessungen vermuten läßt, zeigt Abb. 7, wie wenige Messungen in Wahrheit erforderlich sind, um die wichtigste Gliederung des menschlichen Körpers bildlich wiedergeben zu können. Es kommt alles für eine Vergleichung auf die richtige Wahl der Meßpunkte an.

Unerläßlich für Auffassung der vollen Gliederung eines Menschen im Bilde, namentlich in Meßphotographien, ist das Vorhandensein einer Aufnahme in genauem Profil neben der Aufnahme genau von vorn. Meist fehlt diese Profilaufnahme und damit alle Angaben über Tiefendimensionen. Aufnahmen genau von hinten sind für Ausmessungen der Schemata nicht erforderlich, da keines der oben genannten Körpermaße an einer Ansicht von hinten genommen zu werden braucht.

Aus den obigen Maßen lassen sich leicht einige der gebräuchlichsten Summenmaße gewinnen. Die Standhöhe setzt sich aus den Größen *a* Rumpflänge, *n* Halslänge, *p* Schädelhöhe, *i* Oberschenkel, *k* Unterschenkel und *l* Fußhöhe zusammen.

Die Sitzhöhe entspricht nicht sehr genau der Summe von Schädelhöhe, Hals und Rumpflänge.

Die Armlänge entspricht sehr genau der Summe von *f* (Oberarmlänge), *g* (Unterarmlänge) und *h* (Handlänge). Die Beinlänge wird nur annähernd durch die Summe von *i* (Oberschenkellänge), *k* (Unterschenkellänge) und *l* (Fußhöhe) beim Menschen wiedergegeben, wenn auch eine Messung bis zur Fußspitze theoretisch einwandsfreier erschien. In der Praxis der Menschenmessung bezeichnete man gewöhnlich den Abstand des Schrittes (der Schamlinie) vom Erdboden als Beinlänge. So variabel auch die Gliederung des Körpers bei den einzelnen Individuen, Rassen und Spielarten sein mag, man denke an die Verschiedenheit der Proportionen von Riesen und Zwergen beim Menschen, so fällt doch trotz der Ausdehnung der Variationsbreite die typisch menschliche Gliederung völlig außerhalb der Variationsbreite irgendeiner anderen lebenden Tierform. Die typisch menschliche Gliederung des Körpers ist bereits in den ersten Monaten der Entwicklung nach der Befruchtung der Eizelle ausgesprochen, wenn auch die Ähnlichkeit der gesammten Säugerembryonen weit größer ist als die der ausgewachsenen Tierarten. Ebenso isoliert wie der Mensch mit seiner Körpergliederung in dem Säugetierreiche stehen auch einige andere spezialisierte Säugetiere, von denen namentlich auf den Elefanten hingewiesen werden soll, dessen Gliederung von der aller anderen lebenden Säugetiere verschieden ist. Der aufrechte Gang des Menschen beanspruchte eine solche Fülle von Spezialanpassungen an allen Teilen der Bewegungsmaschine, daß nur einige im Gezweige aufrecht stehende und gehende Affenarten maßgebende Ähnlichkeit der Gesamtgliederung mit dem Menschen aufweisen.

Messungen an Embryonen verschiedenen Alters, nach dem oben angegebenen Schema ausgeführt, zeigen, in welcher Weise und in welchem Rhythmus im Verlaufe des Wachstums der Mensch der endgültigen Gliederung seines Körpers von der Geburt nahekommt, doch braucht der Mensch länger als jede bekannte Tierart, um den definitiven Zustand seiner Bewegungsmaschine erst nach etwa zwei Jahrzehnten des Wachstums zu erreichen.

Jede tierische Maschine ist für ganz bestimmte artgemäße Bewegungen konstruiert nach dem Prinzip des kleinsten Arbeitsaufwandes, während eine ungewohnte Bewegung mit erheblicher Verschwendung von Energie verbunden zu sein pflegt. Der Bauplan eines Tieres ist uns nur dann verständlich, wenn wir die Hauptbewegungsformen dieser Tierart kennen und berücksichtigen, und einer vergleichenden Betrachtung können wir nur Tiere mit ähnlichen Hauptbewegungsformen unterziehen. Je geringer die Zahl der funktionell gleichwertigen Maschinenteile bei zwei Tierarten ausfällt, desto ergebnisärmer wird die morphologische Vergleichung und desto aussichtsloser die Aufstellung eines Schemas, welches den Hauptbewegungsformen beider Tierarten in gleichem Maße gerecht wird. Um so bemerkenswerter erscheint, daß das Meßschema (Abb. 7) sich als gleich brauchbar erweist, die Gliederung eines Fötus von 56 Tagen, wie die Gliederung des erwachsenen Menschen wiederzugeben. Nach zurückgelegtem zweiten Embryonalmonat ist bereits die für die Hauptbewegungsformen des Menschen gebaute Bewegungsmaschine in ihrer Anlage fertig, während der feinere Ausbau, wie erwähnt, noch Jahrzehnte in Anspruch nimmt.

Das Längenwachstum des Menschen vor der Geburt bewirkt die Entstehung eines 500 mm langen Körpers aus einer Eizelle von 0,2 mm Durchmesser. Die Länge wächst also um das Zweitausendfünfhundertfache in den 273 Tagen der uterinen Entwicklung. Das Gewicht steigt in derselben Zeit von 0,000 004 g auf 4 500 g (Placenta mit Eihaut mitgerechnet), nimmt also um das 1125-Millionenfache zu.

Im ganzen Verlaufe der Wachstumsperiode bleibt dieses relative Überwiegen der Gewichtszunahme über die Längenzunahme bestehen.

Das Wachstum des Menschen vor der Geburt.

Das Messen der weichen Föten in den ersten Lebensmonaten wird für schwieriger gehalten, als es sich nach einiger Übung herausstellt. Eine Reihe von Vorsichtsmaßregeln ist allerdings beim Messen junger Menschenfötenstadien unerläßlich, bei Beachtung dieser Regeln erhält man durchaus brauchbare Vergleichsresultate. Man bediene sich zum Messen junger Stadien eines Zirkels mit geraden und eines kleinen Zirkels mit gebogenen Schenkeln. Sehr empfehlenswert ist die Benutzung eines Proportionszirkels wie er bei Bildhauern bereits vielfach gebraucht wird. Man mißt mit der einen Seite das Grundmaß (in unserem Falle die vordere Rumpflänge) in Millimetern und stellt den Zirkel so, daß das entgegengesetzte Spitzenpaar genau 100 mm Abstand besitzt. Bei Feststellung dieser Proportion muß man sehr genau verfahren, da von dieser Zirkelstellung die ganze spätere Körpermessung abhängig ist. Hat man die großen Schenkel genau auf 100 mm Abstand gebracht, so ergibt jede folgende Messung erstens das absolute Maß und zweitens die Prozente von dem Grundmaß. Bei zwei Messungsreihen hat man also ohne weitere Mühe die Messungen auf gleiche vordere Rumpflänge reduziert und Rechnungen, die erfahrungsgemäß den Medizinern recht schwer fallen und sehr leicht zu Irrtümern führen, sind überhaupt nicht mehr erforderlich[1]). Den Abstand der Zirkelspitzen mißt man entweder an einem genau geteilten Lineal, am besten Glaslineal, oder an aufgezogenem Millimeterpapier, sogenanntem Koordinatenpapier, nachdem man sich durch Messungen überzeugt hat, daß durch das Aufziehen keine Papierveränderung stattgefunden hat. Man vergleicht Strecken von mindestens 10 cm mit einem genauen festen Maßstabe. Für die Messung einiger Breitenmaße und Tiefenmaße sind sogenannte Schublehren brauchbar, wie sie von Feinmechanikern verwendet werden. Sind sie mit Nonius versehen, so kann man Zehntelmillimeter ohne Schwierigkeit ablesen. Hat man die absoluten Breiten- und Tiefenmaße mit der Schublehre abgenommen, so erfolgt die Umrechnung auf gleiche vordere Rumpflänge wiederum mit dem Proportionszirkel ohne algebraische Rechnung.

Es ist richtig, daß eine große Zahl von Föten bei der Ausstoßung so verändert und gezerrt werden, daß sie für Messungen nicht mehr brauchbar sind. Eine kleine Zahl von Föten bis zum reifen Fötus hin aber werden in den unverletzten Eihüllen geboren ohne Verlust des schützenden Fruchtwassers. Eine Veränderung der Körpergestalt durch den Geburtsvorgang kann in diesem Falle kaum statthaben. Die Föten werden — in der Hebammensprache — in der Glückshaube geboren. Bei vielen Tierarten ist dieser Modus der Fruchtausstoßung der physiologische; ein gleiches Verhalten beim Menschen kann also als — tierähnlich bezeichnet werden. Unverletzte Eiblasen des Menschen, in eine 10 proz. Formalinlösung gelegt, die zugleich

[1]) Derartige Proportionszirkel sind z. B. bei Gebr. Wichmann, Berlin NW., Karlstraße 13, erhältlich.

0,7 Proz. Kochsalz enthält, fixieren ausreichend für spätere Messungen. Eine vorzügliche Fixation erhält man nach Eröffnung der Eiblasen, wenn man die Föten in eine Lösung legt, welche 50 Proz. Trichloressigsäure, konzentrierte Uranylacetatlösung und Wasser zu gleichen Teilen enthält. Eine derartige Lösung dringt außerordentlich rasch ein, fixiert die besonders schwer zu erhaltenden Gehirnblasen vorzüglich und erlaubt Betrachtung der feinsten histologischen Details. Die Föten werden nach 1 bis 12 Stunden (je nach Größe) aus der Lösung entfernt und gründlich ausgewaschen, um später nach der Messung in Alkohol übergeführt zu werden. Es gelingt, unverletzte menschliche Eiblasen aus jedem Monat der uterinen Entwicklung zu erhalten. Benutzt man gut fixierte Föten zu Vergleichsmessungen, so sind die Resultate nur wenig ungenauer als bei Messungen am erwachsenen Menschen. Die Gliederung der Extremitäten ist bei jungen Föten besonders gut zu erkennen, die größte Schwierigkeit bildet die Messung der Halslänge bei der zusammengebogenen Haltung der jüngeren Stadien. Diese eine Strecke, die Halslänge, ist bei frischen Föten genauer zu messen als bei fixierten Föten, deren Kopf sich nicht mehr von der Brust frei machen läßt. Befriedigende Messungen menschlicher Föten erhält man ferner durch Messungen an Photographien, die in genau natürlicher Größe aufgenommen sind. Photographiert man einen frischen Fötus genau von vorn und genau im Profil in natürlicher Größe, so lassen sich die verlangten Strecken in mancher Weise bequemer ermitteln als am Präparat selber. Zur Erzielung einer genauen Profilaufnahme empfiehlt es sich, die Föten genau in der Mittellinie zu halbieren und alsdann auf die Mittelebene zu legen. Zur Halbierung der kleineren Föten ließ sich Verfasser ein sehr breites Messer aus bestem dünnen Stahl anfertigen, nach Art der Tortenmesser in den Konditoreien[1]). Der selbst nach dem Fixieren weiche Leib bleibt unverändert auf der breiten Stahlfläche liegen. Für größere Föten empfiehlt es sich mehr den Fötus in passender Haltung gefrieren zu lassen und alsdann mit einer feinen Laubsäge genau in der Medianebene durchzusägen. Die Profilaufnahmen der halbierten Föten machen weit weniger Schwierigkeiten als gewöhnliche Aufnahmen, namentlich bei den Messungen. Bei großen Föten der letzten Monate sind auch verkleinerte photographische Aufnahmen für Messungszwecke brauchbar. Bei der Messung der Föten verfährt man zweckmäßig in folgender Weise: Man bestimmt zunächst als Grundmaß die vordere Rumpflänge vom Sternion bis zum Symphysion mit dem Proportionszirkel. Alsdann nimmt man die obere Rumpfbreite mit der Schublehre von einem Acromion bis zum anderen. Als drittes Maß mißt man in der Höhe des Sternion die Brusttiefe mit der Schublehre senkrecht auf die Wirbelsäule. Die Messung der Beckenbreite in der Höhe des Symphysion (Trochanterenbreite) erfolgt mit der Schublehre, ebenso die Messung der Beckentiefe senkrecht auf die Längsachse in der Höhe des Symphysion. Die Oberarmlänge wird mit dem Proportions-

---

[1]) Erhältlich bei Thamm, Berlin NW., Karlstraße 14.

zirkel gemessen vom Acromion bis zur Beugefalte im Ellbogen, die Unterarmlänge vom letzteren Punkte bis zur Mitte des Processus styloideus ulnae. Die Handlänge reicht vom Processus styloideus ulnae bis zur Spitze des Mittelfingers. Die Oberschenkellänge messen wir von der Linie der Beckenbreite bis zur Mitte der Patella, die Unterschenkellänge von dort bis zur Hälfte der Malleolenhöhe, die Fußhöhe von dort bis zur Sohlenebene. Die Fußlänge wird wiederum mit der Schublehre gemessen von der Ferse bis zur längsten Zehe (meistens die zweite Zehe). Mit der Schublehre wird alsdann die Ohrlochbreite gemessen und die Strecke auf Millimeterpapier aufgetragen. Die Halslänge messen wir mit dem Zirkel vom Ohrloch bis zum Sternion. Um die Projektion dieser schief im Raum gemessenen Halslänge durch Konstruktion auf Papier ohne Kopfrechnung zu finden, halbieren wir die Ohrlochbreite und errichten in der Mitte das Lot. Schlagen wir jetzt mit dem Zirkel, der die gemessene Halslänge Spitzenabstand besitzt, einen Kreis um einen Ohrlochpunkt bis zum Schnittpunkt mit dem Mittellot auf der Ohrlochbreitenlinie, so gibt die Länge der so erhaltenen Kathete die gesuchte Halslänge, nämlich den Abstand des Sternion von der Ohrlochlinie. Wir können dabei vernachlässigen, daß das Sternion nicht genau unterhalb des Ohrloches gelegen ist, denn wir haben als Halslänge bezeichnet den Abstand des Sternion von der Ohrlochlinie.

Bei der erheblichen Kopfbreite der jüngeren Föten weicht die wirkliche Kopfbreite weit ab von der mit dem Zirkel zunächst gemessenen Kopfbreite. In der gleichen Weise und ebenfalls auf der Ohrlochlinie als Grundlinie finden wir die Schädelhöhe aus dem mit dem Zirkel gemessenen Abstand von Bregma und Ohrloch. Wir schlagen wieder mit der gemessenen Länge am Ohrlochpunkt einen Kreis, bis er das Mittellot schneidet. Die Kathete ist die wahre Schädelhöhe, wenn die Hypotenuse die gemessene Schädelhöhe ist. Wiederum liegt das Bregma, der Kopfhöhenpunkt, genügend genau senkrecht über dem Ohrloch, um weitere Konstruktionen überflüssig zu machen. Mit der Schublehre mißt man alsdann die Kopflänge, die Entfernung vom Nasion bis Inion. Mit dem Zirkel mißt man die Gesichtshöhe als Entfernung vom Nasion bis zum Kinnpunkt. Bei der Messung der Gesichtstiefe müssen wir wieder die wahre Länge durch eine den obigen gleichende Konstruktion finden. Wir messen mit dem Zirkel die Länge vom Ohrloch bis zum Kinnpunkt und schlagen mit dieser Länge einen Kreis um den Ohrlochpunkt bis zum Schnittpunkt mit dem Mittellot. Die Kathete ergibt die wahre Gesichtstiefe. Bei Föten weichen die gemessene und die wahre Gesichtstiefe sehr erheblich voneinander ab. Bei Photographien lassen sich alle Maße ohne jede Konstruktion mit dem Proportionszirkel direkt abnehmen. Wir müssen die Aufnahmen mit möglichst langbrennweitigen Objektiven machen, um Verzeichnungen zu vermeiden. Eine Brennweite von 480 mm genügt in der Regel, um einwandfreie Meßaufnahmen kleinerer Objekte zu gestatten.

Die Abb. 10 und 11 zeigen, wie durch sehr einfache Konstruktionen aus den gemessenen Größen die Proportionen verschieden alter Föten

Tabelle I.

Körpermaße von menschlichen Föten.

	Europäer-embryo		Euro-päer-fötus	Neger-fötus	Europäerfötus						Euro-päer	Euro-päerin	Negerin	Akka-frau	Java-nin
	70 Tage	84 Tage	4 Mo-nate	4 Mo-nate	5 Mo-nate	6 Mo-nate	7 Mo-nate	8. Mo-nat	9. Mo-nat	neuge-boren					
Rumpflänge . mm	18,0	34,0	40,0	34,0	67,0	91,6	109,0	110	140	164,2	537	529,0	545	448	400
Rumpfbreite . . .	13,94	24,2	32,0	33,5	56,4	74,5	88,2	92	110	119,5	384	314,0	390	333	286
Rumpftiefe	8,9	12,3	20,5	17,0	28,8	34,5	47,0	43	67	61,0	186	167,0	149	135	120
Beckenbreite . . .	7,56	16,3	22,0	20,6	39,4	53,7	65,8	85	95	114,0	317	343,0	298	282	264
Beckentiefe . . .	7,2	10,9	15,5	14,0	24,8	32,7	45,1	50	54	61,0	225	245,0	223	180	182
Oberarmlänge . .	8,84	18,4	21,8	28,0	33,5	46,8	60,8	61	71	100,6	314	295,0	312	275	247
Unterarmlänge . .	4,6	13,8	19,0	15,2	32,1	45,0	48,0	53	61	56,8	236	254,0	265	187	196
Handlänge	4,6	11,6	14,5	16,0	26,1	38,7	49,4	51	61	59,2	205	188,0	195	175	160
Oberschenkellänge .	7,36	16,7	24,0	31,0	40,5	60,3	71,4	71	88	100,9	429	372,0	435	320	291
Unterschenkellänge	5,12	14,8	21,6	26,2	40,5	58,8	72,8	71	88	76,3	381	372,0	450	310	291
Fußhöhe	1,44	2,72	4,0	6,0	9,7	12,9	14,1	15	21	23,0	51	52,9	76	54	48
Fußlänge	5,94	11,9	15,0	17,0	33,5	47,4	56,8	57	66	63,3	290	27,6	27,8	225	204
Hals	5,12	10,75	15,5	14,0	21,5	29,9	38,2	35	53	55,5	177	154,0	179	148	129
Schädelbreite . . .	12,96	21,3	30,7	29,0	41,8	54,7	60,8	69	84	90,5	145	142,0	147	159	148
Schädelhöhe . . .	13,78	20,7	29,0	28,5	40,3	58,6	58,0	76	80	80,6	124	118,0	124	156	116
Schädellänge . . .	16,38	25,9	37,3	37,0	54,2	80,5	91,2	100	120	115,8	199	196,0	175	211	151
Gesichtshöhe . . .	6,66	10,15	17,2	17,0	23,1	35,9	41,2	45	45	54,2	113	107,5	111	122	100
Gesichtslänge . . .	7,38	15,34	16,5	15,0	28,8	38,6	48,0	41	61	64,2	164	133,0	152	121	100
Arm	18,04	43,8	55,3	59,2	91,7	129,9	158,2	165	193	216,6	755	737,0	772	637	603
Bein	13,92	32,22	49,6	63,2	90,7	122,0	158,3	147	197	200,2	861	796,9	961	684	630
Standhöhe	50,82	99,67	134,1	139,7	219,5	302,1	363,5	368	470	500,5	1699	1598,0	1809	1436	1275

Tabelle II.

Proportionen bezogen auf gleiches Gewicht. Menschliche Föten.

	Europäerembryo		Europäerfötus	Negerfötus	Europäerfötus						Europäer	Europäerin	Negerin	Akkafrau	Javanin
	70 Tage	84 Tage	4 Monate	4 Monate	5 Monate	6 Monate	7 Monate	8. Monat	9. Monat	neugeboren					
Gewicht . . . kg	0,003	0,02	0,06	0,06	0,29	0,66	1,17	1,54	2,54	3,3	70,0	60,0	65,0	45,0	40,0
$\sqrt[3]{G}=$	0,144	0,272	0,392	0,392	0,663	0,871	1,054	1,155	1,364	1,49	4,12	3,92	4,02	3,56	3,42
Rumpfbreite . . .	97,0	89,0	81,6	85,5	85,0	85,4	83,7	79,5	80,7	80,0	93,1	80,0	97,25	93,2	83,6
Rumpftiefe	62,0	45,1	51,3	43,4	43,5	39,6	44,6	37,2	49,1	40,9	45,0	42,7	37,1	37,9	35,1
Beckenbreite . . .	52,5	60,1	56,1	52,5	59,6	61,7	62,3	73,6	69,6	76,2	76,8	87,5	74,4	79,0	76,9
Beckentiefe . . .	50,0	40,1	39,5	35,7	37,4	37,5	42,8	43,25	39,6	40,9	54,7	62,4	55,6	50,6	53,2
Oberarmlänge . .	61,0	67,6	55,6	71,4	50,5	53,8	57,6	52,8	51,3	67,4	76,2	75,3	77,6	77,1	72,5
Unterarmlänge . .	32,0	50,75	48,5	38,8	48,5	51,7	45,5	45,8	44,7	38,1	57,4	64,8	66,1	52,5	57,3
Handlänge	32,0	42,6	37,0	40,8	39,4	45,5	46,5	44,15	44,7	39,8	49,4	48,1	48,6	49,3	46,8
Oberschenkellänge .	51,0	61,4	61,25	79,0	60,6	69,2	67,9	61,5	64,5	67,4	104,2	95,0	104,5	89,8	84,9
Unterschenkellänge	35,0	54,5	55,1	66,7	60,6	67,5	68,9	61,5	64,5	51,3	92,5	95,0	104,9	87,2	84,9
Fußhöhe	10,0	10,0	10,2	15,6	14,65	13,7	13,4	13,0	15,4	15,45	12,4	13,55	18,9	15,2	14,0
Fußlänge	41,0	43,6	38,3	43,4	50,5	54,4	53,9	49,3	48,3	42,5	70,4	70,5	69,5	63,2	59,7
Schädelbreite . . .	90,0	78,3	78,4	74,0	63,2	62,8	57,6	59,7	61,5	60,8	35,2	36,4	36,6	44,8	43,3
Schädellänge . . .	113,7	95,2	95,0	94,5	81,8	92,4	86,5	86,6	88,0	77,3	48,2	50,2	43,6	59,4	44,2
Gesichtshöhe . . .	46,0	37,3	43,6	43,4	34,9	41,2	39,0	39,0	33,0	36,4	27,4	26,9	27,8	34,2	29,2
Gesichtslänge . . .	51,0	56,4	42,2	38,3	43,5	44,3	45,5	35,5	44,7	43,1	39,8	33,9	37,9	33,9	29,2
Arm	125,0	160,95	141,1	151,0	138,4	151,0	149,6	142,75	140,7	145,3	183,0	188,2	192,3	179,9	186,6
Standhöhe	347,5	366,9	402,05	356,3	330,05	357,7	344,6	327,5	351,9	315,75	412,4	410,55	430,2	403,8	372,4

Tabelle III.

Proportionen bezogen auf gleiche Rumpflänge. Menschliche Föten.

	Europäerembryo		Europäerfötus	Negerfötus	Europäerfötus						Europäer	Europäerin	Negerin	Akkafrau	Javanin
	70 Tage	84 Tage	4 Monate	4 Monate	5 Monate	6 Monate	7 Monate	8. Monat	9. Monat	neugeboren					
Rumpflänge . . .	100,0	100,0	100,0	100,0	100,0	100,0	100,0	100,0	100,0	100,0	100,0	100,0	100,0	100,0	100,0
Rumpfbreite . . .	77,5	71,0	80,0	98,5	84,0	81,0	81,0	83,8	78,5	72,5	71,5	59,0	77,0	73,8	71,5
Rumpftiefe	49,5	36,0	51,25	50,0	43,0	37,5	43,2	39,1	47,8	37,0	34,5	31,5	29,4	30,0	30,0
Beckenbreite . . .	42,0	48,0	55,0	60,5	59,0	58,5	60,3	77,3	68,0	69,0	58,8	64,5	58,9	62,5	65,7
Beckentiefe . . .	40,0	32,0	38,8	41,2	37,0	35,5	41,4	45,5	38,6	37,0	42,0	46,0	44,0	40,0	45,5
Oberarmlänge . .	49,0	54,0	54,5	82,4	50,0	51,0	55,8	55,5	50,7	61,0	58,5	55,5	61,5	61,0	62,0
Unterarmlänge . .	25,5	40,5	47,5	44,4	48,0	49,0	44,1	48,2	43,6	34,5	44,0	47,8	52,4	41,5	49,0
Handlänge	25,5	34,0	36,3	47,2	39,0	43,2	45,0	46,4	43,6	36,0	37,9	35,5	38,5	39,0	40,0
Oberschenkellänge .	40,8	49,0	60,0	91,2	60,0	65,5	65,7	64,5	62,9	61,0	80,0	70,0	82,7	71,0	72,5
Unterschenkellänge	28,5	43,5	54,0	77,0	60,0	64,0	66,6	64,5	62,9	46,5	71,0	70,0	83,0	69,0	72,5
Fußhöhe	8,0	8,0	10,0	17,7	14,5	13,0	13,0	13,65	15,0	14,0	9,5	10,0	15,0	12,0	12,0
Fußlänge	33,0	34,8	37,5	50,0	50,0	51,5	52,2	51,8	47,2	38,5	54,0	52,0	55,0	50,0	51,0
Hals	28,5	31,5	38,75	41,2	32,0	32,5	35,1	31,9	37,8	33,8	33,0	29,0	35,3	33,0	32,2
Schädelbreite . . .	72,0	62,5	76,75	85,3	62,5	59,5	55,8	62,8	60,0	55,0	27,0	26,6	29,0	35,5	37,0
Schädelhöhe . . .	76,5	61,0	72,5	84,0	60,2	64,0	53,1	69,2	57,2	49,0	23,0	22,3	24,5	34,5	29,0
Schädellänge . . .	91,0	76,0	93,25	108,8	81,0	87,5	83,7	91,0	85,6	70,0	37,0	37,0	38,5	47,0	37,8
Gesichtshöhe . . .	37,0	29,8	42,5	50,0	34,5	39,0	37,8	41,0	32,2	33,0	21,0	19,8	22,0	27,0	25,0
Gesichtslänge . . .	41,0	45,0	41,25	44,1	43,0	42,0	44,1	37,3	40,0	39,0	30,5	25,0	30,0	26,8	25,0
Arm	100,0	128,5	138,3	174,0	137,0	143,2	144,9	150,1	137,9	131,5	140,4	138,8	152,4	141,5	151,0
Bein	77,3	100,5	124,0	185,9	134,5	142,5	145,3	142,6	140,8	121,5	160,5	150,0	180,7	152,0	157,0
Standhöhe	282,3	293,0	335,3	411,1	326,7	339,0	333,5	343,7	335,8	304,3	316,5	301,3	340,5	319,5	318,2

bildlich sich vergleichen lassen. Man bedarf Tafeln von 54 cm Höhe und 40 cm Breite mit Millimeterpapier bespannt, um bei 100 mm vorderer Rumpflänge die Zeichnung ausführen zu können.

Betrachten wir die Zahlen der Tabellen I, II und III, so sehen wir, daß die Messung einiger ausgesucht guter Föten nicht genügt, um ein gleichmäßiges Ansteigen oder Absteigen der Zahlenwerte zu erhalten, wie sie bei fortlaufender Messung an ein und demselben Individuum im Laufe des uterinen Wachstums wahrscheinlich wären. Es hat sich

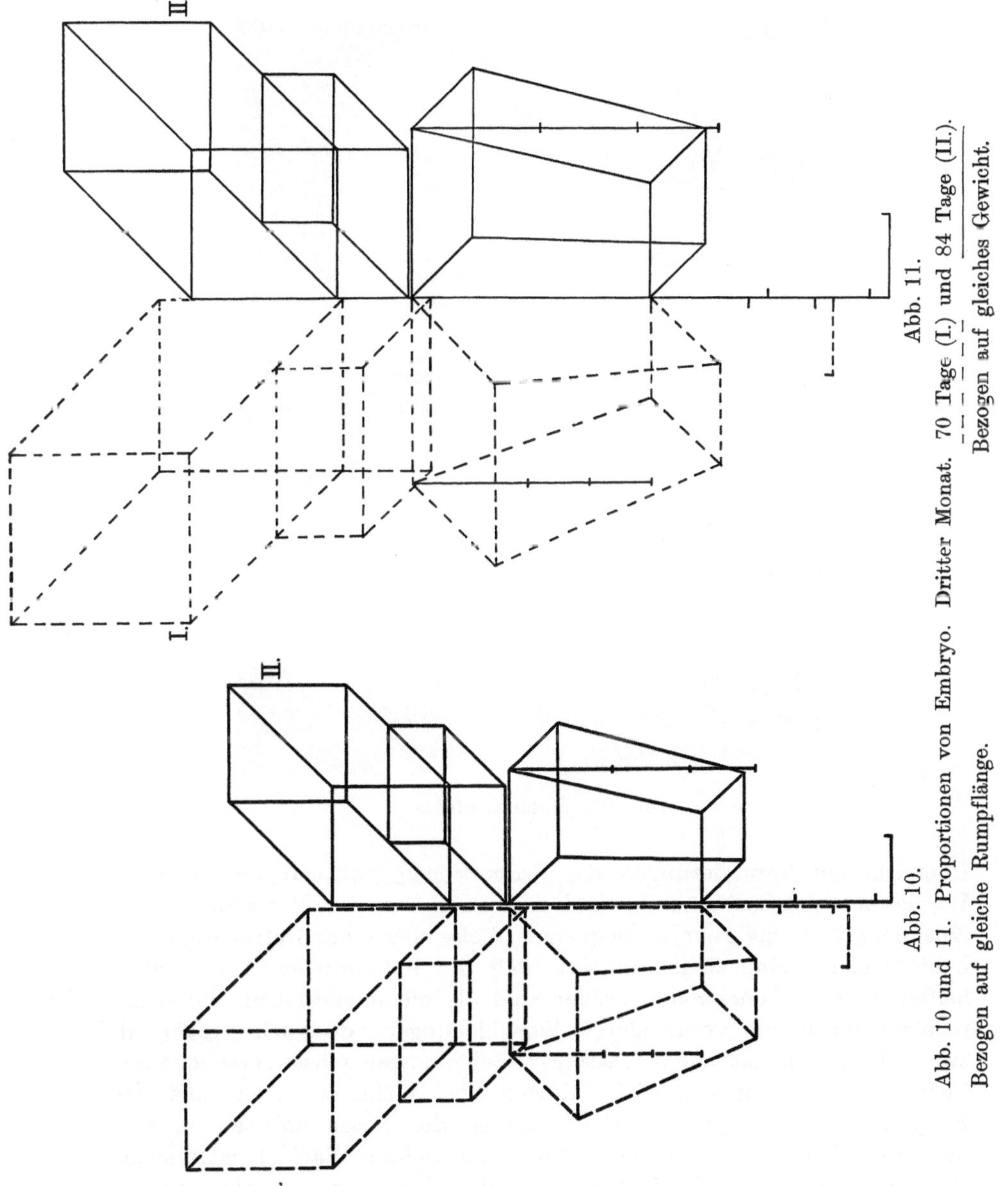

Abb. 11.

Abb. 10.

Abb. 10 und 11. Proportionen von Embryo. Dritter Monat. 70 Tage (I.) und 84 Tage (II.).

Bezogen auf gleiche Rumpflänge. Bezogen auf gleiches Gewicht.

ergeben, daß die individuellen Unterschiede in den Proportionen selbst bei jungen Föten so erhebliche sind, daß erst eine Messung sehr großer Reihen verspricht, Mittelzahlen zu liefern für bestimmte Bevölkerungen, die für das betreffende Lebensalter charakteristisch sind. Es wird auf diesem Gebiete das Zusammenarbeiten zahlreicher Hände nötig sein, um Standardwerte zu gewinnen. Bei näherer Betrachtung der Tafeln zeigt es sich, daß trotz fehlender Regelmäßigkeit in den Zahlenreihen doch eine Reihe von wichtigen Feststellungen aus dieser erstmaligen bildlichen

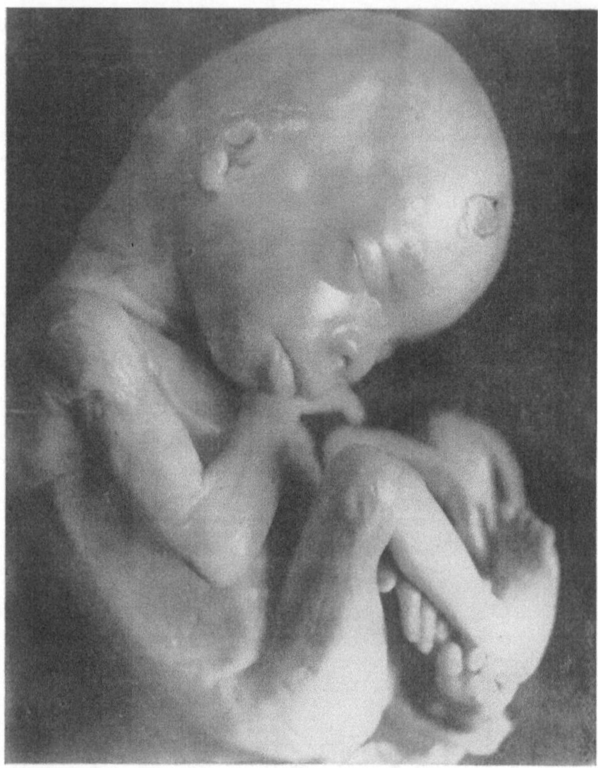

Abb. 12. Sudanesenfötus.

Übersicht der Veränderungen der Proportionen während des uterinen Wachstums sich ziehen läßt, und zwar nur aus der Betrachtung der Zeichnungen, nicht aber in bequemer Weise aus einer Betrachtung der Zahlenreihen. Man sieht zunächst, daß die individuellen Verschiedenheiten in den Proportionen größer sind als die monatlichen, durch das reguläre Wachstum verursachten Verschiebungen; ob auch größer als zwei- oder dreimonatliche Wachstumsverschiebungen, müssen erst genauere Vergleichungen ergeben. Wir dürfen also nicht erwarten, aus den Körperproportionen genaue Altersangaben der Föten ableiten zu können, was übrigens bei keiner bisher untersuchten Wachtstumsfunktion möglich gewesen ist. T r o t z d e m f ä l l t d i e V a r i a t i o n s b r e i t e d e r f ötalen Körperproportionen bei allen gemessenen Föten außerhalb der sehr großen Variationsbreite vom Erwachsenen der verschiedensten Rassen, deren Messungszahlen auf den Tabellen der Fötenmessungen mitangegeben worden sind. Eine ungenaue Altersbestimmung aus den Körperproportionen ist daher bei Föten ebensowohl möglich wie bei Kindern in der postuterinen Wachstumsperiode. Besonders wertvoll für die Rassenforschung erscheint die Messung eines sehr gut fixierten und erhaltenen Negerfötus (Sudanesenfötus) aus dem Museum des Gordon College in Khartum im Vergleich zur Messung gleichschwerer und gleichgroßer Europäerföten von vermutlich gleichem Lebensalter.

Abb. 12 zeigt die Photographie des oben beschriebenen Sudanesenfötus von 60 g Gewicht aus dem Pathologischen Museum des London College in Karthoum. Abb. 13 zeigt die Photographie einer erwachsenen Sudanesin von typisch rassigem Körperbau. Die Photographie des Fötus zeigt die wulstige Negerlippe, die Negernase, die für einen Fötus lange Stirn und die für einen so kleinen Fötus auffällig langen Beine und Arme. Die erwachsene Sudanesin zeigt

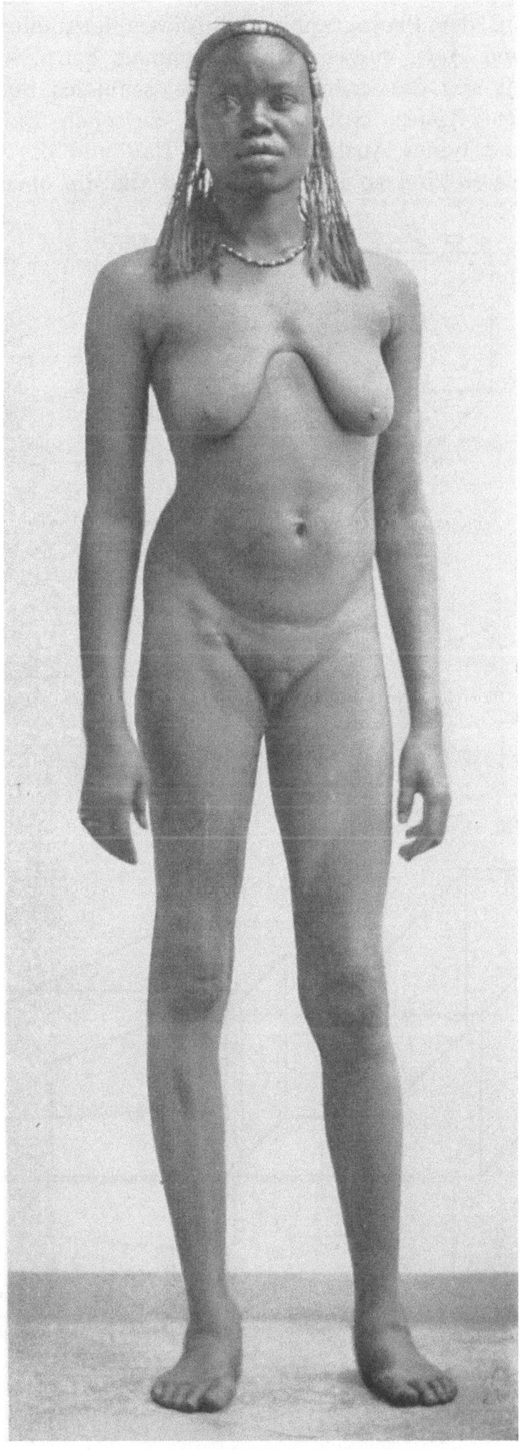

Abb. 13. Sudanesin (erwachsen).

auf der Photographie die Rassenmerkmale: lange Glieder, Beine, Arme und Hals, kurzen Rumpf, schmale Stirn, wulstige Lippen, geringe Ausbildung der knöchernen Nase, schmales Becken, breite Schultern, mächtige Kiefer, Schnauzenfalten zwischen Backe und Mund in typischer und reiner Ausbildung. Der Bau und die Proportionen der Großnegerrassen sind so einheitlich, daß alle die oben erwähnten Rassenmerkmale

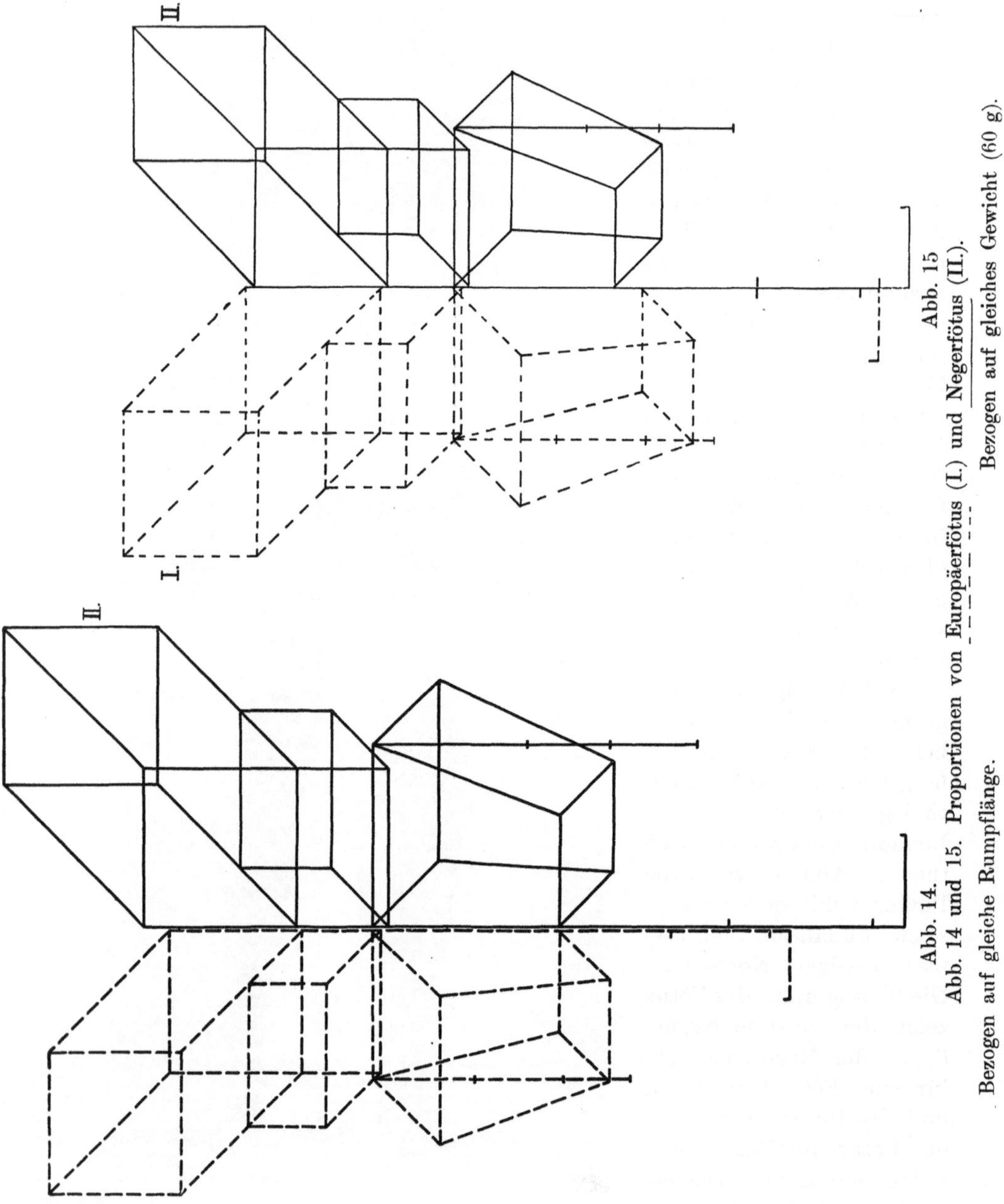

Abb. 14. Abb. 15

Abb. 14 und 15. Proportionen von Europäerfötus (I.) und Negerfötus (II.).

Bezogen auf gleiche Rumpflänge. Bezogen auf gleiches Gewicht (60 g).

auch für eine Hererofrau Geltung haben würden. Die Scheidung der Negerrassen in Bantuvölker und Sudanvölker auf Grund der Sprachverschiedenheiten hält Verfasser in somatischer Beziehung für einen Mißgriff und glaubt, daß keinerlei maßgebende körperliche Unterschiede zwischen Großnegern aus dem Süden oder Norden von Afrika bisher namhaft gemacht werden konnten. Die Brüste haben, wie bei der Mehrzahl aller Negerinnen in höherem Alter die Form der Mamma papillata, die als Terminalform der Brust nach Ansicht des Verfassers bei allen Menschenrassen im Alter auftritt.

Die Abb. 14 und 15 zeigen die Körperproportionen eines 60 g schweren Negerfötus und eines 60 g schweren gut ausgebildeten Europäerfötus bezogen auf gleiche Rumpflänge. Beim ersten Blick auf die Schemata fallen die großen Verschiedenheiten der Proportionen in die Augen. Der kurze Rumpf, der lange Schädel, die überlangen Arme und Beine sind Merkmale, die den erwachsenen Neger in der gleichen Weise vom Europäerdurchschnitt sondern, wie hier den kleinen Negerfötus vom Europäerfötus (siehe Tabelle III). Die wulstigen Lippen sind bereits deutlich erkennbar, die Haarwurzeln sind bereits rassenmäßig verschieden von den Haarwurzeln der Europäerföten, obwohl die Haare mit Wurzel erst eine Länge von 0,3 mm besitzen. Die Größe der Hände und Füße des Negerfötus entspricht ihrer Länge. Typische Eigenheiten der Negerrasse sind bereits deutlich ausgesprochen, trotz Fehlens jeder Pigmentation der Haut, beim Fötus im Alter von etwa $3^1/_2$ Monaten. Während der Drucklegung dieser Arbeit wurde dem Verfasser von Prof. v. Luschan ein Papuafötus des Prof. Neuhauß zur Untersuchung auf einige Tage überlassen. Eine ausführliche Beschreibung und Abbildung dieses Fötus ebenso wie des Sudanesenfötus wird an anderer Stelle erfolgen.

Abb. 16 zeigt die Skelettbildung des oben beschriebenen Papuafötus nach Röntgenaufnahme. In dem Ausbildungsgrad der Verknöcherung ließen sich bisher keine Unterschiede gegenüber gleichgroßen und schweren Europäerföten nachweisen, doch ist noch ein genaueres Studium der Verknöcherungsgeschwindigkeit bei den verschiedenen Menschenrassen erforderlich. Mit Berücksichtigung der grundlegenden neueren Arbeiten von Klaatsch über den Osttypus und Westtypus der Menschenrassen wäre das Studium der embryonalen Skelette von neuem in Angriff zu nehmen. Der Typus der Beinknochen auf Abb. 16 scheint dem Verfasser mehr dem Typus des Weststammes zu ähneln, da die Knochen gekrümmt und gedrungen erscheinen. Die Zahnanlagen in den Kiefern sind bereits weit vorgeschritten und im Röntgenbilde sichtbar. Die Photographie Abb. 17 zeigt die starke, dichte und stark pigmentierte Behaarung des weiblichen Papuafötus. Die Haut war lederbraun, ob vom Konservierungsmittel Spiritus gedunkelt, ist ungewiß, doch kommen ja selbst die Negerneugeborenen ohne starke äußere Pigmentierung zur Welt und sollen erst in einigen Stunden nach der Geburt nachdunkeln. Über die Pigmentierung und Färbung neugeborener Papuas scheinen noch keine sicheren Nachrichten vorzuliegen. Die Abbildung zeigt die

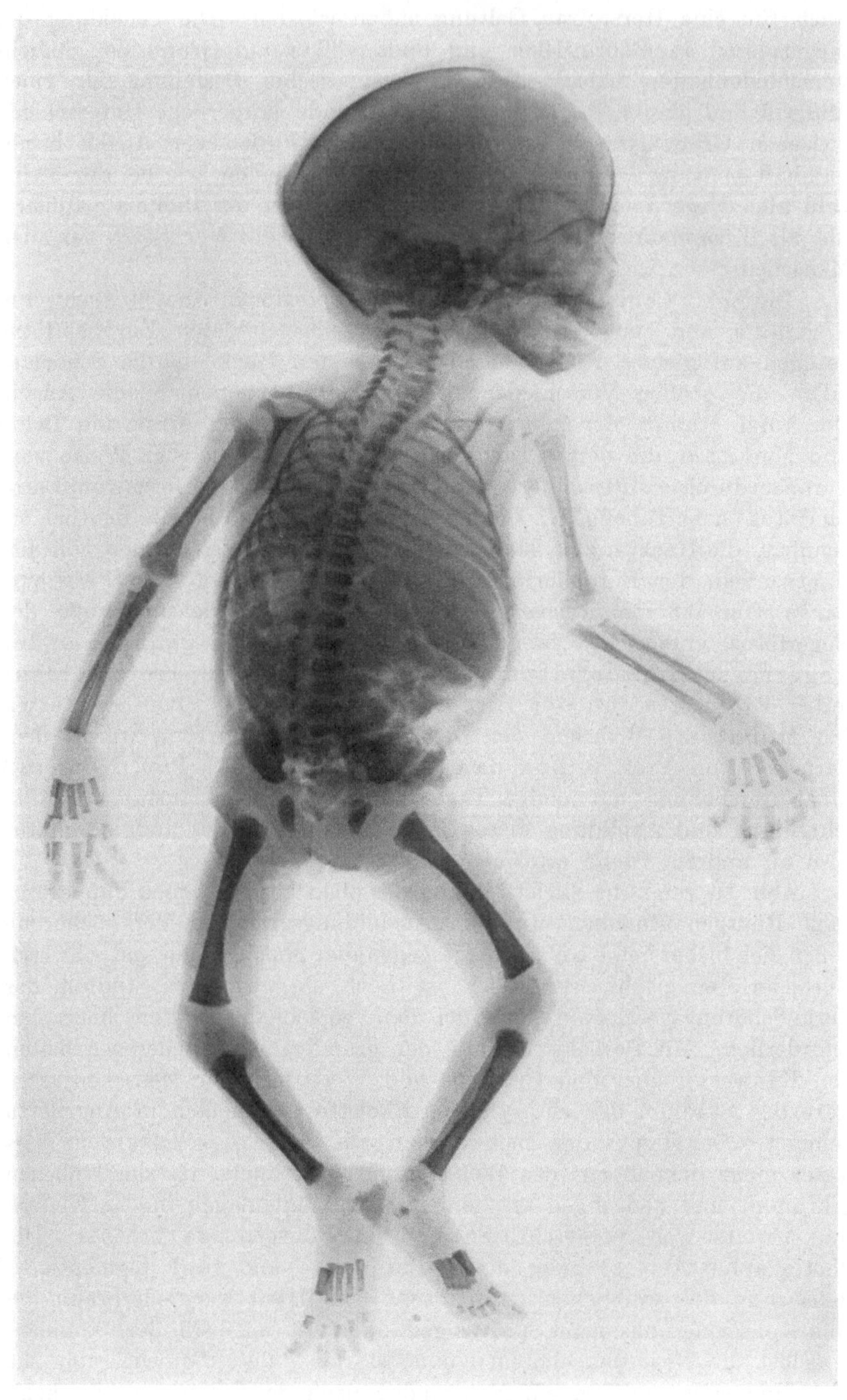

Abb. 16. Papuafötus (Röntgenaufnahme).

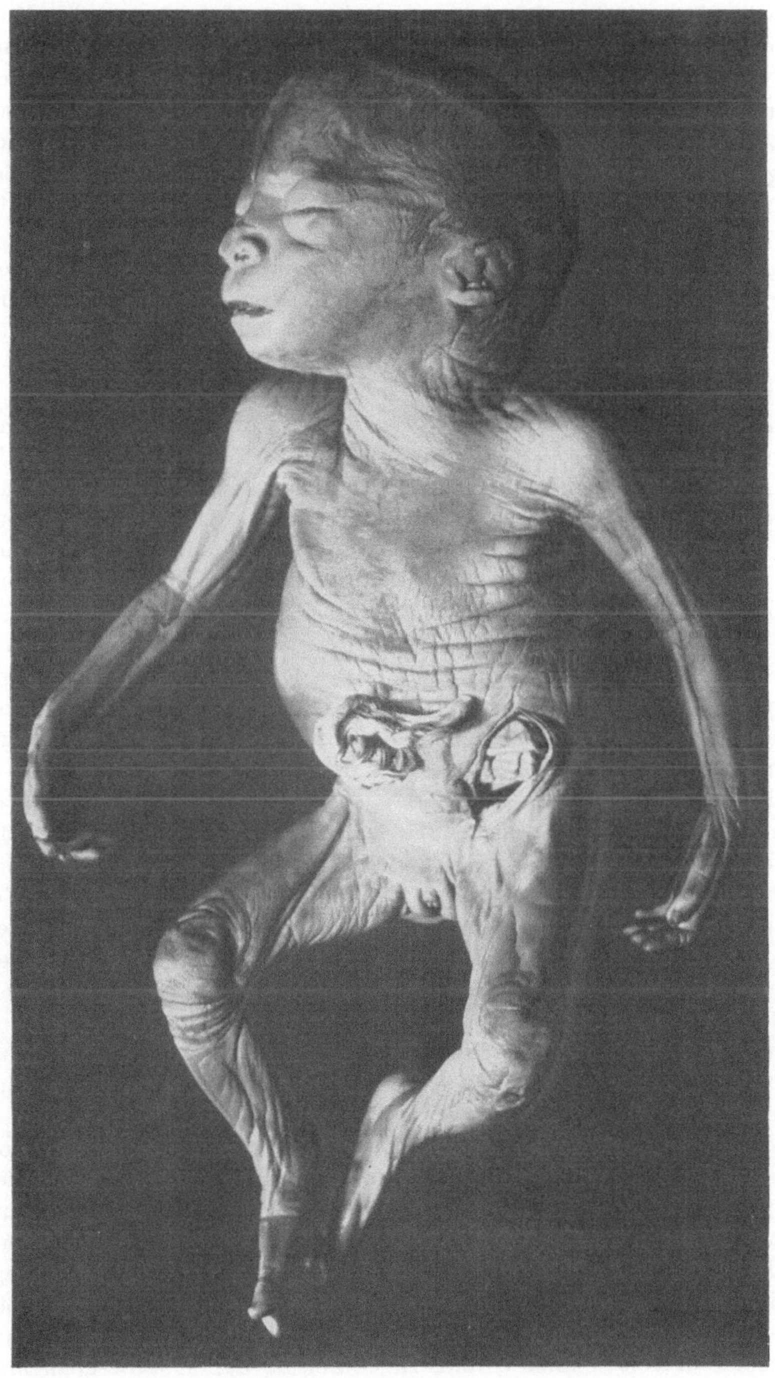

Abb. 17. Papuafötus.

Länge der Arme und Hände des Fötus. Der Rumpf ist relativ länger als beim Negerfötus. Die Lippen sind affenartig schmal, der Mund besonders schnauzenartig durch die Länge der behaarten Oberlippe. Der gut ausgebildete Nasenrücken und die Lippen bilden förmliche Gegensätze zu den analogen Teilen des in Abb. 12 abgebildeten Sudanesenfötus. Bei zahlreichen Anthropoidenindividuen ist das Lippenrot nicht weniger sichtbar als bei dem hier abgebildeten Papuafötus. Die Form der Nasenspitze ist wegen Druck des allzu engen Aufbewahrungsgefäßes nicht für vergleichende Betrachtungen zu verwenden. Die Stirn ist bedeutend gewölbter als die des viel jüngeren Sudanesenfötus, doch unterscheiden sich zahlreiche Europäerföten von gleichem Alter durch noch mehr gewölbte Kopfform von dem Papuafötus. Die Füße sind sehr lang, ebenso wie die Unterarme und Hände.

Hier sei auf die Zahlen der Tabelle VI (S. 114) hingewiesen, in welcher eine Vergleichung des Papuafötus mit einem fast genau gleich großen und gleich schweren Europäerfötus durchgeführt ist. Das Alter des Papuafötus berechnet sich nach Gewicht, Sitzhöhe und Standhöhe auf wenig mehr als 5 Monate. Das Gewicht des Papuafötus betrug 445 g, seine Standhöhe 263 mm, die Sitzhöhe 167 mm. Der Papuafötus zeigt wie der Sudanesenfötus die Eigentümlichkeiten seiner Rasse bereits ausgesprochen. Der Rumpf ist nicht ganz so kurz wie beim Neger, die Überlänge der Arme dagegen sehr ausgesprochen. Der Rumpf ist breiter in den Schultern als der des Europäerfötus. Das Bein ist nur wenig länger. Die Länge der Arme beruht vor allem auf der Länge der Unterarme im Gegensatz zum Sudanesenfötus, aber in Übereinstimmung mit dem Verhalten der erwachsenen Papua, bei denen Überlänge der Unterarme nach den vorliegenden Photographien sehr häufig zu sein scheint. Beim Papuafötus ist die Schädelhöhe und Schädellänge geringer als beim Europäerfötus gleichen Alters, das Gesicht dagegen in allen Dimensionen größer, ein Verhalten, das ebenfalls für die erwachsenen Papuas gegenüber den Europäern charakteristisch ist. Die Zahlen der Tabelle zeigen die Unterschiede der Maße in müheloser Weise. Dieser Befund der typischen Negerproportionen im Beginn der Ausbildung des Skelettsystems steht im Widerspruch zu der weitverbreiteten Anschauung, daß Eigenschaften ontogenetisch um so später sichtbar werden, je später im phylogenetischen Sinne diese Eigenschaften ausgebildet oder erworben worden sind. Im Groben ist diese letztere Anschauung sicher richtig, denn zwei Föten, die noch gar keine Haaranlagen zeigen, können auch die rassenmäßigen Verschiedenheiten des Haarwuchses nicht aufweisen. Bei der ersten Anlage eines Organsystems in seiner definitiven Form tritt aber die Verschiedenheit des Erbgutes in der Verschiedenheit der Organanlage deutlich zutage. Bereits das knorpliche, unverknöcherte Skelettsystem eines jungen Fötus zeigt die Rassenmerkmale ebenso wie die noch nicht verhornten Haaranlagen. Wir haben allen Grund, zu vermuten, daß jede Beschaffenheit des Erbgutes, also auch Familieneigentümlichkeiten, bis zu individuellen Besonderheiten in der allerfrühesten Anlage bereits zutage treten

können. Die herabhängende Lippe der Habsburger brauchte bei den jungen Föten in dieser Familie nicht weniger deutlich aufzutreten, wie die wulstige Lippe des jungen Negerfötus. Mit dieser Anschauung steht durchaus nicht in unlösbarem Widerspruch, wenn in gewissen Fällen erbliche Eigenheiten ontogenetisch erst sehr spät in Erscheinung treten.

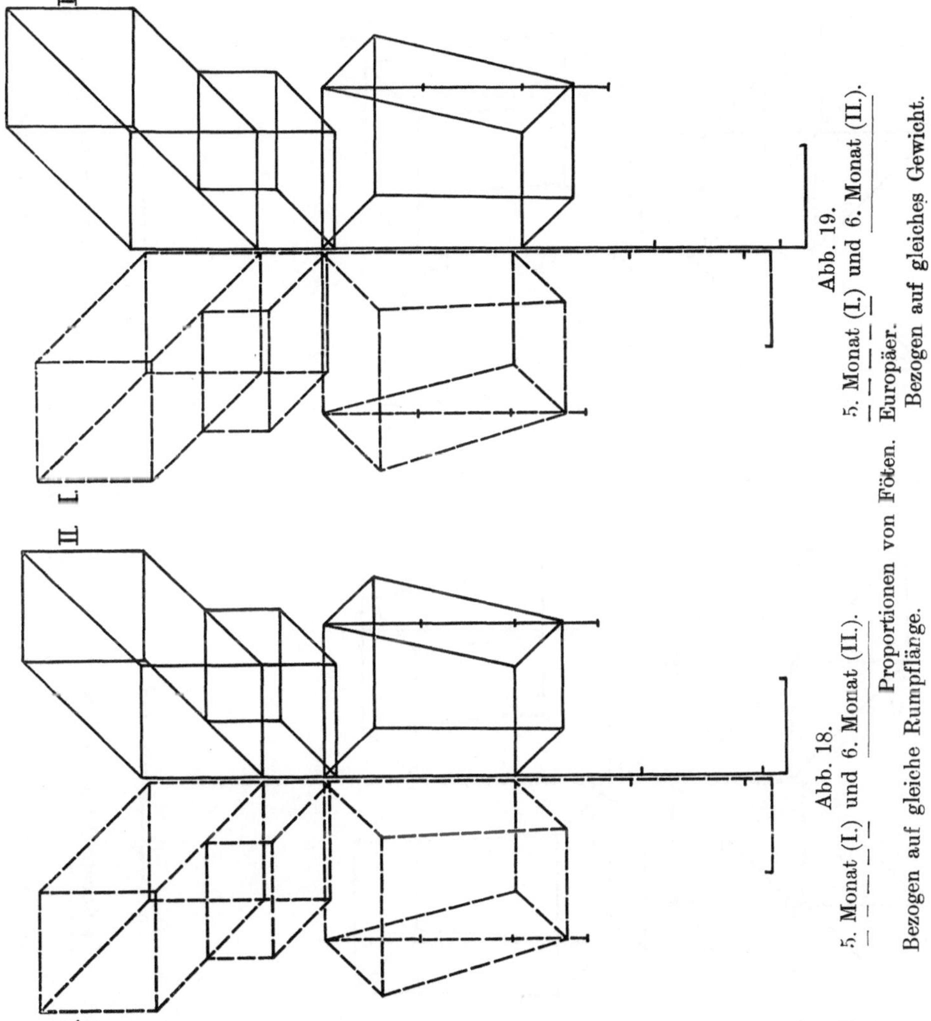

Abb. 18. 5. Monat (I.) — — — und 6. Monat (II.) ——— Proportionen von Föten. Bezogen auf gleiche Rumpflänge.

Abb. 19. 5. Monat (I.) — — — und 6. Monat (II.) ——— Europäer. Bezogen auf gleiches Gewicht.

Knaben mit auffällig hohen Stimmen können später tiefe Bässe erhalten nach dem Stimmwechsel. Vererbt wird diesem Falle nicht der weite Kehlkopf, sondern die Wachstumskurve des Kehlkopfes mit der späten Ausbildung der Wachstumssteigerung. Zwei Familien mit gleichen Proportionen, z. B. negerartig langen Beinen, können sich darin unterscheiden, daß in der einen Familie die Individuen besonders kurzbeinig sind bis zur Pubertät, und erst nach fünfzehn Lebensjahren das rasche Wachstum des Beinskelettes beginnt, während bei der zweiten Familie, wie beim Neger, bereits sehr junge Föten durch extrem lange Beine sich auszeichnen.

Erblich ist die Wachstumskurve durch das ganze Leben hindurch. Verfasser hat bereits in früheren Arbeiten darauf aufmerksam gemacht, daß wir in den Wachstumskurven den sichersten Beweis

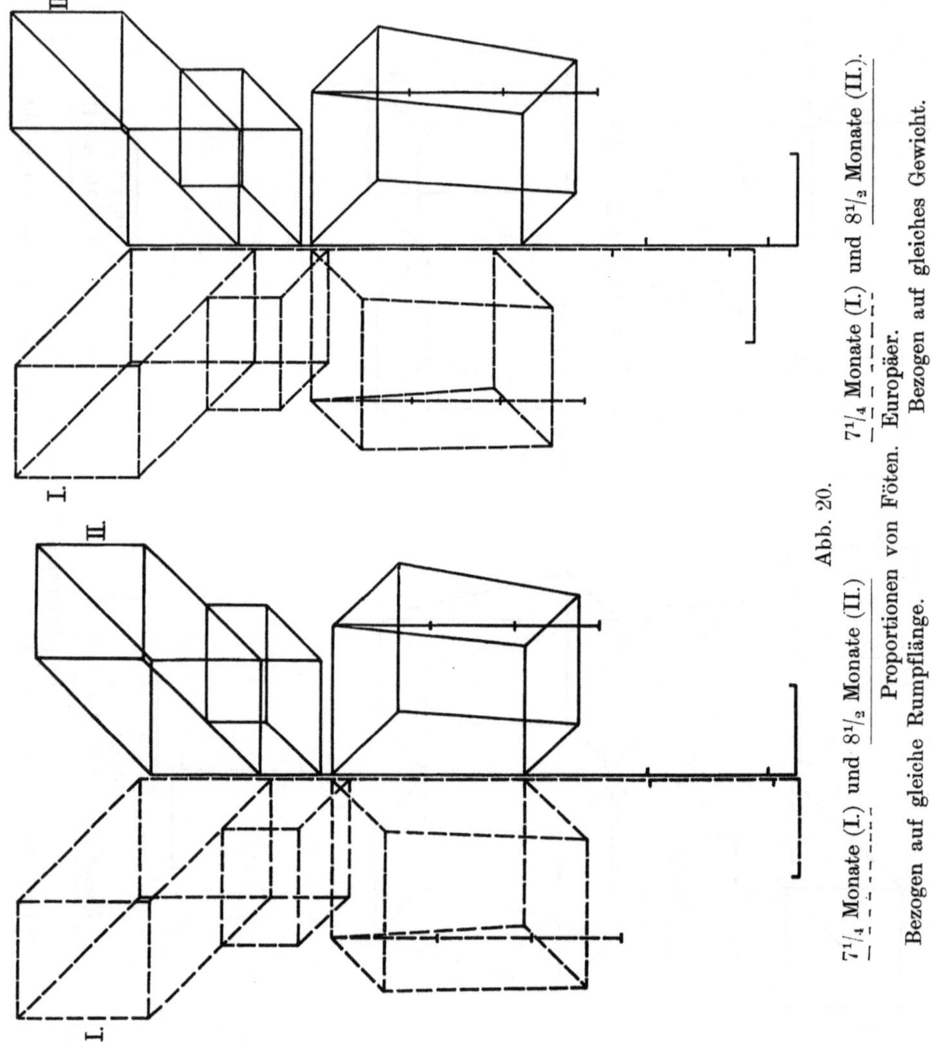

Abb. 20. Proportionen von Föten. Europäer.

$7^1/_4$ Monate (I.) und $8^1/_2$ Monate (II.) Bezogen auf gleiche Rumpflänge.

$7^1/_4$ Monate (I.) und $8^1/_2$ Monate (II.) Bezogen auf gleiches Gewicht.

für Blutsverwandtschaft haben, den wir denken können[1]). Das Wachstum ist vor allem der Ausdruck der Beschaffenheit des Erbgutes, nur in besonderen Fällen ein Ausdruck der äußeren Wachstumsbedingungen. Erst eine völlige Beherrschung der Wachstumsvorgänge von seiten des Menschen wird einen Wandel schaffen in der für die Jetztzeit gültigen Regel, daß die Körperformen aller Orga-

[1]) Siehe Friedenthal, Arbeiten. Teil II. Jena 1911.

nismen, auch des Menschen, so gut wie ausschließlich von der Beschaffenheit des Erbgutes abhängen, nur wenig aber von den äußeren Lebensbedingungen. Für die intrauterine Entwicklung sind die äußeren Wachstumsbedingungen möglichst gleichförmig gestaltet, und doch sehen wir die Föten so verschieden ausgebildet, auch bei Abwesenheit von Krank-

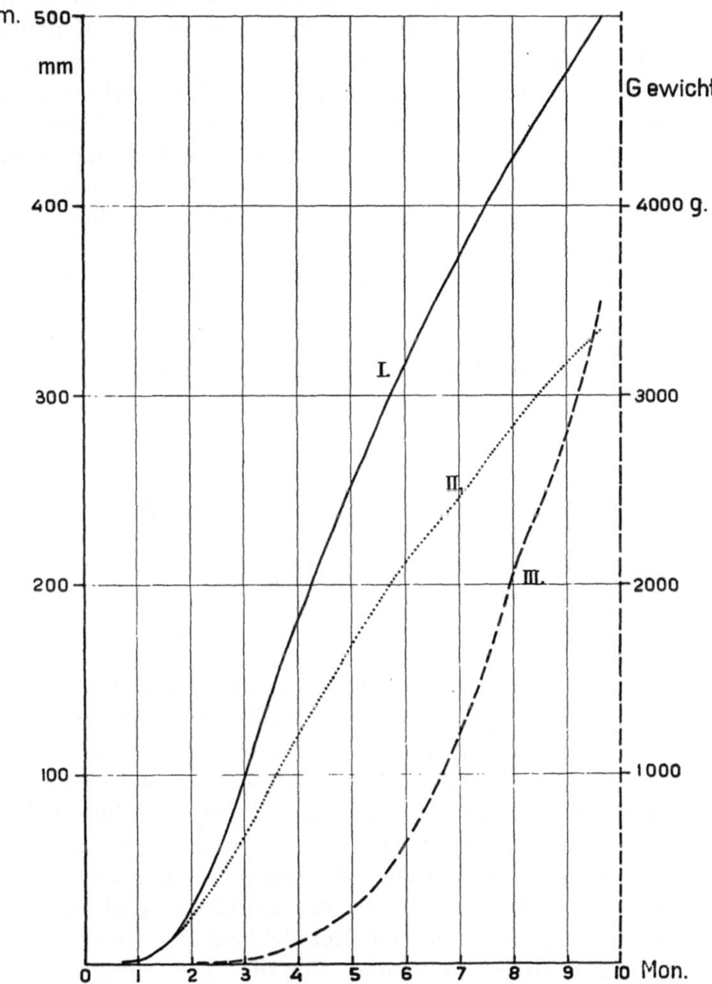

Abb. 21. Standhöhen (I.), Sitzhöhen (II.) und Gewichte (III.) des Menschen vor der Geburt.

heitsprozessen. Föten gleichen Alters können sehr verschieden große Köpfe besitzen, und vermutlich bestehen auch Verschiedenheiten in der Schnelligkeit der Entwicklung des ganzen Organismus ebensowohl wie seiner einzelnen Organe. Die Frage nach der Altersbestimmung menschlicher Föten, von der ein richtiger Vergleich des Wachstums abhängig ist, erscheint noch keineswegs befriedigend gelöst. Wichtig ist es für die Altersbestimmung, diejenigen Funktionen des Wachstums herauszugreifen, die in der fraglichen Epoche die rascheste Änderung ihrer Werte erleiden. In den ersten Fötalmonaten ändert sich das Gewicht der Föten so rasch, daß die Wage als das geeignetste Instrument für Altersbestimmungen erscheint. In den letzten Fötalmonaten ändert sich das Gewicht relativ so langsam, daß die Entwicklung einzelner Knochenkerne im Skelett mit Recht für die Alterbestimmung bevorzugt wird. Am sichersten erscheint es, das Alter der Föten, wenn die Menstruationsdaten der Mutter fehlen, nach möglichst vielen Wachstumsfunktionen zu bestimmen und das Mittel aus den verschiedenen Altersangaben zu ziehen. Abb. 21 zeigt die Standhöhen, Sitzhöhen und Gewichte der menschlichen Föten bis zur Geburt. Die Kurven sind auf Millimeterpapier aufgetragen. Im Original sind die Standhöhen und Sitzhöhen in natürlicher Größe, die Gewichte in $^1/_{10}$ natürlicher Größe aufgetragen worden. Diese Tafel ermöglicht auf dreifache Weise, das Alter eines Fötus zu ermitteln. Wiegen wir den Fötus und suchen das gefundene Gewicht auf der Kurve III auf, so ergibt die Abscisse das vermutliche Lebensalter von der Befruchtung der Eizelle an, wobei angenommen wurde, daß in der Regel unmittelbar nach der Menstruation das Ei befruchtet wird und die durchschnittliche Länge der Schwangerschaft beim Menschen 273 Tage beträgt. Um die Standhöhe zu ermitteln, legt man unfixierte ältere Föten möglichst gestreckt auf glatte, harte Unterlage und mißt mit einem großen Beckenzirkel die Entfernung von der Sohlenebene bis zum Bregma. Bei kleineren Föten oder bei Föten, die in gekrümmtem Zustand fixiert gemessen werden müssen, bestimmt man die Standhöhe nach dem Meßschema als Summe von Schädelhöhe, Halslänge, vordere Rumpflänge, gesamte Beinlänge. Die Sitzhöhe bestimmt mit einem Tasterzirkel als Entfernung vom Steiß zum Bregma. Die Zahlen der Kurve nach Mall, Handbuch der Entwicklungsgeschichte des Menschen I, S. 197ff., geben die Sitzhöhe bei jüngeren Stadien in gekrümmter Haltung, bei älteren Föten für gestrecktere Haltung des Halses. In vielen Fällen wird man mit diesen drei Messungen ziemlich nahe beieinander liegende Werte für das gesuchte absolute Lebensalter erhalten. Bei abnorm mageren oder abnorm wasserreichen Föten wird man den Skelettmessungen größere Bedeutung beimessen als der Gewichtsmessung. Bei großer Differenz der Resultate wird man gut tun, Röntgenbilder anzufertigen und die Entwicklung der Knochenkerne zur Alterbestimmung zu Hilfe zu nehmen. Für die Anfertigung der Röntgenbilder leistet das Durchschneiden der Föten in der Medianebene ebenso gute Dienste wie beim Photographieren. Die Röhren müssen für Knochenkernaufnahmen um so weicher gehalten werden, je jünger die Föten sind.

Statt des Röntgenverfahrens kann man sich auch des Aufhellens der Föten in stark lichtbrechenden Ölen nach Lundwall und Spalteholz mit Vorteil zur Erkennung der Knochenkerne im Knorpelskelett bedienen. In der beigegebenen Tabelle Nr. IV finden wir die Zeit des Auftretens verschiedener Knochenkerne angegeben, so daß in vielen Fällen eine Bestimmung nach der Lebenswoche an der Hand dieser Tabelle möglich sein wird.

Tabelle IV.
Altersbestimmung menschlicher Föten.

Alter Tage	Woch.	Monat	Gewicht der Eier g	Länge d. isolierten Föten mm	Haarsystem	Zahnsystem	Knochenkerne
7	1	I.	0,000004 bis 0,03				
14	2		0,03 bis 0,46				
21	3		0,46 bis 1,8	0,15 bis 1,5			
28	4		1,8 bis 2,7	1,5 bis 7,0			
35	5	II.	2,7 bis 4,0	7,0 bis 10,7		1. Epithelverdickung	
42	6		4,0 bis 22	10,7 bis 14,9	Beginn der Haaranlagen an den Augenbrauen	Epitheliale Zahnleiste	Oberkiefer, Unterkiefer
49	7		22 bis 80	14,9 bis 20			Radius ulna clavicula
56	8		80 bis 160	20 bis 25			Os femoris, Rippen, Os Humeri scapula, Finger 3. Reihe
63	9	III.	160 bis 550	Weitere Daten siehe Tab. VII	Beginn der Haaranlagen am Rumpf		Fibula, Metacarpalia, Os frontis, Finger 1. Reihe
70	10					Zahnpapillenanlage	Os occipitis, Oberkiefer pars palatina
77	11				Durchbruch der Haare durch die Haut am Kopf		Rippen mit Ausnahme der letzten, Schläfenbein, Processus zygomaticus, Os ileum, Os zygomaticus, Finger 2. Reihe
84	12						Spina scapulae, Os nasi, Os bregmatis, Zehen 3. Reihe
91	13	IV.	550 bis 820				Metatarsus 1—5, Halswirbelkörper
98	14						3 Kerne in den Wirbeln, letzte Rippe, 1. Zehenglieder, Annulus tympanicus
105	15						Manubrium sterni
112	16						
119	17	V.	820 bis 1120		Beginn der Bildung einer behaarten Kopfkappe	Schmelzkeim der Ersatzzähne	Os ischii und Scapula
126	18						
133	19						
140	20						
147	21	VI.	1120 bis 2200				
154	22						
161	23						Os pubis calcaneus und Talus
168	24						
175	25	VII.	2200 bis 2850				Zehen mittlere Reihe
182	26					Zahnbeinkegel der Milchzähne deutlich	
189	27				Beginn der Haaranlagen an Hand- und Fußrücken		
196	28						
203	29	VIII.	2850 bis 3350				
210	30						
217	31						
224	32						

Tabelle IV. (Fortsetzung.)

Alter Tage	Alter Woch.	Alter Monat	Gewicht der Eier g	Länge d. isolierten Föten mm	Haarsystem	Zahnsystem	Knochenkerne
231 238 245 252	33 34 35 36	IX.	3350 bis 3900				
259 266 273	37 38 39	X.	3900 bis 4500		Abnahme d. Flaumbehaarung a. Körper u. im Gesicht	Zahnsack f. Dauerzahn M_1 ausgebildet	7 Kerne im Brustbein, Femurepiphyse unten, Tibiaepiphyse oben, Kuboid. Alle Zehenglieder

Wir finden in dem Handbuch der Entwicklungsgeschichte von Keibel und Mall zahlreiche Angaben über das Auftreten der Knochenkerne. Sehr ausführliche Angaben über Verknöcherung in menschlichen Föten enthält das Buch von Carolus Fridericus Senff, Halae 1801: Nonnulla de incremento ossium embryonum in primis graviditatis mensibus. Die prachtvollen Abbildungen dieser Dissertation sind heute in dem Zeitalter der Röntgenbilder noch nicht übertroffen. Das Wachstum des Zahnsystems in den Kiefern verdiente ein ausführlicheres Studium, wenn dieses System zu Altersangaben der Föten verwendet werden soll. Ans dem Wachstum der Haare lassen sich ebenfalls Schlüsse auf das Alter der Föten ziehen. Bekannt ist der Haarreichtum der Frühgeburten gegenüber dem reifen Kinde. Es findet ein lebhafter Haarausfall im letzten Monat vor der Geburt statt und es setzt sich der Prozeß der Haarabstoßung und Körperhaarverarmung noch weit in das erste Lebensjahr hinein fort. Das Längenwachstum der menschlichen Föten ist nahe dem Beginn der Entwicklung am lebhaftesten und nimmt um so mehr an Geschwindigkeit ab, je näher der Geburtstermin heranrückt. Trotzdem bietet die Längenmessung auch in den letzten Fötalmonaten noch einen guten Anhalt zur Abschätzung des absoluten Lebensalters. Die Variationsbreite der Körperlängen ist zur Zeit der Geburt bei unserer Rasse nicht allzugroß, wenigstens erheblich kleiner als die definitive Standhöhe der erwachsenen Europäer. Über die Körpermaße und Proportionen von Neugeborenen anderer Rassen konnten keine sicheren Zahlen vom Verfasser ermittelt werden. Wir dürfen nach Beschreibungen annehmen, daß 500 mm als mittlere Länge des neugeborenen Menschen bei allen nicht extremen Rassen zu gelten hat. Wie sich die Längen von Neugeborenen von Zwergrassen verhalten, wäre besonders wertvoll zu erfahren und festzustellen.

Um die Geschwindigkeit des fötalen Wachstums des Menschen zu beurteilen, genügt es nicht, die Zahlen des absoluten Längenwachstums (Tabelle V, S. 113) zu betrachten. Der absolute Jahreszuwachs und vor allem der prozentische Jahreszuwachs geben uns ein treffendes Bild der Wachstumsgeschwindigkeit in der Zeiteinheit. Unter absolutem Jahreszuwachs haben wir die Länge zu verstehen, die der Fötus in einem Jahr erreichen würde, wenn die Wachstumsgeschwindigkeit des gesuchten

Zeitmomentes beibehalten würde. Nach 2 Monaten der Entwicklung mißt der Menschenfötus 25 cm, gegen 0,7 cm nach 4 Wochen, das heißt, in einem Jahre würde er um 21,6 cm Länge zunehmen, wenn er diese monatliche Zunahme von 1,8 cm beibehielte. Der Jahreszuwachs steigt auf 66,60, dann auf 120 cm nach 5 Entwicklungsmonaten. Ungefähr in der Mitte der Schwangerschaft ist der Jahreszuwachs des Wachstums am größten. Vom 6. Monat ab fällt der Jahreszuwachs des Längenwachstums in fast regelmäßigen Stufen, bis im letzten Fötalmonat der Jahreszuwachs nur noch 48 cm beträgt. **Genau so groß ist der Jahreszuwachs im 1. Monat nach der Geburt, so daß im Längenwachstum, wie bei den anderen Wachstumsfunktionen, durch den Geburtsvorgang keine Änderung eingeleitet wird.** Von der Geschwindigkeit des fötalen Längenwachstums in der Zeiteinheit gibt nicht der absolute Jahreszuwachs, sondern der prozentische Jahreszuwachs (Stab 3 der Tabelle V) Rechenschaft. Wie bei der prozentischen Zunahme des fötalen Eigewichtes ähnelt auch bei dem prozentischen Jahreszuwachs die Kurve einer Parabel (s. S. 56). Sehen wir von einer geringfügigen Zunahme des prozentischen Jahreszuwachses der Körperlänge nach 5 Monaten ab, so fällt die Geschwindigkeit des Längenwachstums des menschlichen Fötus dauernd von 86,4 Proz. Ende des 2. Monats bis zu 95 Proz. zur Zeit der Geburt. Im 1. Monat nach der Geburt beträgt der Jahreszuwachs 87,7 Proz., also wiederum etwas weniger als im letzten Fötalmonat. Eine eigenartige Stellung in den Tabellen nimmt das Streckengewicht des Menschen ein. Dividieren wir das Körpergewicht durch die Körperlänge, so erhalten wir das Streckengewicht, das auch definiert werden kann als das Gewicht der Längeneinheit. Dieses Streckengewicht zeigt die größte Regelmäßigkeit von allen Wachstumsgrößen, indem es ohne Unterbrechung nicht nur im Laufe des intrauterinen Lebens, sondern auch im Verlaufe des extrauterinen Lebens bis zur Erreichung des maximalen Körpergewichts etwa im 50. Lebensjahr nach der Geburt zunimmt. Das Gewicht der Föten pro Zentimeter Länge beträgt Ende des zweiten Monats nur 1,6 g, beim Neugeborenen dagegen 65 g. Der Jahreszuwachs des Körpergewichts der Föten dagegen nimmt nur zu bis zum Ende des 8. Fötalmonats, wo er mit 10560 g sein Maximum erreicht, während Ende des 2. Monats nur 24 g Zunahme im Laufe eines Jahres erzielt würden, wenn die anfängliche Zunahme beibehalten würde. Vom 8. Fötalmonat an sinkt der Jahreszuwachs des Körpergewichtes von 10560 bis auf 6600 g. Der prozentische Jahreszuwachs des fötalen Körpergewichtes — der eigentliche Ausdruck der fötalen Wachstumsgeschwindigkeit — beginnt mit 600 Proz. Ende des 2. Monats, steigt auf 1000 Proz. Ende des 4. Monats, wo er sein Maximum erreicht, und sinkt von da ab regelmäßig bis zur Geburt, wo sein Wert nur noch 200 Proz. beträgt, also nur noch den 5. Teil des Maximums. Das fötale Wachstum zeigt die Verwandtschaft des Menschen mit den anderen Säugetieren in einwandfreiester Weise, indem der Mensch, wie der Verfasser feststellte, die typische fötale Wachstumskurve der anderen Säugetiere aufweist.

Die Übereinstimmung geht so weit, daß häufig Säugetiere von gleichem absolutem Lebensalter die gleiche Wachstumsgeschwindigkeit aufweisen, obwohl das eine bereits geboren ist, das andere aber intrauterin ernährt wird. Die rasche Zunahme von Neugeborenen kleiner Tiere erklärt sich ungezwungen aus dem geringen absoluten Lebensalter dieser

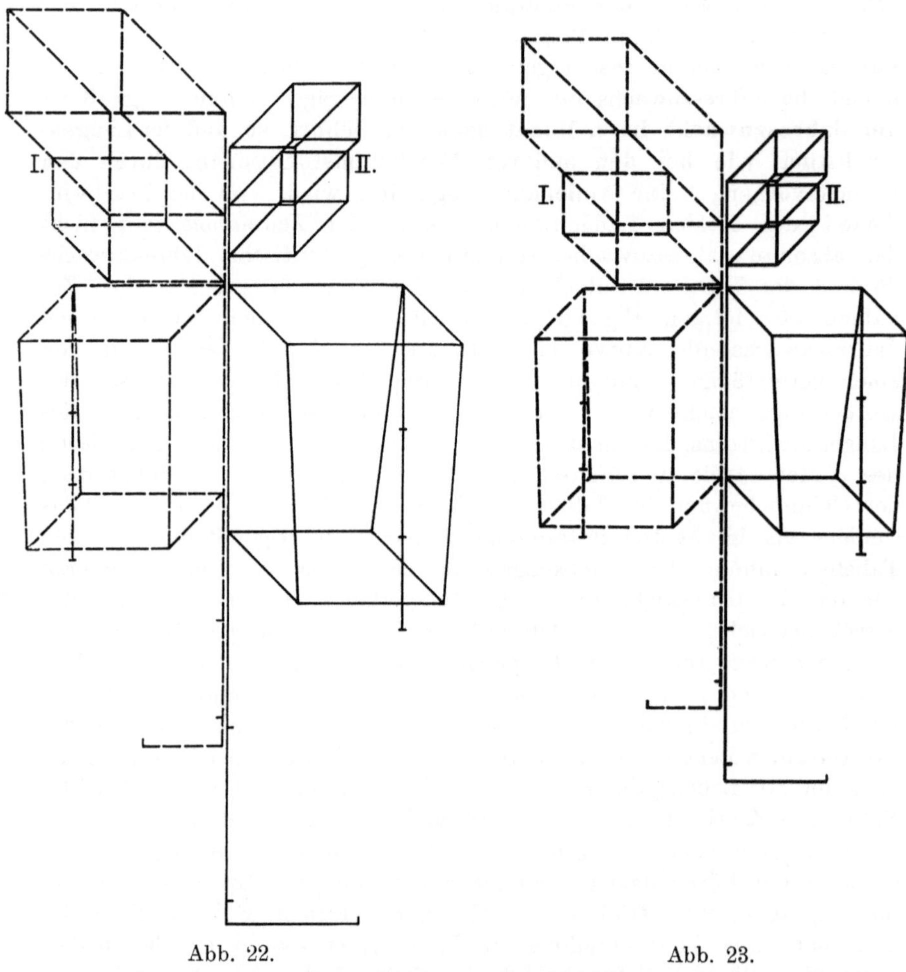

Abb. 22. Abb. 23.

Proportionen von Europäer:

Neugeboren (I.) und Mann (II.). Bezogen auf gleiches Gewicht. — Neugeboren (I.) und Mann (II.). Bezogen auf gleiche Rumpflänge.

Tiere. Neugeborene Meerschweinchen zeigen fast genau dieselbe Zunahmegeschwindigkeit, wie Verfasser fand, wie menschliche Föten von gleichem Alter. Wenn man bei Vögeln, z. B. dem Ziegenmelker, nach dem Ausschlüpfen aus dem Ei Tageszunahmen von 60 Proz. beobachten konnte, so entspricht dies der Wachstumsgeschwindigkeit menschlicher Föten von gleichem Alter (16 Tage). Die großen Huftiere wachsen sowohl intrauterin wie extrauterin bedeutend rascher als der Mensch und die Mehrzahl der Kleinsäugetiere von der zweiten Hälfte der Schwangerschaft ab. Genaue Angaben über das fötale Wachstum der großen Huftiere fehlen noch, so daß der Zeitpunkt, in dem die Wachstumsbeschleunigung dieser frühreifen Tiere eintritt, noch der genaueren Feststellung bedarf. Als fötale Wachstumsregeln können wir feststellen, daß die Wachstumskurve der Mehrzahl der Säugetiere um so ähnlicher verläuft, je näher dem Lebensanfang wir den Vergleich anstellen, daß das intrauterine Wachstum denselben Gesetzen folgt, wie das extrauterine Wachstum, daß das intrauterine Menschenwachstum bisher keinerlei für das Menschengeschlecht spezifische Besonderheiten hat erkennen lassen. Die Tatsache, daß einige spezifisch menschliche Körperproportionen schon im 3. Fötalmonat ausgesprochen sind, daß im 4. Fötalmonat bereits die Rassenmerkmale deutlich ausgesprochen sind, steht in Übereinstimmung mit den Befunden bei anderen Säugetierföten. Die Tragzeit des Menschen wie der anderen Primaten ist lang bei Berücksichtigung der Körpergröße, dementsprechend ist auch die extrauterine Wachstumsperiode lang. Kürze der Entwicklungsperiode ist für viele Säugetiere charakteristisch gegenüber dem Dauerwachstum von Fischen, Amphibien und Reptilien. Das fötale Wachstum des Menschen zeigt, wie vom Verfasser früher bereits betont (S. 58), ebenso wie das Wachstum anderer Primaten — primitive Züge. Die Blutsverwandtschaft zwischen Menschenaffe und Mensch läßt sich an der Ähnlichkeit der Wachstumskurve in der gleichen Weise demonstrieren, wie die Zusammengehörigkeit aller Menschenrassen zu einer einheitlichen Art durch die innerliche Gleichartigkeit der Wachstumskurven aller Menschen sich kundgibt. Ein sekundäres Gleichwerden von Wachstumskurven von der Eizelle an bei nicht verwandten Tieren durch Anpassung hält Verfasser nicht für möglich, die Verwandtschaftsbeweise für die Menschen auf Grund der Wachstumskurven daher für zwingend.

Nicht bloß die Wachstumskurven kann man zum Nachweis der Blutsverwandtschaft des Menschen mit den anthropoiden Affen benutzen, sondern in gleich überzeugender Weise die Meßschemata von Föten von Mensch und Menschenaffe. Diese Meßschemata liefern damit nach Ansicht des Verfassers den Befähigungsnachweis für ihre Aufgabe, mit möglichst wenig Messungen ein zu Vergleichszwecken brauchbares Bild der typischen Gliederung verschiedener Tierarten zu geben. Abb. 10 u. 11 zeigen die kurzen Extremitäten, den riesigen Schädelteil junger menschlicher Föten. Das Gesichtsvolumen ist noch relativ klein. Abb. 14 u. 15 zeigen die Proportionsunterschiede von Europäerfötus und Sudanesenfötus, beide 60 g schwer. In diesem Schema tritt der Vorzug der Beziehung auf gleiche Rumpflänge, die Unterschiede in der Länge der Extremitäten hervorzuheben, besonders klar hervor. Die kurze Rumpflänge des Negerfötus läßt alle anderen Größen relativ wachsen. In der gleichen Weise würde ein abnorm langer Rumpf alle anderen Meßgrößen prozentisch kleiner erscheinen lassen. Abb. 20 zeigt bei älteren Föten die allmähliche Ausbildung der Glieder und namentlich auch die Ausbildung der Beckengegend. Abb. 22 u. 23 endlich zeigen den Unterschied in den Proportionen zwischen Neugeborenem und Erwachsenem. Das Wachstum der Beinmaße und das Zurücktreten aller Kopfmaße fällt sofort in die Augen. Vergleichen wir mit diesen Meßschemata von

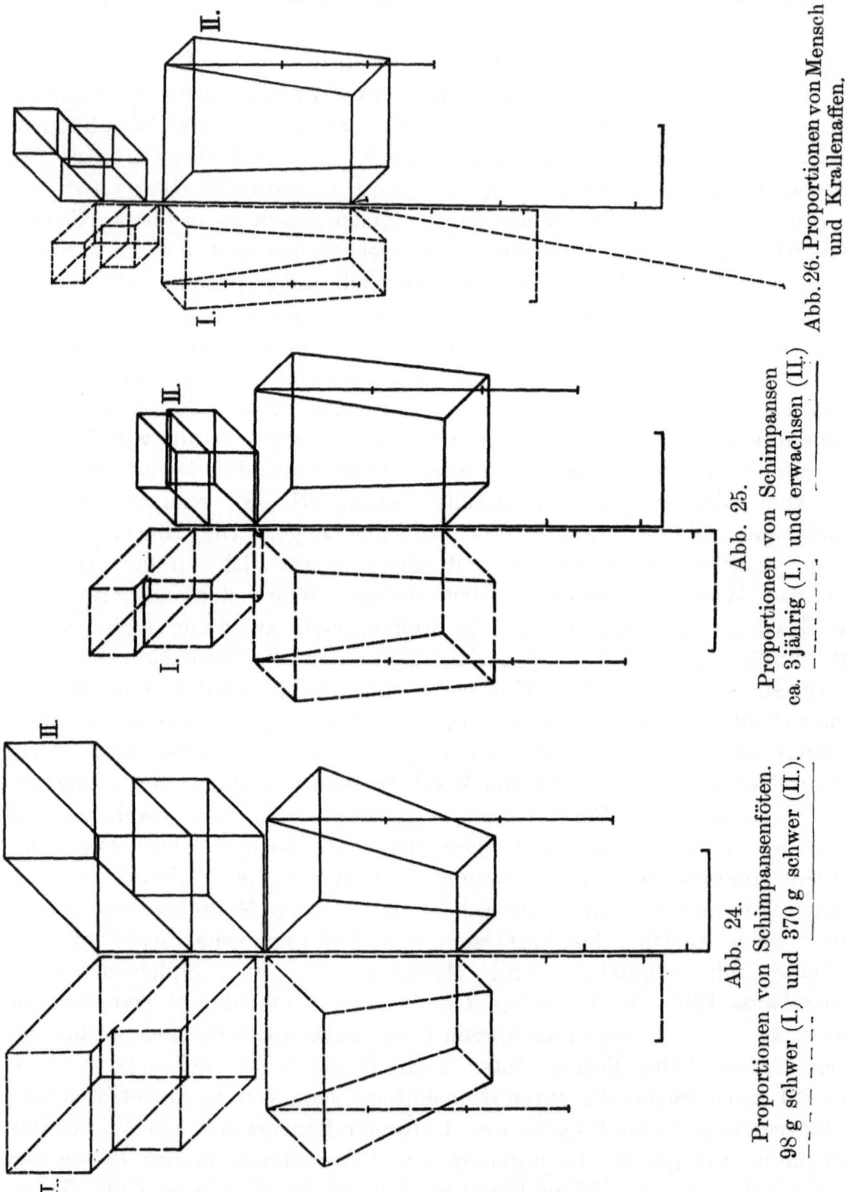

Abb. 24. Proportionen von Schimpansenföten. 98 g schwer (I.) und 370 g schwer (II.).

Abb. 25. Proportionen von Schimpansen ca. 3jährig (I.) und erwachsen (II.)

Abb. 26. Proportionen von Mensch und Krallenaffen.

Menschenföten die Meßschemata von zwei Schimpansenföten, 98 g und 370 g schwer, Abb. 24, und von einem 3jährigen ausgewachsenen Schimpansen, Abb. 25, so können wir die maßgebende Ähnlichkeit des Bauplanes von Menschenfötus und Schimpansenfötus ebensowohl erkennen, wie charakteristische Unterschiede. Dem Lebensalter nach entsprechen die Schimpansenföten den Menschenföten von Abb. 18. Der jüngere Fötus gehört einer anderen, nicht näher bestimmten Schimpansenart an als der ältere Fötus, der zu den Koolookamba-Schimpansen gehört. Die Kopfgröße der Schimpansenföten steht nur wenig hinter der Kopfgröße der Menschenföten zurück, doch ist der Unterkiefer bereits größer, die Arme sind länger, die Beine nur wenig kürzer als bei gleich alten Menschenföten. Der Rumpf gleicht dem Rumpf von Menschenföten mit geringer Bekkenentwicklung. Die Unterschiede zwischen dem dreijährigen Schimpansen und dem erwachsenen Schimpansen laufen durchaus parallel den Unterschieden zwischen einem dreijährigen und einem erwachsenen Menschen. Wie groß die Ähnlichkeit zwischen den Proportionen von Schimpanse und Mensch geblieben ist, trotz der aufgezählten Unterschiede, ergibt sich aus der Betrachtung von Abb. 25. Die Proportionen eines Krallen affen weichen so sehr ab von den Proportionen des Menschen wie des Schimpansen, daß sich an der Hand der Meßschemata ein neuer bildlicher Beweis für die Richtigkeit der Huxleyschen Regel führen läßt, daß Menschenaffe und Mensch in vielen Punkten näher zusammengehören, als Menschenaffe und niedere Affen. Bei der Proportionsmessung von Menschenföten von seiten des Verfassers wurde bisher die Frage nicht erörtert, ob nicht das Geschlecht in der gleichen Weise sich schon in den ersten Entwicklungsmonaten

Tabelle V.

Lebensalter	Körperlänge		Jahreszuwachs		Jahreszuwachs in Proz.		Körpergewicht		Streckengewicht Gewicht durch Länge		Jahreszuwachs des Körpergewichts		Jahreszuwachs des Körpergewichts in Proz.	
	männl.	weibl.	männl.	weibl.	männl.	weibl.	männl.	weibl.	männl.	weibl.	männl.	weibl.	männl.	weibl.
Monate vor der Geburt. 1. Monat	0,7	0,7												
2. "	2,5	2,5	21,6	21,6	**864,0**	864,0	4,0	4,0	1,6	1,6	24	24	600	600
3. "	8,0	8,0	66,0	66,0	825,0	825,0	20,0	20,0	2,5	2,5	192	192	860	860
4. "	13,0	13,0	60,0	60,0	461,0	461,0	120,0	120,0	9,2	9,2	1200	1200	**1000**	1000
5. "	23,0	23,0	**120,0**	120,0	521,0	521,0	285,0	285,0	12,4	12,4	1980	1980	696	696
6. "	31,0	31,0	96,0	96,0	310,0	310,0	635,0	635,0	20,5	20,5	4200	4200	661	661
7. "	37,0	37,0	72,0	72,0	194,0	194,0	1220,0	1220,0	33,0	33,0	7020	7020	575	575
8. "	42,0	42,0	60,0	60,0	143,0	143,0	2100,0	2100,0	50,0	50,0	**10 560**	10 560	479	479
9. "	46,8	46,8	57,6	57,6	123,0	123,0	2800,0	2800,0	59,7	59,7	8400	8400	300	300
Neugeboren	50,8	50,0	48,0	38,4	95,0	76,8	3300,0	3100,0	65,0	62,0	6600	3600	200	116

Tabelle VI.

	Papuafötus			Europäerfötus			Differenzen zugunsten des Papuafötus			Differenzen zugunsten des Negerfötus (siehe Tab. I)			Differenzen zugunsten der erwachsenen Negerin (siehe Tab. I)		
	Absolute Masse	Gleiche Rumpflänge	Gleiches Gewicht	Absolute Masse	Gleiche Rumpflänge	Gleiches Gewicht									
	I	II	III	I	II	III	I	II	III	I	II	III	I	II	III
Gewicht . . . . g	445,0		$\sqrt[3]{G}=0{,}763$	420,0		$\sqrt[3]{G}=0{,}749$	+ 25,0								
Standhöhe	263,0	323,2		266,0	328,5		— 3,0	— 5,3		+ 5,6	+ 75,8	— 45,8	+ 211,0	+ 39,2	+ 19,7
Sitzhöhe	167,0			175,0			— 8,0								
Rumpflänge . . .	82,0	100,0	107,4	81,0	100,0	108,1	+ 1,0	0	— 0,7	— 6,0	0	— 75,3	+ 16,0	0	— 9,2
Rumpfbreite . . .	72,0	87,8	94,3	63,0	77,5	84,0	+ 9,0	+ 10,3	+ 10,3	+ 1,5	+ 18,5	+ 3,9	+ 76,0	+ 18,0	+ 17,3
Rumpffläche . . .	33,0	40,3	43,2	32,0	39,4	42,7	+ 1,0	+ 0,9	+ 0,5	— 2,5	— 1,3	— 7,9	— 18,0	— 2,1	— 5,6
Beckenbreite . . .	49,0	59,8	64,2	43,5	53,5	58,1	+ 5,5	+ 6,3	+ 6,1	— 1,4	+ 5,5	— 3,6	— 45,0	— 5,6	— 13,1
Beckentiefe . . .	23,0	28,1	30,1	28,5	35,1	38,2	— 4,5	— 7,0	— 7,1	— 1,5	+ 3,6	— 3,8	— 22,0	— 2,0	— 6,8
Oberarm	47,0	57,3	61,6	44,0	54,1	59,4	+ 3,0	+ 3,2	+ 2,2	+ 6,2	+ 27,9	+ 15,8	+ 17,0	+ 6,0	+ 2,3
Unterarm	43,0	52,5	58,8	38,0	46,7	50,7	+ 5,0	+ 5,8	+ 8,1	— 3,8	— 3,1	— 9,7	+ 11,0	+ 4,6	+ 1,3
Hand	34,0	41,5	44,5	31,0	38,1	41,4	+ 3,0	+ 3,4	+ 3,1	+ 1,5	+ 10,9	+ 3,8	+ 7,0	+ 3,0	+ 0,5
Oberschenkel . . .	50,0	61,0	65,5	42,5	52,3	56,7	+ 7,5	+ 8,7	+ 8,8	+ 7,0	+ 31,2	+ 18,3	+ 63,0	+ 12,7	+ 9,5
Unterschenkel . .	50,0	61,0	65,5	48,5	59,6	64,7	+ 1,5	+ 1,4	+ 0,8	+ 4,6	+ 23,0	+ 11,6	+ 78,0	+ 13,0	+ 9,9
Fußhöhe	10,0	12,2	13,1	10,0	12,3	13,3	0	— 0,1	— 0,2	+ 2,0	+ 7,7	+ 5,4	+ 23,1	+ 5,0	+ 5,3
Fußlänge	42,5	51,9	55,7	35,0	43,1	46,7	+ 7,5	+ 7,8	+ 9,0	+ 2,0	+ 12,5	+ 5,1	+ 0,2	+ 3,0	— 1,0
Hals	32,0	39,0	42,0	33,0	40,6	44,0	— 1,0	— 1,6	— 2,0	— 1,5	+ 2,4	— 4,2	+ 25,0	+ 6,3	+ 5,3
Arm	124,0	151,3	174,9	113,0	138,9	151,5	+ 11,0	+ 12,4	+ 23,4	+ 3,9	+ 35,7	— 4,4	+ 35,0	+ 13,6	+ 4,1
Bein	110,0	134,2	144,1	101,0	124,2	134,7	+ 9,0	+ 10,0	+ 9,4	+ 13,6	+ 61,9	+ 9,9	+ 164,1	+ 30,7	+ 24,7
Kopfbreite	52,0	63,4	68,1	50,0	61,5	66,7	+ 2,0	+ 1,9	+ 1,4	— 1,7	+ 8,5	+ 34,7	+ 5,0	+ 2,4	+ 0,2
Schädellänge . . .	69,0	84,2	90,4	69,0	84,9	92,0	0	— 0,7	— 1,6	— 0,3	+ 15,5	— 0,5	— 21,0	+ 1,5	— 6,6
Schädelhöhe . . .	41,0	50,0	53,7	51,0	63,7	68,0	— 10,0	— 13,7	— 14,3	— 0,5	+ 11,5	— 1,4	+ 6,0	+ 1,8	— 1,2
Gesichtshöhe . . .	30,5	37,2	39,9	28,0	34,4	37,4	+ 2,5	+ 2,8	+ 2,5	— 0,2	+ 6,5	— 0,2	+ 3,5	+ 2,2	+ 0,9
Gesichtslänge . . .	42,0	51,2	55,0	40,0	49,2	53,4	+ 2,0	+ 2,0	+ 1,6	— 1,5	+ 2,8	— 3,9	+ 19,0	+ 5,0	+ 4,0

formbestimmend geltend macht, wie die Rasse. Mit den geringen Hilfsmitteln des Verfassers konnte eine sichere Entscheidung hierüber nicht erzielt werden. Eine sehr große Reihe von Messungen würde zur Lösung dieses Problems erforderlich sein. Verfasser glaubt aus seinen bisherigen vergleichenden Betrachtungen den Schluß ziehen zu müssen, daß bei der Anlage der Geschlechtsunterschiede wie bei der der Rassenunterschiede beide Fälle verwirklicht sind. Es gibt Individuen, die eine außerordentlich frühe geschlechtliche Differenzierung der Körperformen aufweisen und vererben, und andere Individuen, bei denen erst zur Zeit der Pubertät eine sehr ausgesprochene geschlechtliche Eigenart der Körperformen sich ausbildet. Die Anlage der Geschlechtsunterschiede scheint um so früher zu erfolgen, je größer der definitive Einfluß der Geschlechtsdrüsen ist. Die geringe geschlechtliche Differenzierung der Naturvölker gegenüber der weißen Kulturrasse würde sich darin äußern müssen, daß bei den Europäerföten weit zahlreichere Individuen Anfänge einer Geschlechtsdifferenzierung der Körperformen zeigen als bei Föten anderer Rassen. Auf die Wichtigkeit der Sammlung, Betrachtung und genauen Messung von Rassenföten soll an dieser Stelle ebensowohl hingewiesen werden wie auf die Notwendigkeit der genaueren Erforschung der Ausbildung der geschlechtlichen Eigenart, welche beim Menschen und Anthropoiden ausgesprochener ist als bei der Mehrzahl der anderen Tiere.

Das Längenwachstum des menschlichen Säuglings.

Das Wachstum der menschlichen Säuglinge im 1. Lebensjahre nach der Geburt ist in jeder Beziehung als Fortsetzung des intrauterinen Wachs-

Tabelle VII.

Veränderungen der Körperproportionen in der Wachstumsperiode nach der Geburt.

	Neugeboren	4 Monate alt	8 Monate alt	12 Monate alt
Rumpflänge . . . . mm	164,0	192,0	240,0	281,0
Rumpfbreite	119,0	140,0	152,0	180,0
Rumpftiefe	61,0	69,2	84,2	92,9
Beckenbreite	113,0	120,0	133,0	142,0
Beckentiefe	61,0	73,8	94,0	113,0
Oberarmlänge	100,0	124,0	128,0	140,0
Unterarmlänge	56,5	86,0	90,0	110,0
Handlänge	59,0	83,0	84,0	95,0
Oberschenkellänge	100,0	120,0	132,0	145,0
Unterschenkellänge	76,0	105,0	112,0	130,0
Fußhöhe	23,0	25,0	26,0	27,0
Fußlänge	63,0	75,1	96,1	114,3
Hals	55,5	94,0	104,0	105,0
Schädelbreite	90,0	106,0	119,0	122,0
Schädelhöhe	80,0	89,0	94,0	95,0
Schädellänge	115,0	115,2	129,6	143,2
Gesichtshöhe	54,0	56,0	60,0	64,0
Gesichtslänge	64,0	71,2	84,4	95,8
Arm	215,5	293,0	302,0	345,0
Bein	199,0	250,0	270,0	302,0
Standhöhe	498,5	625,0	708,0	783,0

Tabelle VIII.

Veränderungen der Körperproportionen in der Wachstumsperiode nach der Geburt. Bezogen auf gleiches Gewicht.

	Neugeboren	4 Monate alt	8 Monate alt	12 Monate alt
Gewicht . . . . kg	3,3	6,2	8,2	9,45
$\sqrt[3]{G}$	1,49	1,83	2,02	2,11
Rumpflänge . . . . mm	110,0	105,0	119,0	132,0
Rumpfbreite	79,6	76,4	75,2	85,2
Rumpftiefe	41,0	37,8	41,7	43,6
Beckenbreite	75,6	65,4	66,0	67,3
Beckentiefe	41,0	40,3	46,5	53,0
Oberarmlänge	67,0	67,7	63,3	66,3
Unterarmlänge	37,8	47,0	44,6	52,0
Handlänge	39,5	45,3	41,7	45,0
Oberschenkellänge	67,0	65,4	65,3	68,6
Unterschenkellänge	51,0	57,3	55,4	61,5
Fußhöhe	15,4	13,7	12,9	12,8
Fußlänge	42,3	41,0	47,6	53,7
Hals	37,2	51,4	51,5	49,7
Schädelbreite	60,5	58,0	59,0	57,7
Schädelhöhe	53,7	48,6	46,7	42,6
Schädellänge	77,0	63,0	64,2	67,3
Gesichtshöhe	36,2	30,6	29,7	30,3
Gesichtslänge	43,0	38,8	41,8	44,8
Arm	144,3	160,0	149,6	163,3
Bein	133,4	136,4	133,6	142,9
Standhöhe	334,3	341,4	350,8	367,2

Tabelle IX.

Veränderungen der Körperproportionen in der Wachstumsperiode nach der Geburt. Bezogen auf gleiche Rumpflänge.

	Neugeboren	4 Monate alt	8 Monate alt	12 Monate alt
Rumpflänge . . . . mm	100,0	100,0	100,0	100,0
Rumpfbreite	72,5	73,0	63,3	64,0
Rumpftiefe	37,0	36,0	35,1	33,0
Beckenbreite	69,0	62,5	55,5	50,6
Beckentiefe	37,0	38,4	39,1	40,1
Oberarmlänge	61,0	64,5	53,3	49,8
Unterarmlänge	34,5	44,7	37,5	39,2
Handlänge	36,0	43,2	35,0	33,7
Oberschenkellänge	61,0	62,5	55,0	51,5
Unterschenkellänge	46,5	54,8	46,6	46,2
Fußhöhe	14,0	13,0	10,8	9,6
Fußlänge	38,5	39,1	40,0	40,
Hals	33,8	49,5	43,3	37,4
Schädelbreite	55,0	55,1	49,5	43,5
Schädelhöhe	49,0	46,4	39,2	33,7
Schädellänge	70,0	60,0	54,0	51,0
Gesichtshöhe	33,0	29,2	25,0	22,8
Gesichtslänge	39,0	37,0	35,2	34,0
Arm	131,5	152,4	125,8	122,7
Bein	121,5	130,3	112,4	107,3
Standhöhe	304,3	325,2	294,9	278,4

tums zu betrachten. Nur die Zeit ganz unmittelbar nach der Geburt zeigt Abweichungen im Verlaufe der Wachstumskurven, doch sind diese Abweichungen um so geringfügiger, je physiologischer die Geburt verläuft, die in günstigen Fällen keinen allzu eingreifenden Akt darstellt, trotz der Veränderung in Atmung, Blutkreislauf und Ernährung, die durch das Geborenwerden bedingt sind. Eine große Reihe von Kindern ganz gesunder Eltern wächst bereits in der 1. Woche nach der Geburt, die Mehrzahl nach 2 bis 3 Wochen. Im 1. Monat nach der Geburt ist der Zuwachs des Längenwachstums sogar am größten innerhalb des ganzen extrauterinen Lebens. Mit jedem Monat nach der Geburt wird der Zuwachs kleiner, wie die Zahlen von Tabelle X deutlich beweisen, mit Ausnahme des 7. Monats, bei dem der Jahreszuwachs kleiner angegeben ist als im nachfolgenden Monat. Diese Unregelmäßigkeit beruht vielleicht auf Unvollkommenheit der statistischen Methoden, nicht aber auf einem inneren Wachstumsmoment. Die Körperlänge gesunder Neugeborener nimmt im männlichen Geschlecht im Mittel gesunder Individuen von 50,8 cm bis 74 cm zu im 1. Lebensjahre nach der Geburt, beim weiblichen Geschlecht von 50 cm bis 70,5 cm. Nach diesen Zahlen ergibt sich also eine Geschlechtsdifferenz des Wachstums im 1. Lebensjahr nach der Geburt im Sinne einer Beschleunigung des Wachstums beim männlichen Geschlecht.

Tabelle X.

Lebensalter	Körperlänge		Jahreszuwachs		Jahreszuwachs in Proz.		Körpergewicht		Streckengewicht Gewicht durch Länge		Jahreszuwachs des Körpergewichts		Jahreszuwachs des Körpergewichts in Proz.	
	männl.	weibl.	männl.	weibl.	männl.	weibl.	männl.	weibl.	männl.	weibl.	männl.	weibl.	männl.	weibl.
Monate nach der Geburt: 1. Monat	54,8	53,0	48,0	36,0	87,7	68,0	4250	3850	78,0	73,0	9000	9000	212,0	234,0
2. „	58,4	56,0	43,2	36,0	74,0	64,3	4950	4550	85,0	81,5	8400	8400	170,0	185,0
3. „	61,4	58,0	36,0	24,0	58,5	41,5	5600	5200	91,0	88,0	7800	7800	139,0	150,0
4. „	63,4	60,0	24,0	24,0	38,0	40,0	6200	5750	98,0	96,0	7200	6600	116,0	115,0
5. „	65,0	61,5	19,2	18,0	29,6	29,2	6750	6300	104,0	102,4	6600	6600	97,6	105,0
6. „	66,5	63,0	18,0	18,0	27,0	28,6	7250	6800	109,0	108,0	6000	6000	83,0	88,4
7. „	67,5	64,5	12,0	18,0	17,8	29,2	7750	7350	115,0	114,0	6000	6600	77,3	89,7
8. „	69,0	66,5	18,0	24,0	26,1	31,2	8200	7800	119,0	117,2	5400	5400	66,0	69,4
9. „	70,5	67,5	18,0	12,0	25,5	17,8	8600	8200	122,0	121,8	4800	4800	56,0	58,5
10. „	72,0	68,5	18,0	12,0	25,0	17,5	8950	8450	124,0	122,0	4200	3000	47,0	35,5
11. „	73,0	69,5	12,0	12,0	16,4	17,3	9200	8700	126,0	125,0	3000	3000	32,6	34,5
12. „	74,0	70,5	12,0	12,0	16,2	17,0	9450	8900	128,0	126,0	3000	2400	31,7	27,0

Diese Beschleunigung des Wachstums des ganzen Körpers beim Manne entspricht der größeren Zahl von Zellteilungen in den Hoden zur Ausbildung der so sehr viel zahlreicheren Spermatozoen gegenüber den Eizellen. Poll berechnet beim Manne eine Lebensproduktion von 340 Billionen Spermien gegenüber 100000 Eizellen in den Ovarien vor der Geburt. H. Poll, „Die Entwicklung des Menschen", Thomas Verlag, Leipzig 1912. Gehen in einem Organ rasche Wachstumsveränderungen vor sich, so wird zunächst die nähere Umgebung, soweit sie durch Blutversorgung mit dem rasch wachsenden Organ gekuppelt ist, zu weiterem Wachstum angeregt, schließlich aber das ganze Soma in seinem Wachstum beeinflußt. Im 1. Monat nach der Geburt steht einem Wachstum des männlichen Neugeborenen von 48 cm Länge pro Jahr nur ein Wachstum von 36 cm Länge beim weiblichen Geschlecht gegenüber, im 11. und 12. Monat nach der Geburt dagegen beträgt der Jahreszuwachs des Längenwachstums bei beiden Geschlechtern nur noch 12 cm. In Prozenten beträgt der Jahreszuwachs im 1. Monat nach der Geburt bei Knaben nicht weniger als 87,7 Proz., bei Mädchen dagegen 68 Proz.; im 11. und 12. Monat nach der Geburt dagegen ist der prozentische Jahreszuwachs bei Mädchen nur sehr wenig größer als bei den Knaben, praktisch als gleich anzusehen. Das Streckengewicht des menschlichen Körpers, d. h. Gewicht dividiert durch Länge, macht im 1. Lebensjahr nach der Geburt erhebliche Fortschritte. Ohne jede Unterbrechung steigt das Streckengewicht bei Knaben von 65 g pro Zentimeter bei der Geburt (Tabelle VII) bis 128 g pro Zentimeter bei Knaben von 12 Monaten nach der Geburt, und bei Mädchen von 62 g pro Zentimeter bis 126 g pro Zentimeter am Ende des 1. Lebensjahres nach der Geburt. Der Jahreszuwachs des Körpergewichtes nimmt ebensowohl ab, wie der prozentische Jahreszuwachs des Körpergewichtes. Für das Wachstum des Körpergewichtes gilt der gleiche Satz wie für das Wachstum der Länge, das die Zuwachskurve im 1. Lebensjahre nach der Geburt einer Parabel ähnlich ist. Die Proportionen des menschlichen Säuglings ändern sich nach der Geburt langsam weiter in der Richtung, in der sie in den letzten Fötalmonaten sich geändert hatten. Der Kopf wird relativ etwas kleiner, obwohl sein absolutes Wachstum recht lebhaft ist, die Extremitäten werden etwas länger, die Beine wachsen etwas rascher als die Arme. Eine genauere Durcharbeitung der Änderung der Proportionen des menschlichen Säuglings an der Hand des oben angegebenen Meßschemas ist dringend erforderlich, und zweckmäßig würde nur an ganz gesunden Brustkindern gesunder Eltern bei Abwesenheit jeder Unpäßlichkeit am Ende jedes Lebensmonats nach der Geburt die Feststellung der Körperproportionen zu bewerkstelligen sein. Allein lassen sich, wie Verfasser aus Erfahrung weiß, Messungen an Säuglingen schwer oder gar nicht durchführen, mit Assistenz ist es dagegen sehr wohl möglich, die geforderten Körpermaße mit dem Martinschen Instrumentarium mit genügender Genauigkeit abzunehmen.

In den Tabellen VII, VIII und IX sind Messungen von menschlichen Säuglingsproportionen wiedergegeben und es enthält Tabelle VII die unveränderten Meßzahlen, Tabelle IX die Proportionszahlen, berechnet auf gleiche vordere Rumpflänge, letztere gleich 100 gesetzt, und Tabelle VIII die Proportionen bezogen auf gleiches Gewicht, d. h. jede Zahl wurde durch die dritte Wurzel aus dem Körpergewicht dividiert. Wie notwendig nehmen die Zahlen in Tabelle VIII mit wachsendem Alter ständig zu. Mißt man nur wenige Individuen, so können unter Umständen im höheren Alter auch kleinere absolute Werte gewonnen werden. Mißt man ein Individuum zu verschiedenen Zeiten, so können die Werte nur wachsen, nicht aber abnehmen in der Jugendzeit. Das vom Verfasser im ersten Lebensjahr gemessene Material ist bisher zu klein, um die individuellen Proportionsschwankungen auszugleichen. Weder bezogen auf gleiche Rumpflänge, noch bezogen auf gleiches Gewicht, nehmen alle Zahlen eine gesetzmäßige Folge an, wie es bei normalem Verlauf des Wachstums bei den Einzelindividuen vielleicht zu erwarten ist. Nur die Abnahme der Schädelgröße im Laufe des ersten Jahres erfolgt in den Tabellen einigermaßen gesetzmäßig. Trotz des raschen Kopfwachstums, wie es in den Zahlen der Tabelle VIII zutage tritt, nimmt das Schädelvolumen relativ zu dem rascher wachsenden Rumpf ab. Die Feststellung der Proportionen nach dem Gewicht sowohl wie nach dem Körpergewicht ergibt den Vorteil, daß fehlerhafte Messungen als solche erkannt werden können. Man kann den Zahlen der Tabelle VIII und IX entnehmen, daß eine Vermehrung der Messungen nicht unbedeutende Korrekturen zur Folge haben wird. Als sicheres Resultat können wir diesen Messungen im ersten Lebensjahr aber entnehmen, im Einklang mit den Messungsresultaten bei Föten, daß die individuellen und wahrscheinlich auch rassenmäßigen Proportionsschwankungen relativ größer sein können als die Altersschwankungen, so daß nur ganz ungefähre Altersschätzungen im ersten Lebensjahr nach der Geburt aus Proportionsmessungen sich ableiten lassen. Die absoluten Werte dagegen geben im ersten Lebensjahr einen recht guten Maßstab für die Altersbestimmungen, ebenso die Zähne und die Knochenkerne. In Tabelle IV (S. 108) sind Altersangaben aus dem Wachstum der Haare, der Zähne und des Knochensystems wiedergegeben, die zusammen mit den Zahlen für Körperlänge, Körpergewicht und Streckengewicht, bei Ausschluß pathologischer Verhältnisse, eine Altersbestimmung nach der Geburt in den meisten Fällen ermöglichen werden. Je weiter das Leben fortschreitet, über desto größere Zeitperioden erstrecken sich die Wachstumsfunktionen, die von der absoluten Lebensdauer abhängig sind, so daß bei Greisen nur Jahrzehnte noch geschätzt werden können, während bei jungen Föten das Auftreten von Knochenkernen nach Wochen angegeben werden kann. Im ersten Lebensjahr nach der Geburt kann man mit der richtigen Feststellung des Lebensmonates sehr zufrieden sein, wenn diese Feststellung nur aus physischen Zeichen am Individuum gewonnen worden ist.

Das Wachstum des Menschen im Kindesalter zeigt so bedeutende Geschlechtsdifferenzen bei Verwendung sehr großer Messungsreihen, daß eine gesonderte Betrachtung des Wachstums von Knaben und Mädchen notwendig ist. Das Längenwachstum der Knaben beginnt von einem nur wenig höheren Niveau als das der Mädchen, allmählich nehmen aber die Differenzen immer größerere Dimensionen an. Betrachten wir die Zahlenreihen der Tabelle XI, so sehen wir das Längenwachstum der Knaben ansteigen bis zum 20. Jahre, wo der europäische Durchschnitt mit 165 cm das Ende des Längenwachstums erreicht. Einige Individuen, die bis zum 20. Jahr zurückgeblieben sind im Wachstum, nehmen auch nach dem 20. Jahr an Länge zu. In Amerika soll zwischen dem 20. und 30. Lebensjahr bei Männern noch ein Wachstum von einigen Millimetern erfolgen. In Deutschland, wie überhaupt in Zentraleuropa, hält sich für den Durchschnitt die Länge vom 20. bis zum 25. Jahr unverändert. Es ist äußerst überraschend, zu sehen, daß zwischen 25 und 30 Jahren bereits die erste, kaum merkliche Abnahme der Körperhöhe stattfindet. Siehe auch S. Weißenberg: „Das Wachstum des Menschen“ (Strecker & Schröder, 1911). Vom 25. Lebensjahr nimmt die Körperhöhe ununterbrochen in steigendem Maße bis zum Lebensende ab. Der absolute Jahreszuwachs, der beim Neugeborenen 48 cm beträgt, nimmt bei Knaben bis etwa zum 9. Lebensjahr ab und hält sich dann bis zum 13. Lebensjahr mit einigen Schwankungen in ungefähr gleicher Höhe. Dann setzt die Pubertätssteigerung des Längenwachstums ein, doch ergibt diese für den Durchschnitt keine sehr erhebliche Wachstumszunahme pro Jahr. Im 15. und 16. Lebensjahr ist der Jahreszuwachs mit 6 und 7 cm noch nicht so groß wie der Jahreszuwachs des Sechsjährigen mit 7 cm. Bei einzelnen Individuen degegen beobachtet man im Gegensatz zu den Mittelzahlen der Tabelle XI sehr erhebliche Wachstumszunahmen bis zu 12 cm, in einzelnen Fällen noch darüber. Vom 18. Lebensjahr ab ist die jährliche Längenzunahme beim Durchschnitt sehr gering.

Schon mit 19 Jahren ist der Skelettbau im wesentlichen beendet und der Wachstumsimpuls, der von den Sexualorganen ausgeht, im Erlöschen. Die Abnahme der Länge vom 25. Lebenjahre ab erfolgt so allmählich, daß die Jahresabnahme im Mittel 0,3 cm im 70. Lebensjahr nicht überschreitet. Der prozentische Zuwachs der Länge, das eigentliche Maß der Wachstumsgewindigkeit, nimmt von 94,60 Proz. beim Neugeborenen rasch ab bis zu 3,5 Proz. mit 7 Jahren nach der Geburt. Von da bleibt der Zuwachs mit Schwankungen stehen bis zu 16 Jahren. In diesem Jahre setzt eine weitere Abnahme ein. Mit 30 Jahren ist der Zuwachs negativ geworden und bleibt so bis zum Tode.

Den Schwankungen der Mittelzahlen, die für das 9. Jahr den besonders hohen Jahreszuwachs von 4 Proz. und für das 13. Lebensjahr den besonders niedrigen Zuwachs von 2,82 Proz. ergeben, mißt Verfasser wiederum wenig Bedeutung bei. Im ganzen kann man sagen, daß vom 7. Lebensjahr bis zum 16. Lebensjahr der Jahreszuwachs sich fast unverändert auf 3,7 Proz. beläuft. Streng genommen bewirkt also die Reifung der Sexualorgane gar nicht eine Beschleunigung des Längenwachstums, sondern sie verhindert nur für einige Zeit das Absinken der Werte. Der prozentische Jahreszuwachs ist, wie bereits früher betont,

Tabelle XI.

	Lebensalter	Körperlänge		Jahreszuwachs		Jahreszuwachs in Proz.		Körpergewicht		Streckengewicht Gewicht durch Länge		Jahreszuwachs des Körpergewichts		Jahreszuwachs des Körpergewichts in Proz.	
		männl.	weibl.	männl.	weibl.	männl.	weibl.	männl.	weibl.	männl.	weibl.	männl.	weibl.	männl.	weibl.
Jahre nach der Geburt	Neugeboren	50,8	50,0	48,0	38,4	94,60	77,00	3 300	3 100	65,2	62,0	6000,0	3600,0	182,000	116,00
	1. Jahr	74,0	70,5	23,2	20,5	31,80	29,00	9 450	8 900	128,0	126,0	6150,0	5800,0	65,100	65,20
	2. „	84,0	82,5	10,0	12,0	11,90	14,40	12 100	11 130	132,0	136,0	2650,0	2230,0	21,900	22,10
	3. „	90,0	90,0	6,0	7,5	6,70	8,36	13 240	12 600	147,0	140,0	1140,0	1470,0	8,700	11,70
	4. „	97,0	96,0	7,0	6,0	7,20	6,25	14 870	14 290	153,0	149,0	1630,0	1690,0	10,900	11,90
	5. „	104,0	103,0	7,0	7,0	6,74	6,80	16 500	15 730	159,0	153,0	1630,0	1440,0	9,900	9,20
	6. „	111,0	109,0	7,0	6,0	6,30	5,50	18 190	17 150	164,0	157,0	1690,0	1420,0	9,300	8,30
	7. „	115,0	115,0	4,0	6,0	3,50	5,20	20 260	18 620	176,0	162,0	2070,0	1470,0	10,300	7,90
	8. „	119,0	119,0	4,0	4,0	3,36	3,50	22 260	20 190	187,0	169,0	2000,0	1570,0	9,000	7,80
	9. „	124,0	125,0	5,0	6,0	4,02	4,80	24 290	22 200	196,0	177,0	2030,0	2010,0	8,400	9,00
	10. „	128,0	130,0	4,0	5,0	3,10	3,85	26 380	24 430	206,0	187,0	2090,0	2230,0	8,000	9,10
	11. „	133,0	136,0	5,0	6,0	3,76	4,40	28 420	26 750	214,0	197,0	2040,0	2320,0	7,200	8,70
	12. „	138,0	142,0	5,0	6,0	3,62	4,23	30 940	30 800	224,0	217,0	2520,0	4050,0	8,200	13,10
	13. „	142,0	147,0	4,0	5,0	2,82	3,40	34 690	34 500	244,0	234,0	3750,0	3700,0	10,800	10,70
	14. „	147,0	150,0	5,0	3,0	3,40	2,00	39 100	38 420	266,0	256,0	4410,0	3920,0	11,300	10,20
	15. „	153,0	151,0	6,0	1,0	3,92	0,67	43 970	42 170	287,0	279,0	4870,0	3750,0	11,100	8,90
	16. „	159,0	152,0	6,0	1,0	3,78	0,66	49 880	45 570	313,0	298,0	5910,0	3400,0	11,800	7,50
	17. „	162,0	153,0	3,0	1,0	1,85	0,65	54 260	48 700	335,0	316,0	4380,0	3130,0	8,100	6,40
	18. „	163,0	154,0	1,0	1,0	0,61	0,65	58 050	51 350	356,0	337,0	3790,0	2650,0	6,500	5,20
	19. „	164,0	154,0	1,0	0,0	0,61	0,00	60 520	52 980	369,0	344,0	2470,0	1630,0	4,100	3,10
	20. „	165,0	154,0	1,0	0,0	0,60	0,00	61 910	53 970	375,0	350,0	1390,0	990,0	2,200	1,80
	25. „	165,0	154,0	0,0	0,0	0,00	0,00	64 060	54 455	389,0	353,0	2150,0	97,0	0,700	0,18
	30. „	164,5	153,5	– 0,25	– 0,25	– 0,1520	– 0,1630	66 210	54 940	403,0	357,0	350,0	97,0	0,540	0,18
	40. „	164,0	153,0	– 0,05	– 0,05	– 0,0304	– 0,0327	66 240	55 920	404,0	366,0	3,0	98,0	0,005	0,17
	50. „	163,0	152,0	– 0,10	– 0,10	– 0,0610	– 0,0660	66 800	57 310	409,0	377,0	50,6	139,0	0,070	0,24
	60. „	162,5	151,0	– 0,05	– 0,10	– 0,0610	– 0,0670	66 260	55 510	407,0	366,0	– 54,0	– 180,0	– 0,080	– 0,32
	70. „	159,5	148,0	– 0,30	– 0,30	– 0,1880	– 0,2030	63 700	52 660	399,0	355,0	– 256,0	– 285,0	– 0,400	– 0,54

als das wahre Maß der Wachstumsgeschwindigkeit anzusehen, der alle Berechnungen von Verdoppelungsgeschwindigkeiten mit ihren Fehlern überflüssig macht.

Bei rasch reifenden Individuen kommt es zu einer wahren Steigerung des prozentischen Jahreszuwachses und damit zu einer Geschwindigkeitssteigerung des Längenwachstums gegenüber dem 7. Lebensjahr, niemals aber werden die hohen Zahlen der ersten Kinderjahre wieder erreicht. Bei der Mehrzahl der Tiere ist der Einfluß der sexuellen Reifung auf das Längenwachstum weit weniger ausgesprochen als beim Menschen und den anderen Primaten, ihre Wachstumskurve ähnelt daher mehr einer Parabel als die des Menschen. Aus der Betrachtung absoluter Zuwachswerte lassen sich Wachstumsgesetze nicht ableiten, trotzdem fehlt es in der Literatur über Menschenwachstum an Berücksichtigung des prozentischen Zuwachses.

Das Streckengewicht des Körpers wächst von 65,2 beim männlichen Neugeborenen auf 128 beim einjährigen Kinde, nimmt dann sehr gleichmäßig bis zum 50. Lebensjahr zu und von dort allmählich und langsam wieder ab. Diese Altersabnahme des Körpergewichtes vom 50. Jahre ab gilt nur für den Durchschnitt. Einzelne Individuen erreichen mit 20 Jahren bereits ihr maximales Streckengewicht, andere halten sich bis in sehr hohes Alter auf annähernd gleicher Höhe bei geringer Abnahme der Körperhöhe. Das Körpergewicht zeigt in seiner prozentischen Zunahme noch größere Schwankungen als die Längenzunahme. Nach raschem Abfall von der Geburt mit 182 Proz. Jahreszunahme bis zu 8,7 Proz. 3 Jahre nach der Geburt schwankt der prozentische Gewichtszuwachs von 7,2 Proz. 11 Jahre nach der Geburt bis maximal 11,8 Proz. 16 Jahre nach der Geburt. Durch sehr geringe Zunahme zeichnet sich aus das Jahr 3, ferner die Jahre 10 bis 13, durch relativ große Zunahme die Jahre 4 bis 7 und die Jahre 13 bis 16. Vom 17. Jahre ab fällt die prozentische Gewichtszunahme regelmäßig ab, im Jahre 60 wird die Zunahme negativ. Mit der Wachstumseinteilung von Stratz steht der Lauf der Gewichtszunahmekurve in gewissem Gegensatz. Stratz rechnet Säuglingsalter und erste Fülle bis zum 4. Lebensjahr, die erste Streckungsperiode vom 5. bis 7. Jahr, die 2. Fülle vom 8. bis 10. Jahr, die 2. Streckung vom 11. bis 15. Jahr, die Reife vom 15. bis 20. Jahr. Vom 5. bis 7. Jahr nimmt das Körpergewicht relativ sehr erheblich zu, weit mehr als im Jahr vorher, also gerade in der Streckungsperiode von Stratz, in der Periode der 2. Fülle von Stratz, vom 8. bis 10. Jahr ist die Zunahme sehr gering, in der Periode der 2. Streckung hat die Zunahme ihr Maximum. Für den Durchschnitt der Europäer sind die Stratzschen Perioden nicht richtig. Weißenberg teilt das Wachstum des Menschen in drei Hauptperioden, progressives Wachstum vom 1 bis 25 Jahren, stabiles Stadium von 26 bis 50 Jahren und regressives Wachstum von 51 bis 75 Jahren. In der ersten Periode des progressiven Wachstums unterscheidet er als Unterperioden: I. die erste Fülle von 1 bis 3 Jahren (bei Knaben), II. die erste scheinbare Streckung von 4 bis 6 Jahren, III. verlangsamtes Wachstum von 7 bis 11 Jahren,

IV. von 12 bis 17 Jahren zweite wirkliche Streckung, V. von 18 bis 25 Jahren sehr verlangsamtes Wachstum und Höhenabschluß. Die zweite Hauptperiode von 26 bis 50 Jahren bringt Abschluß des Breiten- und Massenwachstums, die dritte Periode Abnahme in allen Dimensionen. Die Zahlen der Tabelle XII stehen mit den Weißenbergschen Perioden im Einklang, die zweite Periode von Weißenberg wird nicht mit Recht stabiles Stadium des Wachstums von diesem genannt. Die erste Periode von 0 bis 25 Jahren heißt mit Recht Periode des progressiven Gewichts- und Längenwachstums, die zweite ist die der Abnahme des Längenwachstums und Zunahme des Gewichtes, die dritte von 51 bis zum Tode die Periode der Abnahme von Gewicht und Längenwachstum. Die Kurve des Gesamtwachstums (Massenwachstum) hat einen aufsteigenden Schenkel von 0 bis 50 Jahren und einen absteigenden Schenkel von 51 bis zum Tode. Die Einteilung in drei Perioden statt in zwei entsteht durch das Sistieren des Längenwachstums bei Fortdauer der Gewichtszunahme. Aus praktischen Gründen wird bei der Menschenmessung dem Längenwachstum ein ungebührlich großer Einfluß zugemessen. Die Einteilung in drei Perioden scheint daher aus praktischen Gründen nicht unzweckmäßig, wenn auch das Gesamtwachstum nur zwei Hauptperioden erkennen läßt. Als Unterabteilungen der ersten Hauptperiode des progressiven Längen- und Gewichtswachstums würde Verfasser vorschlagen zu bilden:

I. Säuglingszeit, 1. Lebensjahr.
II. Kinderzeit vom 2. bis 12. Jahr.
III. Reifungsperiode vom 13. bis 18. Jahr.

Die Bezeichnungen von Wachstumsperioden als Streckungen und Fülle können ohne jeden Schaden bei Wachstumsbetrachtungen weggelassen werden, zumal sie sehr wenig scharf ausgesprochen zu sein pflegen und in Mittelzahlen nicht deutlich hervortreten. Es soll zugegeben werden, daß in einzelnen Fällen beim Wachstum Perioden rascherer Zunahme des Längenwachstums abwechseln können mit Perioden rascherer Zunahme des Körpergewichtes, in den meisten Fällen aber steigt das Gewicht am meisten zur Zeit der größten Längenzunahme. Eltern und Erziehern ist die starke Steigerung des Appetits wachsender Kinder wohlbekannt, die in Perioden starker gleichzeitiger Steigerung des Längen- und Gewichtswachstums aufzutreten pflegt und bewirkt, daß die Kinder mehr Nahrung zu sich nehmen als die schwereren Erwachsenen. Die Wachstumskurve der Mädchen im extrauterinen Leben beginnt auf nur unwesentlich niedrigerem Niveau. Bis zum 8. Jahr sind die Körperlängen der Mädchen annähernd so groß wie die der Knaben. Zwischen 9 und 14,5 Jahren übertreffen die Mädchen die gleichaltrigen Knaben an Länge und bleiben von da ab hinter den Knaben zurück. Mit 18 Jahren erreicht der Durchschnitt der Mädchen die maximale Körperlänge.

Zwischen 25 und 30 Jahren beginnt die Körperlänge wie bei den Männern langsam abzunehmen, ungefähr mit der gleichen Geschwindigkeit. Der absolute Jahreszuwachs der Körperlänge ist anfangs beträchtlich geringer als bei den Knaben, zwischen 7 und 13 Jahren aber höher. Zwischen 14 und 17 Jahren bleibt der Zuwachs der Mädchen weit hinter dem der gleichaltrigen Knaben zurück. Schon von 15 Jahren ab beträgt der jährliche Zuwachs nur noch 1 cm pro Jahr bei den Mädchen.

Der prozentische Jahreszuwachs (Tabelle XI) zeigt in seinen Zahlen, daß auch bei den Mädchen in der Reifezeit nicht eigentlich von einer Beschleunigung des Längenwachstums gesprochen werden kann, sondern nur von einer Verhinderung des ständigen Absinkens der Geschwindigkeit. Daß die größere Länge in der Reifezeit größere absolute Zunahmen zeigt als die geringe Länge der Kinder von 7 bis 9 Jahren, beweist nicht eine größere Wachstumsgeschwindigkeit. Bis zum 7. Jahr fällt die Geschwindigkeit des Längenwachstums ununterbrochen, wird dann unregelmäßig bis zum 12. Jahr und fällt von da ab weit steiler als bei den Knaben. Von einer ausgesprochenen Periodizität des prozentischen Jahreszuwachses der Körperlänge ist nichts zu sehen, die Unregelmäßigkeiten im Jahr 8 und im Jahr 10 machen den Eindruck statistischer Fehler und beschränken sich auf zwei Jahre. Die Gesetzmäßigkeit des Längenwachstums des Menschen lautet für Knaben und Mädchen gleichmäßig. Die Wachstumsgeschwindigkeit nimmt in der allerersten Zeit des Lebens rasch bis zum Maximum zu und fällt so gut wie ununterbrochen durch das ganze Leben hindurch ab. Die Geschwindigkeit der Abnahme ist für einige Jahre zur Reifezeit sehr erheblich gehemmt oder aufgehoben. Die Körpergewichte der Mädchen sind nach Stratz, Lange und anderen Autoren in der Reifezeit der Mädchen von 9 bis 15 Jahren höher als die der Knaben von gleichem Alter. Die Mittelzahlen sehr großer Mengen (siehe Tabelle XI auch Vierordt, Daten und Tabellen, Jena 1893) ergeben aber für die Mädchen geringere Mittelzahlen des Körpergewichts selbst in den Jahren größerer Körperlänge. Das Streckengewicht der Mädchen ist dementsprechend im Mittel stets geringer als das der Knaben. Es zeigt das Streckengewicht der Mädchen eine ständige Zunahme und ein Maximum von 377 g pro Zentimeter gegenüber 409 g bei den Knaben 50 Jahre nach der Geburt. Die Abnahme des Streckengewichtes vom 50. Lebensjahr ab ist geringer als die Abnahme der Körperlänge. Der absolute Jahreszuwachs des Körpergewichtes der Mädchen ist nur mit 12 Jahren für ein Jahr größer als das der Knaben, sonst ist die absolute Massenzunahme der Knaben durch das ganze Leben größer. Die Zunahmegeschwindigkeit des Körpergewichtes ist nach den Mittelzahlen (Tabelle XI) im Jahre 3 und 4 höher als bei den Knaben, dann ungefähr gleich groß, mit 12 Jahren sehr erheblich größer als bei den Knaben mit 15 Jahren und alsdann dauernd kleiner als bei den Knaben. Im Gegensatz zu dem prozentischen Jahreszuwachs der Körperlänge können wir beim Gewicht nicht bloß von einer Verzögerung des Absinkens der Geschwindigkeit sprechen, sondern die Geschwindigkeit der Massenzunahme zeigt zur Reifezeit eine, wenn auch nicht allzu bedeutende

Beschleunigung bei Knaben und bei Mädchen. Diese Zunahmebeschleunigung tritt bei Einzelindividuen noch viel deutlicher in Erscheinung als bei den Mittelzahlen der Autoren in Tabelle XII und ist eine für die Menschenart vielen Tierarten gegenüber charakteristische Wachstumserscheinung in der gleichen Weise wie die oben behandelte geringere Störung der Längenwachstumskurve in der Reifezeit[1]). Um das Wachstum nach objektiven Zeichen des Körpers, nicht nur nach Berichten messen zu können, bedürfen wir Alterszeichen, die wir dem Entwicklungsgrad der verschiedensten Organsysteme entnehmen. Hautsystem, Zahnsystem und Knochensystem (siehe Tabelle XII) sind in ihrem Entwicklungsgrad die am häufigsten benutzten Maßstäbe des absoluten Lebensalters. In den ersten Tagen nach der Geburt erlaubt der Zustand des Nabels mit seinen raschen Veränderungen eine Diagnose des Zeitabstandes vom Geburtsmoment. Nach 24 Stunden ist der Nabel trockener geworden, am 3. Tage bereits trocken, am 4. oder 5. Tage fällt der Nabelschnurrest ab, am 6. Tage ist die Stelle der Abstoßung der Nabelschnur frisch überhäutet. Alle diese Angaben sind Durchschnittszahlen bei normalem Verlauf der Abstoßungsvorgänge. Das Haarsystem erlaubt eine Bestimmung des Lebensalters insofern, als zur Reifezeit der Fellwechsel des Menschen beginnt und das Flaumhaarkleid zunächst in Achsel- und Schamgegend, dann bei Knaben auch im Gesicht, meist an der Oberlippe durch das Terminalhaarkleid ersetzt wird. Sehen wir von allzu früher und allzu später Reifung ab, so pflegt bei Mädchen im 11. und 12. Jahr, bei Knaben im 13. und 14. Jahr die Terminalhaarsprossung sichtbar zu werden. Der Beginn der Bartbildung bei europäischen Knaben fällt in das 15. und 16. Jahr im Mittel. Mit der Ausbildung der Achsel- und Schamhaare pflegt die Ausbildung des Terminalhaarkleides bei den Mädchen bis zur Zeit des Klimakteriums ihr Ende erreicht zu haben. Im Alter überzieht auch beim weiblichen Geschlecht das Terminalhaarkleid weitere Strecken des Körpers unter Verlust des Flaumhaarkleides beim haarreichen Menschenstamm. Beim männlichen Geschlecht schreitet die Verdrängung des Flaumhaares durch das Terminalhaar ununterbrochen fort durch das ganze Leben, bis beim Greise nur noch spärliche Reste des Flaumhaarkleides sich auffinden lassen. Die Ausbildung eines bartähnlichen Felles auf der Brust pflegt beim haarreichen Menschenstamm erst nach der Ausbildung des ersten Bartes einzusetzen und erlaubt eine weitere Altersbestimmung. Zwischen 25 und 30 Jahren, zur Zeit der ersten Längenverkürzung tritt bei vielen Individuen namentlich im männlichen Geschlecht bereits der Beginn des Altershaarausfalles am Kopf ein, besonders an den Schläfen, als erster Prozeß der Glatzenbildung. In die Jahre 25 bis 75 zieht sich der Prozeß des Verlustes der Kopfkappe der Behaarung beim Menschen hin. Bei den Menschenaffen bilden sich die Altersglatzen sehr früh aus und zeigen dieselbe Beschränkung auf gewisse Rassen

---

[1]) Die Zahlen der Tabelle XI sind Mittelzahlen aus den Angaben der Autoren, die Messungen veröffentlicht haben.

Tabelle XII.

Altersbestimmungen für den Menschen nach der Geburt.

Alter nach der Geburt	Hautsystem und Nabel	Zahnsystem	Knochensystem
1—3 Monate	Nabel eingetrocknet am 3. Tag, fällt am 4.—5. Tage ab; überhäutet am 7. Tag	Zahnkegel f. d. oberen ersten Molaren im Kiefer ausgebildet	Knochenkern für Os cuneiforme III
4—8 Monate		1. Schneidezahn 7. bis 9. Monat, 2. Schneidezahn oben und unten 8.—10. Monat	Knochenkern für die obere Epiphyse des Femur für Os capitatum, ♂ 4—10 Monate, ♀ 3—6 Monate. Knochenkern für Os hamatum, ♂ 5—10 Monate, ♀ 6 bis 12 Monate
9—12 Monate			Knochenkern für die distale Epiphyse der Tibia
2. Jahr nach der Geburt		12.—15. Monat 1. Milchbackenzahn, 16. — 20. Monat Milcheckzahn, 24. Monat 2. Milchbackenzahn	Knochenkern für das distale Ende der Fibula im Os coracoideum; Akronion noch knorplig
3. Jahr		Im Kiefer Zahnkegel für den 2. oberen Molar	Knochenkern in der Basis phalangis III und im Capitulum ossis metacarpalis III im Os hamatum und Os capitatum in der distalen Epiphyse der Ulna und im Capitulum humeri
4. Jahr			Knochenkern für Os cuneiforme I für die obere Epiphyse der Fibula in der Basis ossis metacarpalis pollicis. An den Zehen in mittlerer Reihe Epiphysen. Os lunatum
5. Jahr			Knochenkern im Trochanter major, in der Patella, in der Fibula, im Naviculare, im Os lunatum
6. Jahr			Knochenkern im Capitulum radic. und im Os multangulum majus et minus
7. Jahr			Knochenkern für Os naviculare (Fuß) und für den Trochanter major und im Processus ensiformis des Sternum
8. Jahr		1. Backenzahn u. 1. bleibender Schneidezahn	Knochenkern im Humerus epicondylus medialis in der carpalen Epiphyse der Ulna
9. Jahr		2. Schneidezahn	Knochenkern für die Epiphyse des Tuber calcanei

Tabelle XII (Fortsetzung).

Alter nach der Geburt	Hautsystem und Nabel	Zahnsystem	Knochensystem
10. Jahr			Os pisiforme, proximale Epiphyse der Ulna
11. und 12. Jahr	Beginn der Schamhaare ♀	1. Prämolar- und 2. Prämolareckzahn	2 Knochenkerne im Olecranon. Ossa acetabuli noch erhalten.
13. und 14. Jahr	Beginn der Schamhaare ♂	2. Backenzahn	3 Knochenkerne in der distalen Epiphyse humeri. 1 Knochenkern im Trochanter minor. Ossa sesamoidea der großen Zehen.
15. und 16. Jahr	Beginn der Bartbildung beim Manne		Knochenkern für das Os infracoracoideum. Ossa sesamoidea der Hand. Epiphyse am Angulus scapulae noch knorpelig
17. und 18. Jahr			Acetabulum verknöchert ohne Grenzlinien, Epiphysen der Finger und des Olecranon in Verschmelzung und Epiphyse des Capitulum radic.
19. und 20. Jahr		18.—25. Jahr Weisheitszahn, 3. Mahlzahn	Knochenkern im Angulus inferior scapulae. Sekundäre Epiphyse am Processus coracoideus. Verschmelzung der proximalen Epiphyse des Humerus. Knochenkern in der sternalen Epiphyse der Clavicula
21.—25. Jahr	Ausbildung d. Brustfelles und der Armbehaarung		Verschluß der Sphenobasilarfuge. Crista ossis ilei verschmilzt mit dem Hauptknochen
25.—30. Jahr	Beginn des Altershaarausfalles am Kopf		
30.—35. Jahr	Glatzenbildung beginnt		Verschmelzung des knöchernen Processus ensiforme mit dem Sternum
35.—40. Jahr			
40.—45. Jahr			Erste Schädelnahtverknöcherungen.
45.—50. Jahr		Verlust mehrerer Zähne die Regel	
51.—60. Jahr	Ergrauen der Kopf- und Barthaare		
60.—80. Jahr	Weißwerden der Kopf- und Körperhaare		Impressionen in den Scheitelbeinen. Kalkverarmung des Skelettes
80.—100. Jahr	Abnahme d. Flaumhaare am Körper	Verlust aller Zähne häufig	

wie beim Menschen. Bei reinblütigen Indianern soll Glatzenbildung wie Ergrauen der Kopfhaare unbekannt sein. Bei dem nordischen Zweig der poikilodermen (weißen) Rasse tritt das Ergrauen der Haare im Mittel nach dem 45. Lebensjahr auf, bei den Männern nicht merklich früher als bei den Frauen. Völlig weiße Haare deuten auf ein Alter von mehr als 60 Jahren. Für die Erkennung der Lebensstufe bietet die Ausbildung des Haarsystems namentlich bei den haarreichen Menschen sehr gute und vielgebrauchte Anhaltspunkte. Das Zahnsystem kann beim Menschen infolge der Langsamkeit seiner Ausgestaltung für Jahrzehnte zur Altersbestimmung herangezogen werden. Kurz nach der Geburt bildet sich im Kiefer der Zahnkegel für die ersten bleibenden Molaren bereits aus. Vom 7. Monat nach der Geburt an bis zum Beginn des 3. Jahres liefert die Ausbildung des Milchgebisses Altersdaten (siehe Tabelle XII). Im 8. Jahre beginnt der Durchbruch der bleibenden Zähne, um im 20. bis 30. Jahr mit dem Durchbruch der Weisheitszähne (den 3. Molaren) ihr Ende zu finden. Im höheren Alter gibt der Verlust mehrerer Zähne und die Resorptionsprozesse an den Alveolen Altersschätzungen an die Hand. Mit 80 Jahren sind in der Regel alle Zähne ausgefallen und der Alveolarfortsatz der Kiefer oft völlig resorbiert. Ein Erhaltenbleiben des ganzen Gebisses durch die ganze Lebenszeit gehört in Europa zu den allergrößten Seltenheiten, bei einigen Greisen wurde von einer dritten Dentition, Auftreten neuer Zähne nach mehr als 80 Lebensjahren, berichtet.

Das Wachstum des Skelettes als Grundlage des Längenwachstums bildet das Hauptmerkmal zur Beurteilung des Lebensalters. Durch das Röntgenverfahren ist ermöglicht, das Wachstum der Knochenkerne genau zu erkennen und zur Beurteilung der Lebensepoche zu verwenden, wie bei den Föten. In Tabelle XII ist das Auftreten der verschiedenen Knochenkerne für die Lebensstufen nach der Geburt angegeben. Die Erforschung des Knochenkernwachstums ist beim Menschengeschlecht noch nicht abgeschlossen, namentlich wissen wir noch so gut wie gar nichts von rassenmäßigen Verschiedenheiten im zeitlichen Auftreten der Knochenkerne. Um so bemerkenswerter erscheint es, daß die Geschlechtsdifferenzen des Wachstums im Auftreten der Knochenkerne sich so früh manifestieren in der Zeit des bisexuellen Kindesalters mancher Autoren (z. B. Stratz), daß wir von geschlechtlich unbeeinflußtem Wachstum in der postuterinen Entwicklung nicht mehr sprechen können. Bei genauerer Betrachtung wird auch die Fötalzeit sich bereits als geschlechtlich beeinflußt erweisen nach den Anschauungen des Verfassers, da wir die rassenmäßige Wachstumsbeeinflussung bis zum 4. Embryonalmonat bereits hinab verfolgen konnten. Im Handbuch der Entwicklungsgeschichte von Keibel und Mall (Teil I, S. 394) finden wir für die Handwurzel die Verknöcherung beim weiblichen Geschlecht bereits im Säuglingsalter um einige Monate vorausgeeilt. Die Differenz erweitert sich zur Reifezeit auf 2 Jahre, für die das weibliche Geschlecht dem männlichen im Knochenwachstum vorangeht. Schon mit 9 Jahren nach der Geburt treten die Knochenkerne bei Mädchen im Mittel 2 Jahre früher auf als bei

Knaben. Es gibt also kein bisexuelles Kindesalter. Das Wachstum von Mann und Frau von gleicher Rasse verhält sich analog wie das Wachstum zweier verschiedener Menschenrassen. Freilich sind noch nicht so früh wie beim Rassenwachstum die Geschlechtsdifferenzen des Wachstumes aufgefunden worden. Als einen der letzten Knochenkerne vermerkt die Tabelle XII das Auftreten eines Kernes in der sternalen Epiphyse der Clavicula im 20. Jahr, also zu einer Zeit, wo das Längenwachstum des Skelettes für viele Individuen im wesentlichen beendet ist. Nach dem Auftreten der letzten Knochenkerne erlaubt die Verschmelzung der Teilknochen neue Altersschätzungen an Skeletten. Erst nach 30 Jahren verschmilzt der knöcherne Processus ensiforme mit dem Sternum. Nach 40 Jahren treten Schädelnahtverknöcherungen ein. Im hohen Alter bilden sich häufig Kompressionen in den Scheitelbeinen und Kalkverarmung des Skelettes aus. Von Geschlechtsdifferenzen im zeitlichen Auftreten der Altersveränderungen ist beim Menschengeschlecht ebensowenig etwas Sicheres bekannt wie von rassenmäßigen Differenzen des zeitlichen Auftretens der Altersveränderungen. Die verbreitete Anschauung, daß die meisten Rassen früher altern als die weiße Rasse, beruht auf der Beobachtung des raschen Alterns früh geschlechtsreifer weiblicher Individuen. Wir wissen heute, daß eine ganze Reihe von Rassen später geschlechtsreif wird als der Durchschnitt der Europäer. Wir können als Gesetzmäßigkeit betrachten, daß die Altersveränderungen beim Menschen im Mittel um so später auftreten, je später die Reifezeit einsetzt und je später die Entwicklung abgeschlossen ist. Die früheste Entwicklung zeigen die heutigen Egypter, bei denen nach Aussage der Ärzte mit 12 Jahren die Mehrzahl der Mädchen menstruiert, also volle 2 Jahre früher als der Durchschnitt der Europäerinnen. Tatsächlich sind die dortigen Frauen durch rasches Eintreten der Altersveränderungen ausgezeichnet, ebenso die frühreifen Zigeunerinnen bei der weißen Rasse.

Von einer Verallgemeinerung, daß farbige Rassen eher altern als die poikiloderme Rasse, kann keine Rede sein. Bei dem Menschenreichtum der weißen Rasse ist es kein Wunder, daß in fast allen Punkten bei ihr einzelne Individuen an die Grenze der menschlichen Variationsbreite überhaupt heranreichen. Daß im Durchschnitt die poikiloderme (weiße Rasse) sich am langsamsten entwickelt, ist nicht richtig. Großneger und Indianer stehen an Entwicklungsdauer hinter dem weißen Durchschnitt durchaus nicht immer zurück. Die alte Flourenssche Regel, daß die Lebensdauer abhängig ist von der Entwicklungsdauer, findet sich in vielen Fällen beim Menschen bestätigt, so daß für die bewußte Beeinflussung des Menschenwachstums ein Streben nach Langsamkeit in der Entwicklung der Individuen berechtigt erscheint.

Die Veränderungen in den Körperproportionen im Laufe des postuterinen Lebens sind in den Tabellen XIII, XIV und XV wiedergegeben nach Messungen an Bildern von ausgesucht gut gewachsenen Individuen. Bei Weißenberg l. c. finden wir zahlreiche Messungen der verschiedensten Proportionen und zahlreiche Körpermaße in der

Tabelle XIII.

Veränderungen der Körperproportionen in der Wachstumsperiode nach der Geburt.

	Neugeboren	3 Jahre alt	6 Jahre alt	15 Jahre alter Knabe	15 Jahre altes Mädchen	Erwachsener Mann	Erwachsene Frau
Rumpflänge . . . mm	164,0	315,0	358,0	468,0	478,0	538,0	532,0
Rumpfbreite	129,0	192,0	196,0	267,0	222,0	385,0	313,0
Rumpftiefe	61,0	100,0	115,0	139,0	139,0	240,0	167,0
Beckenbreite	113,0	188,0	204,0	267,0	258,0	317,0	342,5
Beckentiefe	61,0	145,0	147,0	184,0	200,0	226,0	245,0
Oberarmlänge	100,0	148,0	193,0	267,0	290,0	315,0	295,0
Unterarmlänge . . .	57,0	156,0	188,0	247,0	240,0	237,0	254,0
Handlänge	59,0	98,0	115,0	176,0	170,0	204,0	189,0
Oberschenkellänge . .	100,0	192,0	255,0	370,0	337,0	430,0	372,0
Unterschenkellänge .	76,0	192,0	242,0	332,0	357,0	382,0	372,0
Fußhöhe	23,0	37,2	43,6	55,2	53,0	51,2	53,2
Fußlänge	63,0	130,0	170,0	250,0	250,0	291,0	277,0
Hals	55,5	96,0	109,0	158,0	141,0	178,0	154,0
Schädelbreite	90,5	124,0	124,0	141,0	139,0	146,0	142,0
Schädelhöhe	64,0	96,0	104,0	126,0	119,0	124,0	119,0
Schädellänge	115,0	151,0	158,0	190,0	192,0	199,0	197,0
Gesichtshöhe	54,0	63,0	71,5	82,5	92,2	113,0	105,0
Gesichtslänge	64,0	101,0	114,0	134,0	132,0	164,0	133,0
Arm	216,0	402,0	496,2	690,0	700,0	756,0	738,0
Bein	199,0	421,2	540,6	757,2	747,0	863,2	797,2

Tabelle XIV.

Veränderungen der Körperproportionen in der Wachstumsperiode nach der Geburt. Bezogen auf gleiche Rumpflänge.

	Neugeboren	3 Jahre alt	6 Jahre alt	15 Jahre alter Knabe	15 Jahre altes Mädchen	Erwachsener Mann	Erwachsene Frau
Rumpflänge . . . mm	100,0	100,0	100,0	100,0	100,0	100,0	100,0
Rumpfbreite	72,5	61,0	55,0	57,0	46,2	71,5	59,0
Rumpftiefe	37,0	32,7	32,2	29,8	28,0	34,5	31,5
Beckenbreite	69,0	59,8	58,0	57,0	54,0	58,8	64,5
Beckentiefe	37,0	46,0	41,0	39,2	41,0	42,0	46,0
Oberarmlänge	61,0	47,0	54,0	57,0	61,0	58,5	55,5
Unterarmlänge . . .	34,5	49,5	52,5	52,8	50,0	44,0	47,8
Handlänge	36,0	31,5	32,2	37,8	36,0	37,9	35,5
Oberschenkellänge . .	61,0	61,0	71,2	79,0	70,5	80,0	70,0
Unterschenkellänge .	46,5	61,0	67,8	71,0	74,5	71,0	70,0
Fußhöhe	14,0	11,8	12,2	11,8	11,8	9,5	10,0
Fußlänge	38,5	41,3	47,5	53,5	52,0	54,0	52,0
Hals	33,8	30,5	30,5	33,8	29,5	33,0	29,0
Schädelbreite	55,0	39,5	34,7	30,0	29,0	27,0	26,6
Schädelhöhe	49,0	30,5	29,0	27,0	25,0	23,0	22,3
Schädellänge	70,0	48,0	44,3	40,5	37,0	37,0	37,0
Gesichtshöhe	33,0	20,0	20,0	17,6	19,2	21,0	19,8
Gesichtslänge	39,0	32,2	32,0	28,4	25,0	30,5	25,0
Arm	131,5	128,0	148,7	147,6	147,0	140,4	138,8
Bein	121,5	143,8	151,2	161,8	156,8	160,5	150,0

Tabelle XV.

Veränderungen der Körperproportionen in der Wachstumsperiode nach der Geburt. Bezogen auf gleiches Gewicht.

	Neugeboren	3 Jahre alt	6 Jahre alt	15 Jahre alter Knabe	15 Jahre altes Mädchen	Erwachsener Mann	Erwachsene Frau
Gewicht . . . . . kg	3,3	14,0	20,0	49,0	49,0	70,0	60,0
$\sqrt{G}$	1,49	2,41	2,71	3,65	3,65	4,12	3,9
Rumpflänge . . . mm	110,0	130,0	132,0	128,0	130,0	130,0	137,0
Rumpfbreite	80,0	79,5	70,0	73,0	61,0	93,5	80,0
Rumpftiefe	41,0	41,4	41,0	38,0	37,0	58,3	42,7
Beckenbreite	76,0	78,0	73,0	73,0	71,0	77,0	88,0
Beckentiefe	41,0	60,0	52,3	50,5	57,0	52,5	62,8
Oberarmlänge	67,0	61,2	68,8	73,0	79,0	76,5	75,7
Unterarmlänge . . .	37,3	64,5	67,0	66,7	66,0	57,5	65,7
Handlänge	39,5	40,5	41,0	48,2	47,0	49,5	48,5
Oberschenkellänge . .	67,0	79,5	91,0	104,0	93,2	104,0	95,5
Unterschenkellänge .	51,0	79,5	86,0	91,0	98,0	92,8	95,5
Fußhöhe	15,4	15,4	16,2	15,1	14,4	12,4	13,7
Fußlänge	42,3	53,8	60,4	68,4	69,0	70,7	71,0
Hals	37,2	39,7	38,7	43,2	38,6	43,2	39,5
Schädelbreite	60,6	51,3	44,1	38,6	38,0	35,5	36,4
Schädelhöhe	43,0	39,7	37,0	34,5	32,5	30,0	30,4
Schädellänge	77,0	62,5	56,2	52,0	50,0	48,3	50,5
Gesichtslänge	18,0	41,8	10,5	36,7	33,0	30,8	34,0
Gesichtshöhe	36,2	26,0	26,4	22,6	25,3	27,4	26,9
Arm	143,8	166,2	176,8	187,9	192,0	183,5	189,9
Bein	133,4	174,4	193,2	210,1	205,6	209,2	204,9

Wachstumsperiode. Da diese Maße nicht nach dem oben angegebenen Schema des Verfassers gewonnen sind, können die Zahlen mit denen der Tabellen XIII bis XV nicht ohne weiteres verglichen werden, und es sei statt Reproduktion der Weißenbergschen Zahlen auf die Originallektüre verwiesen. In einer Broschüre „Über das Wachstum des Menschen“ (Drechsels Verlag, Bern 1912) bringt Dr. Franz Schwerz eine Reihe von Tabellen, aus denen die Veränderungen der Proportionen in der Jugendzeit beim Menschen hervorgehen. Wiederum sei an dieser Stelle statt Abdrucks der in abweichender Art gewonnenen Körpermaße auf das Original verwiesen. Armlänge und Beinlänge sind in den Tabellen vermerkt, obwohl die Zahlen durch Addition leicht gewonnen werden können, die Werte von Oberarm, Unterarm und Hand bilden die Armlänge, die Werte von Oberschenkel, Unterschenkel und Fußhöhe bilden die Beinlänge. In den Tabellen XIV und XV wurden die Werte für Armlänge und Beinlänge ebenfalls hinzugefügt, um das relative Wachstum der Werte anschaulich zu machen. Tabelle XIV zeigt die Veränderungen der Proportionen in der Wachstumszeit bezogen auf gleiche Rumpflänge.

Die obere Rumpfbreite nimmt beim Knaben bis zum Jahre 6 ab, von da bis zum Ende des Wachstums wieder zu. Der Neugeborene und der Erwachsene zeigen fast gleiche Werte der Rumpfbreite gegenüber den kleineren Werten der Kinder- und Reifezeit, beim Mädchen fällt der kleinste Wert der Rumpfbreite auf das 16. Jahr, steigt von da an ein wenig, bleibt aber weit hinter den Werten des Mannes und des Neugeborenen zurück. Die Rumpftiefe ist beim Neugeborenen relativ beträchtlich und hat ihr Minimum bei beiden Geschlechtern mit 15 Jahren. Die Beckenbreite hat ihr Minimum bei beiden Geschlechtern in der Reifezeit. Die Werte des gut gewachsenen 15jährigen Mädchens ergeben einen überraschend niedrigen Wert für die Beckenbreite gegenüber dem Werte der erwachsenen Frau. Verfasser wollte absichtlich nicht gewaltsam durch Verwerfung des Modelles und Wahl eines Mädchens mit breiteren Hüften eine größere Gleichmäßigkeit erzwingen. Der niedrige Wert für die Hüftbreite von 54 Proz. der Rumpflänge kann durch eine Kombination von etwas langem Rumpf und etwas geringer Hüftbreite so klein ausgefallen sein.

Der Arm ist relativ zum Rumpf in den Jahren raschen Wachstums am längsten, beim Neugeborenen und Ewachsenen kürzer. Das Bein ist beim Neugeborenen bei weitem am kürzesten, und seine Länge steigt bei beiden Geschlechtern bis zum 16. Jahr, um von da aus ein wenig abzunehmen im Verhältnis zur Rumpflänge. Beim Neugeborenen ist der Arm relativ länger als das Bein; nach 3 Jahren ist das Verhältnis von Arm zu Bein bereits umgekehrt und das Bein bedeutend länger. Die wahren Vergleichswerte liefert Tabelle XV, bei der jeder Wert, der gemessen wurde, mit der dritten Wurzel aus dem Körpergewicht dividiert wurde.

Der Gang der Werte ist ein ähnlicher wie in Tabelle XIV. Besonders wichtig erscheint die Abnahme der Werte für Schädel und Gesicht. Es wird überraschen, daß auch die Werte für die Gesichtsmaße beim Neugeborenen in Tabelle XV größer sind als beim Erwachsenen. Das Gesicht des Neugeborenen erscheint uns relativ sehr klein durch das Übergewicht des Schädels und die Zahnlosigkeit der Kiefer, in Wahrheit sind aber die Kiefer des Neugeborenen relativ von erheblicher Größe und die Ähnlichkeit der Profile von jungen Affen und Menschen sehr ausgesprochen gerade wegen der Kiefergröße. Nicht nur die anderen Affenarten, sondern die Mehrzahl aller Säugetiere teilt die allmähliche Abnahme der Schädelmaße im Laufe des Wachstums mit dem Menschen. Die Säugetiere im allgemeinen zeigen dasselbe Entwicklungsgesetz wie der wachsende Mensch, nur daß die Verkleinerung der relativen Schädelmaße bei der Mehrzahl der anderen Tiere noch viel rascher erfolgt.

Die Körperproportionen des Menschen sind in zahlreichen Werken von Philosophen, Künstlern, Anatomen, erst in letzter Zeit auch von Ärzten behandelt worden. Für die bildenden Künste dient die Proportionslehre als Werkzeug zur Erleichterung der handwerksmäßigen Nachbildung der menschlichen Gestalt. Die Ärzte brauchen einen Kanon der menschlichen Gestalt, um das Wachstum und die Körpergliederung als normal oder als pathologisch, als erwünscht oder als unerwünscht bezeichnen zu können. Für die Zwecke des Arztes wie des

Künstlers sind in vielen Fällen Mittelzahlen brauchbar, Zahlen, die aus großen Messungsreihen durch einfache Division mit der Zahl der Messungen gewonnen worden sind. Die Tabellen dieser Arbeit enthalten teilweise solche Mittelzahlen, namentlich Tabelle XI. Die alten Ägypter besaßen als ausübende Bildhauer bereits einen Kanon, bei dem die Länge des Mittelfingers gleich $^1/_{19}$ der Körperhöhe als Grundmaß diente. Künstler brauchen einen Kanon, der nicht absolute Maßangaben enthält, sondern relative, bezogen auf ein leicht auffindbares Körpermaß, da die Nachbildungen der menschlichen Gestalt nicht nur in natürlicher Größe ausgeführt werden, die Ärzte dagegen brauchen absolute Zahlen zur Feststellung des Normalen im ärztlichen Sinne. Der bekannteste antike Kanon der menschlichen Gestalt ist der des Polyklet, dessen Angaben noch heute bei Nachbildung männlicher menschlicher Erwachsener gute Dienste leisten können. Nach Polyklet soll das Gesicht in drei gleiche Teile zerfallen. Vom Haaransatz (!) bis zur Nasenwurzel, von der Nasenwurzel bis zum unteren Nasenrand und endlich von da bis zum Kinn. Kopf und Hals sind gleich der Fußlänge und gleich einem Sechstel der Gesamthöhe. Der Kopf ist ein Achtel der Gesamthöhe, das Gesicht ein Zehntel. (Zitiert nach Stratz l. c.) Zahlreiche, den Künstler interessierende Angaben finden wir in Fritsch-Harleß, Die Gestalt des Menschen (Paul Neff Verlag, Stuttgart). In diesem Werk gibt Fritsch einen Proportionsschlüssel, der auf originelle mathematische Konstruktionen aufgebaut, mit der Länge der Wirbelsäule als Grundmaß, doch für eine Reihe wichtiger Körperlängen einen brauchbaren Kanon abgibt, für Mann und Frau identisch. Stratz versuchte mit diesem Kanon die Rassenproportionen zu erläutern. Diese Versuche, die Proportionen nach Kopfhöhen des Menschen zu bestimmen, sollen hier nur erwähnt, nicht aber wiedergegeben werden. Die Körpermitte soll bei gut gebauten Individuen am Symphysion liegen.

Alle bisherigen Proportionsschemata sind nur flächenhaft und geben nur einen ganz unvollständigen Begriff von dem charakteristischen Bau von Mann und Weib. Abb. 27 und 28 zeigen die maßgebenden Proportionen vom Europäer und der Europäerin, das eine Mal, Abb. 28, bezogen auf gleiche vordere Rumpflänge, das zweite Mal, Abb. 27, bezogen auf gleiches Gewicht. Die Maße sind nicht Durchschnittsmaße, sondern gewonnen durch Messungen an zwei gutgewachsenen, gesunden, vom Künstler ausgesuchten Gestalten, mit deutlicher Ausprägung der Geschlechtsverschiedenheiten. Die Messungszahlen finden sich in Tabelle XIII, XIV und XV. Bei gleicher Rumpflänge wie bei gleichem Gewicht prägt sich das Überwiegen der Brustmaße beim Manne, das Überwiegen der Beckenmaße beim Weibe sehr deutlich aus. Die Beine des Mannes und der Hals sind länger, die Arme des Mannes bezogen auf gleiche Rumpflänge. Bezogen auf gleiches Gewicht war der Arm des Mannes etwas kürzer. Die Schädelmaße von Mann und Frau sind nach beiden Maßstäben sehr ähnlich, bei den Gesichtsmaßen zeigen beide Abbildungen das Überwiegen des Gesichtes, die größere Kieferlänge beim Manne. Denken wir uns Mann und Frau auf ein Brett gelegt, das in der Rumpfmitte unterstützt ist, so belastet der Mann die obere Hälfte, das Weib die untere Hälfte des Brettes stärker. Das vom Verfasser gegebene Schema erlaubt die typischen Massenverhältnisse von Rumpf und Kopf auf den ersten Blick zu erkennen und zu vergleichen. Es sei nochmals hier betont, daß die weiblichen Maße am Bilde eines

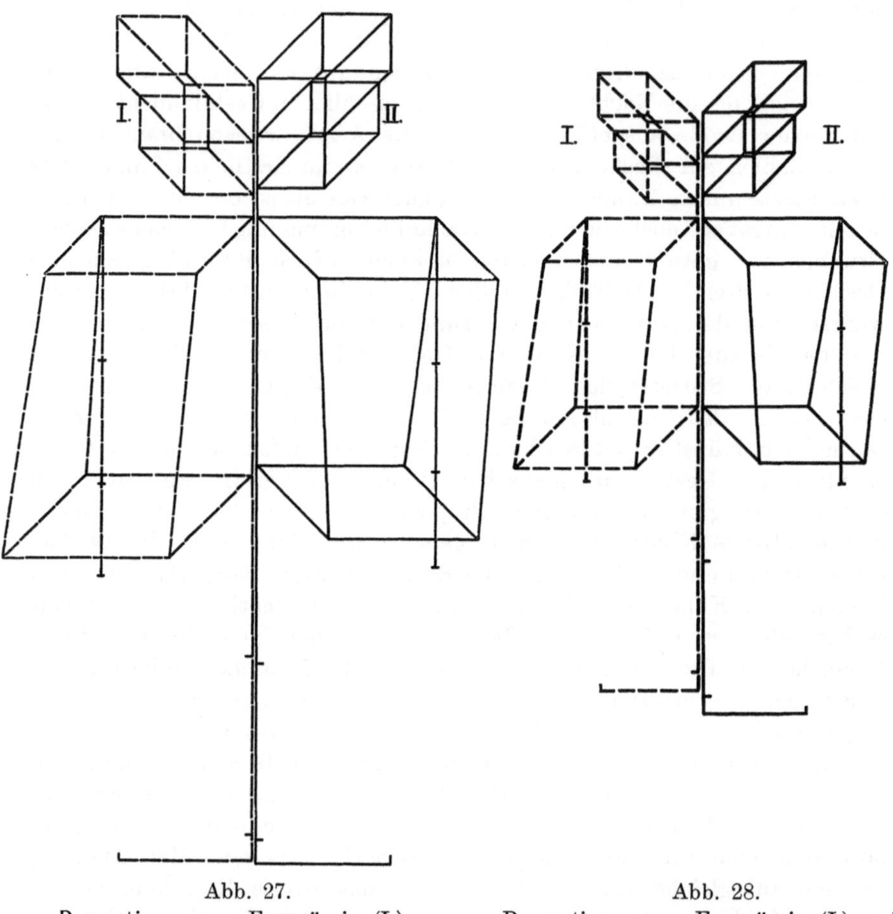

Abb. 27.
Proportionen von Europäerin (I.) und Europäer (II.).
Bezogen auf gleiches Gewicht.

Abb. 28.
Proportionen von Europäerin (I.) und Europäer (II.).
Bezogen auf gleiche Rumpflänge.

schlank gewachsenen weiblichen Individuums gemessen wurden, nicht etwa an einem Weibe mit übertriebener Ausbildung der Beckengegend, wie sie in Mitteleuropa so häufig sich finden. Der Rumpf des Mannes ist kürzer als der des Weibes, bezogen auf gleiches Gewicht. Als einzige Korrelation unter den genommenen Maßen fand Verfasser, daß mit langen Armen und Beinen in der Regel auch ein langer Hals verbunden war. Im übrigen können die Maße wie regellos variieren, das heißt, alle Kombinationen werden gefunden. Es findet sich kleiner Rumpf bei großem Kopf und umgekehrt, langer Arm bei kurzem Bein und umgekehrt. Obere und untere Rumpfbreite, das Verhältnis von Gesicht zum Schädel und das Verhältnis der Glieder zum Rumpf zeigen keine auffällige Korrelation. Es ist wichtig, festzustellen, daß jedes Körpermaß in seiner Eigenart und in der Eigenart des Weges, auf dem es sich entwickelt, vererbbar ist, so daß vom Vater ererbte kurze Oberarme sich sehr wohl verbinden können mit von der Mutter ererbten besonders langen Unterarmen und Händen. Ebenso möglich und häufig ist auch ein Überwiegen des einen Elter bei der Erbgutmischung, doch teilt Verfasser nicht die Ansicht von Luschan, daß die Kinder entweder dem Vater oder der Mutter, respektive deren Familien nacharten, womit also bestimmte Kombinationen bei der Chromosomenmischung bevorzugt sein müßten. Solche Fälle sind nicht selten, aber Verfasser hat den Eindruck, daß nach Wahrscheinlichkeitsgesetzen die Mischung der einzelnen Komponenten des Erbgutes statthat. Es wäre allerdings noch kritisch zu untersuchen, ob Knaben häufiger mehr dem Vater und Mädchen häufiger mehr der Mutter ähneln, Verfasser ist nach den bisherigen Beobachtungen vorläufig nicht dieser Meinung.

Das Schema Abb. 27 gibt ein gutes Abbild des schematischen Menschenbaues im allgemeinen, nicht bloß ein solches des Europäerbaues. Ein brauchbares neues Schema entsteht, wenn man das Mittel zieht aus den Maßen von Mann und Frau. Man erhält die rein menschlichen Bauverhältnisse, wie wir sie entstehen denken würden bei Abwesenheit jedes Einflusses der Keimdrüsen auf das Wachstum. Für den Vergleich der menschlichen Proportionen mit denen anderer Tiere erscheint ein solches neutrales Schema sogar sehr geeignet. Abweichungen in den Proportionen von dem Kanon, wie ihn die Abb. 27 und 28 darbieten, müssen den Arzt vor allem interessieren. Der Einfluß der absoluten Körpergröße ist in beiden Fällen ausgeschaltet. Riesen- und Zwergenwuchs ist in der Regel aber durchaus nicht immer mit Verschiebung der relativen Körpermaße verbunden. Es gibt wohlproportionierte Zwerge und Riesen und unproportionierte. Bei genauerer Durcharbeitung dieses Gebietes wird der Arzt sehr wohl imstande sein, aus der Messung der Proportionen in vielen Fällen auf die Ursache der Wuchsänderung zu schließen.

Bei Aufstellung eines Kanons der menschlichen Proportionen erhebt sich die Frage, ob nicht jede Menschengröße ihren eigenen Kanon besitzt, d. h. ob nicht große Menschen andere Proportionen besitzen müssen als kleine. Wenn wir Durchschnittsmaße bilden, werden wir finden, daß tatsächlich die kleinen Menschen im Mittel Proportionen, die kindlich anmuten, besitzen, große Menschen dagegen extreme Proportionen. Von Riesen- und Zwergenwuchs soll zunächst noch abgesehen werden. Da wir aber innerhalb der normalen Variationsbreite bei allen Körperhöhen Menschen finden, die die sog. idealen Proportionen besitzen, wie sie die Künstler verlangen, und diese Menschen uns besonders wohlgebaut erscheinen im Gegensatz zu dem Gros der sehr kleinen und sehr großen Menschen, so gibt es tatsächlich einen natürlichen Kanon für den Mann und einen Kanon für das Weib, der von der absoluten Höhe in gewissen Grenzen unabhängig ist. Der Durchschnitt der sehr kleinen Leute ist um so weniger geeignet, eine Norm für geringe absolute Höhe aufzustellen, weil jede pathologische Wachstumshemmung die Zahl der kleinen Leute vermehrt und pathologische Reizung die Zahl der Übergroßen, ja selbst die der sehr Großen steigert. Daß die Proportionen des griechischen Kanons uns vielfach am schönsten erscheinen, liegt nicht bloß an Suggestion bei der Erziehung und auch nicht bloß daran, daß wir selber dem gleichen Menschenstamm angehören, sondern wir können einen objektiven Maßstab für alle menschliche Schönheit gewinnen frei von subjektiver Färbung. Dieser objektive Maßstab sagt uns, daß tatsächlich die Proportionen einiger griechischer Statuen Optimalformen darstellen, so daß jede Abweichung zu einer Schädigung wird. Den objektiven Maßstab gewinnen wir, wenn wir jede Maschine, und zu diesen gehört der menschliche Leib, prüfen nach dem Prinzip des kleinsten Arbeitsaufwandes. Der menschliche Leib ist eine Maschine, gebaut zur Ausführung gewisser ererbter Bewegungsformen, die bei allen Menschen der Erde sehr ähnliche, wenn auch nicht ganz identische sind. Jede Erschwerung einer gewollten Bewegung führt zu einer unschönen Bewegung, denn Schönheit ist Freiheit in der Erscheinung, wie Schiller betont. Selbst der bewegungslose Mensch ist das Bild einer Maschine, gebaut für unzählige Bewegungen. Die hauptsächlichsten Bewegungen des Menschen bei der Nahrungsaufnahme, bei der Ruhe und bei der Fortbewegung auf dem Lande und beim Schwimmen im Wasser, bei der Fortpflanzung und der Abgabe der Excrete, beim Sprechen und beim Ausdruck der Gemütsbewegungen sind für alle Menschenrassen so gut wie identisch. Die Aufgaben für den Bau der menschlichen Bewegungsmaschine sind nahezu gleiche, und wir dürfen daher fragen: welche Proportionen des Menschen sind die objektiv besten, um die Lebensarbeit zu einem Minimum zu machen? Eine Analyse, die hier nicht näher ausgeführt werden soll, lehrt, daß jede gröbere Abweichung von dem idealen Kanon zu einer Erschwerung gewisser Bewegungsformen und zu einer unnützen, weil ungewollten Erhöhung der Bewegungsarbeit führt. Nehmen wir den Kopf größer, den Rumpf flacher oder tiefer, die Beine und Arme länger oder kürzer, stets bekommen wir eine vergrößerte Körperoberfläche im Verhältnis zur geleisteten Arbeit, die eine Verschwendung von Energie bedeutet. Ganz unbewußt lesen die Künstler die schönsten Menschengestalten nach dem Prinzip des kleinsten Arbeitsaufwandes aus, der Arzt kann dagegen in ganz bewußter Weise die Förderung bestimmter Bewegungsformen und damit eine Verschönerung des menschlichen Geschlechtes anbahnen. Erst wenn der menschliche Wille, der seit Jahrtausenden sich ähnlich geblieben ist, anderen Bewegungsformen zuneigen würde, erst dann müßte auch der Idealkanon für den menschlichen Wuchs eine Veränderung erleiden.

Riesen und Zwerge sind fast immer schlecht und unzweckmäßig gebaut. Arme, Beine und Hals sind bei Riesen auch verhältnismäßig länger als bei den nicht schlecht proportionierten Zwergen, die relativen Kopfmaße sind dagegen nicht immer sehr verschieden, selbst wenn die Gewichte sich unterscheiden wie 160 kg von 6,7 kg. Häufig haben Riesen relativ kleine Köpfe, Zwerge aber abnorm große. Von Riesenwuchs sprechen die Autoren bei Körperhöhen von über 2 m, von Zwergen bei Standhöhen unter 140 cm. Weißenberg schlägt mit Recht vor, die Grenzen für Mann und Weib um 10 cm zu verschieben; er nennt Riesen Männer über 190, Weiber über 180, Zwerge Männer unter 140, Frauen unter 130 cm. Nach demselben Autor setzt der Riesenwuchs schon in ganz jugendlichem Alter ein, so daß die Riesen ihr Hauptwachstum schon vor der Pubertätsperiode durchmachen, ebenso fällt für die Zwerge die Zeit der Sistierung des Wachstums in die Jahre vor der Pubertätszeit. Durch die Wachstumssteigerung zur Reifezeit unter dem Einfluß der inneren Sekretion der Keimdrüsen wird der Riesenwuchs noch gesteigert, der Zwergenwuchs aber unter Umständen korrigiert, während Ausbleiben des physiologischen Wachstumsreizes zur Reifezeit durch pathologische Prozesse an den Keimdrüsen das Riesenwachstum mindert, die Zwergenhaftigkeit dagegen ins Extrem vermehrt. Pathologische Prozesse an den Keimdrüsen sind nicht die einzigen Wachstumsbeeinflussungen. Ausbleiben der inneren Sekretion der Schilddrüsen und deren Erkrankungen können zu Kretinismus und Mongolismus führen, während es nicht bekannt ist, daß Riesenwuchs auf Hypersekretion der Schilddrüsen zurückgeführt werden kann. Akromegalischer Riesenwuchs entsteht, wie wir wissen, bei Erkrankungen der Hypophysis cerebri im Sinne einer Hypersekretion dieser Drüse.

Jedenfalls ist es Pflicht jedes Arztes, den Zustand der Drüsen mit innerer Sekretion bei jeder Wachstumsanomalie gründlich zu untersuchen. Daß eine ganze Reihe von Krankheiten das Wachstum und die Proportionen des Körpers beeinflussen, sei hier nochmals hervorgehoben. Verfasser erinnert an Rachitis, Osteomalacie, Osteomyelitis, Chondrodystrophie, aber auch an die Beeinflussung der Proportionen durch Tuberkulose mit Erzeugung des phthisischen Habitus. Wie Freund plausibel machen konnte, führt frühzeitige Verknöcherung des Knorpels der ersten Rippe, also ein Wachstumsprozeß umgekehrt zu Spitzentuberkulose der Lungen. Daß eine ganze Reihe von Infektionskrankheiten, Masern, Scharlach, Pneumonie, zu einer oft auffälligen Wachstumssteigerung in der Rekonvaleszenzzeit führen, möchte Verfasser auf die Menge der Wachstumsbausteine führen, die durch den Zerfall zahlloser Leukocyten im Körper disponibel werden. Verfasser hat des öfteren bereits auf die Ähnlichkeit von Entzündungs- und Wachstumsleukocytose hingewiesen. Daß die Mitosone, die Stoffe, welche Zellteilung beschleunigen, zu den Kernstoffen gehören, zum mindesten bei Kernzerfall vermehrt werden, ist wohl eine naheliegende und darum berechtigte Annahme.

Erwähnt werden soll an dieser Stelle die Umwandlung der geschlechtlichen Eigenart der Proportionen bei Diabetes insipidus. Knaben, die vor der Pubertätszeit erkrankten, bildeten weibliche Proportionen aus, erwachsene Männer zeigten noch im hohen Alter nach Abschluß des Skelettwachstums Annäherung an weibliche Körperproportionen. Derartige Fälle sind von Ebstein aus der Leipziger Klinik eingehend beschrieben worden; ob bei Mädchen Knabenwuchs erzeugt wird durch die gleiche Erkrankung ist dem Verfasser nicht bekannt geworden. Der Arzt wird außer dem Zustand der Drüsen mit innerer Sekretion auch den Nierenausscheidungen Aufmerksamkeit schenken müssen bei Proportionsanomalien.

Männliche Proportionen bei der Frau und weibliche Proportionen beim Mann können Hand in Hand gehen mit durchaus normaler Fortpflanzung und normaler Vita sexualis, in vielen Fällen sind sie aber ein Hinweis auf Störungen in der Sexualsphäre im weitesten Sinne und alsdann ein diagnostisch sehr wichtiger Fingerzeig für den Arzt, der vorsichtig handelt, wenn er bei jeder Proportionsverschiebung an die Wachstumsbeeinflussung durch die Zwischensubstanz des Hodens und des Ovariums denkt. Für die Keimzellen selber, Spermatozoen wie Eier, ist ein Einfluß auf das Wachstum nicht nachgewiesen*).

Das Wachstum und die Proportionen der Menschenrassen erfordern eine eingehendere Besprechung. Alle bisher besprochenen Wachstumsbeschleunigungen durch Organe mit innerer Sekretion dürfen wir nicht als Abänderungen des ererbten Bauplanes ansehen, sondern die Funktion der Drüsen mit innerer Sekretion ist ein Ausdruck des Erbgutes selber. Die Beeinflussung des Wuchses durch sog. äußere Einflüsse, durch Einflüsse der Umwelt nach Üxküll, tritt ganz zurück hinter der Konstanz der mittleren Wuchsform auf Grund des Erbgutes oder, wie man sich ungenauer ausdrückt, der Rasse. Soweit die Tradition des Menschen in die Vergangenheit hinabreicht, hat sich der menschliche Wuchs nicht wesentlich geändert; sogar die lokalen (geographischen) Wuchsverschiedenheiten finden wir verschiedentlich in sehr alten Abbildungen wiedergegeben. Der Mensch ist ein Dauertypus im Sinne Huxleys. Wo wir neue Wuchsformen beim Menschengeschlecht auftreten sehen, handelt es sich immer um neue Mischungen, nicht um Spontanvariationen oder Mutationen der alten Stämme. Der Rassentod durch Kreuzung macht solche Fortschritte, daß wir sagen können, in der Jetztzeit stirbt der größte Teil der eigenartig gebauten Menschenrassen aus und macht einer Mischbevölkerung Platz, in der vorläufig der Einschlag der weißen (poikilodermen) Rasse mehr und mehr an Boden gewinnt. Die Tasmanier sind ausgestorben, die Australier so zusammengeschmolzen an Zahl, daß ihr Aussterben in wenigen Jahrzehnten zu befürchten steht, die Pygmäenvölker spielen an Zahl keine Rolle mehr für den Menschheitsdurchschnitt; ein Teil von ihnen stirbt als reine Rasse in der Jetztzeit aus (Buschmänner und Negritos).

Australien ist als Erdteil insofern ein Unikum als die autochthone Bevölkerung bei ihm spurlos verschwindet, ohne einer Mischbevölkerung

---

*) Über die Hormone der Sexualorgane siehe auch H. Friedenthals Arbeiten, Jena 1911, S. 172).

das Dasein gegeben zu haben, während Afrika sich von den Rändern her aufhellt unter Rassenmischung im Norden wie im Süden. Amerika sieht seine Urbevölkerung zusammenschmelzen und poikiloderme (weiße) Rasse wie Neger erobern die Sitze der Rothäute unter Bildung einer Mischbevölkerung. Asien hellt sich im Norden und Westen durch das Einwandern der Russen (der poikilodermen Rasse) auf. Der durchschnittliche Wuchs, die Körperproportionen der Menschheit werden immer einheitlicher durch Aussterben der Extremformen, auch die Lebensweise der Menschen in allen Kontinenten wird immer ähnlicher.

Das Wachstum der verschiedenen Menschenrassen ist bisher noch wenig untersucht worden. Die Untersuchung bietet auch große Schwierigkeiten, weil die Forscher meist keine Wägungen an Kindern vorzunehmen pflegten. Die Altersangaben von Analphabeten sind sehr häufig ganz unzuverlässig. Weißenberg bringt in seinem häufig zitierten Werk einige Angaben über Rassenwachstum. Rassen von hohem Wuchs beginnen frühzeitig mit der Reifesteigerung des Wachstums und verlängern die Wachstumsperiode. Der hohe Wuchs ist daher auf längeres, nicht auf intensiveres Wachstum zurückzuführen. Russen und russische Juden haben gleiche Körperhöhe und gleiche Wachstumsintensität und Wachstumsdauer in der Reifezeit, die Engländer von höherer Rassenstatur als obige beginnen früher und enden später mit dem Wachstum.

Die Verhältnisse des Wachstums von Knaben und Mädchen sind bei allen Rassen annähernd die gleichen. Bei den Engländern setzt die Periode des gesteigerten Wachstums schon mit dem 9. Jahr ein, bei Russen und Juden erst mit dem 12. Jahr. Die Indianer erreichen ihre Endhöhe mit 18 Jahren, die Indianerinnen mit 18 Jahren, die Russinnen mit 19 Jahren, die Engländerinnen mit 20 Jahren. Der Eintritt der ersten Menstruation schwankt bei der weißen Rasse zwischen 11 Jahren und 19 Jahren. Die Russinnen (Petersburg) menstruieren im Mittel mit 15,1 Jahren, die Italienerinnen mit 15,5 Jahren auf dem Lande. Die Samoanerinnen sollen noch später reif werden.

Verfasser untersuchte das Wachstum in den Reifejahren von möglichst reinrassig schwarzen Sudanesen in Karthoum und fand, daß die großen Neger mit 10 Jahren den Weißen noch gleichstehen, von da ab aber den europäischen Durchschnitt weit übertreffen an Körperhöhe sowohl wie an Gewicht. Das Wachstum der kleinen Japaner nach Bälz, Kurve 1, der Europäer Kurve 2 und der Sudanesen nach den Messungen des Verfassers zeigt Abb. 29 (S. 140). Die Altersangaben stammen von gebildeten Individuen und sind wohl als zuverlässig zu betrachten. Das Wachstum des Körpergewichtes, Kurve 3b, steht in gutem Einklang mit dem Wachstum der Körperhöhe. Die Japaner sind mit $8^1/_2$ Jahren so groß wie die Europäer, und nach Kurve 3 wohl auch ebenso groß als die später riesigen Sudanesen. Von 8 bis $14^1/_2$ Jahren sind die Japaner größer als die gleichalterigen Europäer, von 15 Jahren ab übertreffen die Europäer die Japaner, welche mit $16^1/_2$ Jahren zu wachsne aufhören. Die Sudanesen dagegen sind stets größer als die gleichalterigen Japaner; daß ihr Wachstum mit 20 Jahren schon beendet ist, ist nach der Kurve nicht wahrscheinlich. Bei den Japanern endet, wie Kurve 1 deutlich zeigt, schon mit 13 bis 15 Jahren die Periode der Reifesteigerung des Wachstums, bei den Europäern mit 18 bis 19 Jahren, bei den Negern mit 20 bis 21 Jahren. Mit 9 Jahren sind kleine Rasse (Japaner), mittlere (Europäer) und Riesenrasse (Sudanesen) gleich alt und gleich hoch. Von diesem Jahre ab beginnen die wesentlichen Unterschiede. Unter den Weißen besitzen zahlreiche große Individuen ein ähnliches Wachstum wie die großen Neger, zahlreiche kleine Individuen ähnliches Wachstum wie die kleinen Japaner. Die Gründe

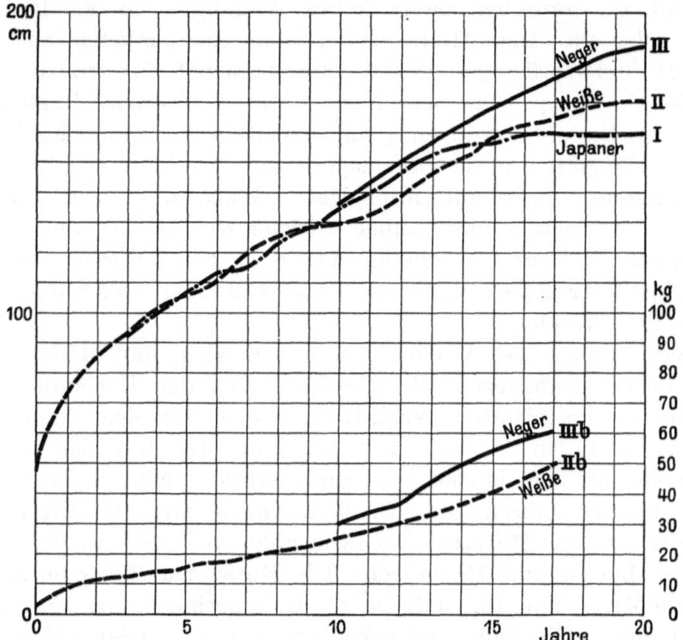

Abb. 29. Längenwachstum von Japanern I, Europäern II und Negern III in den Reifejahren.

für die rassenmäßigen Verschiedenheiten des Wachstums sind die gleichen, wie für die individuellen Verschiedenheiten innerhalb derselben Rasse. Bei jeder Rasse beruhen sie vor allem auf der verschiedenartigen Reifung der Organe mit innerer Sekretion, namentlich der Zwischensubstanz der Keimdrüsen, letzten Endes auf der Beschaffenheit der Keimplasmamischung. Zufällige Ähnlichkeit der Keimplasmamischung bei Angehörigen ganz verschiedener Rassen kann wohl in bezug auf einzelne Punkte zu einer Ähnlichkeit der Höhen- und Gewichtskurven führen, niemals aber zu einer Ähnlichkeit in allen Punkten der Körperentwicklung durch das ganze Leben hindurch. Identität in jedem Punkte des Wachstums bei Angehörigen verschiedener Rassen hält Verfasser nach den Berechnungen der Wahrscheinlichkeitslehre für ausgeschlossen.

Das Herausmendeln eines reinrassigen und reinrassig sich vererbenden Individuums (Homozygote) aus einer Mischbevölkerung wird extrem selten sein. Ein großer Teil der europäischen Bevölkerung am Mittelmeer enthält einen Schuß Afrikanerblut, noch niemals aber ist, soweit Verfasser hörte, in Europa ein Fall nachgewiesen von Geburt eines reinrassigen Negers von sicher rein europäischer Abstammung, ein Fall der bei Mendeln des Menschen in der Summe seiner Rasseeigenschaften unaufhörlich sich ereignen müßte. Es vererbt sich beim Menschen nicht das Gesamtwachstum, sondern nur die einzelnen Komponenten, die auf das Wachstum Einfluß haben in scheinbar beliebigen Kombinationen. Durchaus beliebig wird nach Ansicht des Verfassers die Kombination des Erbgutes nicht sein, doch dürfen wir mit Korrelationen, Abhängigkeiten einzelner Erbmerkmale voneinander als sicherem Faktor erst rechnen, wenn solche Abhängigkeit nicht vermutet, sondern nachgewiesen ist. Wenn im heutigen Ägypten Typen erscheinen, die den Reliefs aus der Pharaonenzeit unverkennbar ähnlich sind, so liegt dies nach Ansicht des Verfassers daran, daß noch heute, wie damals, orientalische Rasse, Mittelmeerrasse und Negerrasse in Ägypten unaufhörlich sich kreuzen, und daher Mischungen des Erbgutes entstehen müssen, die der Mischung der Zeit der Pharaonen ähnlich sehen, denn auch damals mischten sich dieselben Rassen. Veränderungen der ererbten Wachstumsrichtung bei den Menschenrassen durch Einflüsse der Umwelt lassen sich nachweisen neben Beispielen zähester Festhaltung an dem ererbten Wachstumstypus. In einigen Gegenden ist Kretinismus und Mongolismus mit Zwergenwuchs endemisch in Abhängigkeit von der Beschaffenheit des Wassers, letzten Endes von der geologischen Beschaffenheit der Erdrinde in ihren obersten Schichten.

Der massige Bau der Knochen bei Spy- und Neandertalmenschen, durchaus vergleichbar dem Bau der Knochen des Höhlenbären und des Höhlenlöwen, wird vielleicht auf die Beschaffenheit des Trinkwassers (Bodenbeschaffenheit) und der Nahrung (Knochenreichtum) zur Diluvialzeit bezogen werden können.

Sicher nachgewiesen ist eine Vergrößerung der Körperhöhe bei einer ganzen Reihe von Kulturnationen, festgestellt zuerst durch Messungen der Rekruten bei der Aushebung. Holländer, Deutsche und Juden werden im Durchschnitt größer als vor Jahrzehnten, bei den Romanen sollen nur die Frauen, nicht die Männer eine dauernde Steigerung der durchschnittlichen Körperhöhe erkennen lassen. Bei Haustieren und Tieren in zoologischen Gärten ist eine erbliche Verkleinerung der Körpergröße in vielen Fällen nachgewiesen. Der in seiner Heimat riesige Yak (Grunzochse) degeneriert in den zoologischen Gärten zu kümmerlichen Zwergen. In Nordamerika macht sich eine Veränderung des Habitus bei den Eingewanderten oberer Schichten schon in der ersten Generation ohne neue Mischung bemerkbar.

Einige Autoren bestreiten eine Veränderung der Eingewanderten in Amerika vermutlich nach Beobachtungen an unteren sozialen Schichten. Die Veränderung der Körperproportionen und das Wachstum der Körperhöhe ohne neue Mischung ist in Europa überall zu beobachten, wo Familien in bessere soziale Verhältnisse geraten. Die Glieder werden länger, der Rumpf kürzer, der Kopf kleiner, die Wachstumszeit verlängert sich. Die Nervenerregbarkeit steigert sich, ebenso die Libido sexualis. Die Fruchtbarkeit nimmt sehr rasch ab bei Besserung der sozialen Lage. Wir finden in der Geschichte der Rassen auch Beispiele anscheinender Unveränderlichkeit der Proportionen und des Wachstums. Die Magyaren sollen in 400 Jahren, trotz Verpflanzung aus Asien nach Europa und trotz Steigerung der Kultur, ihr Wachstum nicht merklich verändert haben.

Einige Autoren glauben an eine absolute Konstanz der Rassen, obwohl es doch zum Abc jedes Biologen gehören sollte, daß es nichts Absolutes in der Natur gibt und keine Ausnahme von der Regel *Πάντα ῥεῖ*. Nur Begriffe, aber niemals Realitäten können wir als unveränderlich annehmen. Die Proportionen von Bastarden weichen bei Tieren und Menschen häufig von denen der Eltern in der Weise ab, daß die Bastarde höher werden als die Erzeuger. Das Höherwerden der Bastarde beruht vor allem auf einer Verspätung der Verknöcherung an den Knorpelknochengrenzen, nicht bloß auf einer Intensitätssteigerung des Wachstums. Diese Verspätung des Wachstumsabschlusses der Knochen findet sich nicht nur bei Bastarden, sondern auch bei Kastraten. Der Ochs wird höher als der Stier durch längeres Wachstum, das Maultier wird größer als das Mittel aus der Größe seiner Eltern. In diesen Fällen sehen wir bei den Tieren den Einfluß der Keimdrüsen wirksam den Abschluß des Wachstums zu beschleunigen. Mangelhafte Ausbildung der Keimdrüsen wird zu einer Verlängerung des Wachstums führen.

Wir können die Frage aufwerfen, ob auch bei Menschenrassenkreuzungen nicht eine Korrelation zwischen Verspätung des Wachstumsabschlusses mit verminderter Fruchtbarkeit, zum mindesten aber mit Störung in der Bildung der Zwischensubstanz der Keimdrüsen besteht.

Daß bei Rassenkreuzungen des Menschen häufig die Bastarde größer werden als die Eltern, ist vielfach behauptet, daß Mischlinge weniger fruchtbar sein sollen als reinrassige Individuen, ist verschiedentlich behauptet, für einige Fälle aber auch bestritten worden. Wieth-Kundsen 1908 und Fehlinger 1911 machten auf die geringere Fruchtbarkeit von Mischlingen beim Menschen aufmerksam. Siehe auch E. Fischer, Handb. d. Naturw. (Gustav Fischer, Jena), Artikel Rassen und Rassenbildung. Mulatten sollen weniger fruchtbar sein. als die Stammformen, Bastarde aus Hottentotten mit Buren genau so fruchtbar wie die Stammformen. Man muß betonen, daß zur Erklärung der Wachstumsbeeinflussung eine Beeinflussung der Fortpflanzungszellen gar nicht erforderlich ist, sondern eine Schwächung der inneren Sekretion der Zwischensubstanz der Keimdrüsen. Ist diese allein betroffen, so werden wir längeres Wachstum und höheren Wuchs erwarten, ohne Abnahme der Fruchtbarkeit; erst wenn Eier und Spermatozoen mitbetroffen sind, werden wir gleichzeitig größeren Wuchs mit verminderter Fruchtbarkeit erwarten und antreffen. Betrachten wir die Proportionen der Riesenrassen als Terminalformen des Menschen, entstanden durch Schädigung von Keimdrüsenzwischengewebe, so rückt die Tatsache des ständigen Aussterbens der höheren sozialen Schichten in allen Ländern Europas in neue Beleuchtung. In Deutschland rücken unaufhörlich Familien mit primitiven Proportionen, kurzen Beinen und langem Rumpf, ein in die Reihe der Terminalformträger, um alsdann auszusterben oder eine sehr merkliche Abnahme der Fruchtbarkeit zu zeigen. Bekannt ist die Fruchtbarkeit der Chinesen, der Menschenrasse mit dem längsten Rumpf und relativ kürzesten Beinen. Großneger und Großindianer sind durchaus nicht durch starke Vermehrung ausgezeichnet, wobei allerdings zu berücksichtigen ist, daß die tatsächliche Vermehrung beim Menschen kein geeigneter Gradmesser des Zustandes der Keimdrüsen ist. Die Geburtenabnahme, die in Europa und Nordamerika die allgemeine Aufmerksamkeit auf sich zieht, hat unzweifelhaft zwei Komponenten, eine gewollte Verminderung der Geburten in allen sozialen Schichten, daneben aber auch ein ungewolltes Aussterben in den sozial obersten Schichten nach Erlangung der Terminalproportionen. Verfasser glaubt den Menschen mit langem Rumpf und kurzen Extremitäten eine günstigere Prognose bezüglich der Dauerhaftigkeit ihrer Fruchtbarkeit in der Geschlechterfolge stellen zu müssen als den Menschen mit terminalen Proportionen.

Um die Proportionen verschiedener Menschenrassen miteinander zu vergleichen, dient am zweckmäßigsten das vom Verfasser angegebene Schema. Stratz benutzte den Fritschschen Kanon und fand normale Proportionen und eine Körperhöhe von $7^3/_4$ bis 8 Kopfhöhen bei der poikolodermen Rasse (weiße Rasse), überlange Extremitäten bei den Nigritiern mit einer Körperhöhe von 7 bis 7,2 Kopfhöhen und zu kurze Extremitäten mit einer Höhe von $7^1/_4$ bis $7^1/_2$ Kopfhöhen, bei der xanthodermen (gelben) Rasse. Die Protomorphen besitzen annähernd normale Proportionen nach Fritsch, etwas längere Arme, und die Kopfhöhe geht etwa 7 bis $7^1/_4$ mal in der Körperhöhe auf. Siehe Stratz, Naturgeschichte des Menschen.

Abb. 28 zeigt die Proportionen von Europäerin und Europäer, bezogen auf gleiche Rumpflänge, Abb. 27 auf gleiches Gewicht. In Abb. 30 sehen wir die Proportionen von Europäerin und Sudanesin, bezogen auf gleiche Rumpflänge miteinander verglichen. Die Negerin gleicht in ihren Proportionen weit mehr dem europäischen Mann als dem europäischen Weibe. Die gleiche Art von Unterschieden, die der 60 g schwere Sudanesenfötus im 4. Embryonalmonat gegenüber gleichalterigen Europäerföten aufwies, zeigt die Negerin gegenüber der Europäerin überlange Arme und Beine, schmales Becken, breite Brust und großen Kopf im Verhältnis zur Körperlänge. In Abb. 14 und 15 waren alle diese Merkmale beim Fötus eher noch ausgesprochener, weil der Rumpf sehr kurz war.

In Abb. 31 sehen wir ein Schema des Baues der schwarzen und gelben Zwergrasse, einer Akkafrau und einer Javanin nach Photographien von Fritsch. Wir sehen keine Unterlänge der Glieder bei der Akkazwergin oder bei der Javanin, die Beckengegend ist stärker entwickelt bei der Akkazwergin, ebenso die Kopfmaße.

Die Javanin gehört trotz ihrer Kleinheit zu den durchaus wohlproportionierten Menschen ohne großen Kopf und langen Rumpf mit kurzen Gliedern, wie es für kleine Menschen charakteristisch sein soll. Die Extremitäten der Akkazwergin sind ebenfalls durchaus nicht auffallend kurz, bezogen auf die Rumpflänge. In Tabelle I, II und III (S. 992—94) sind

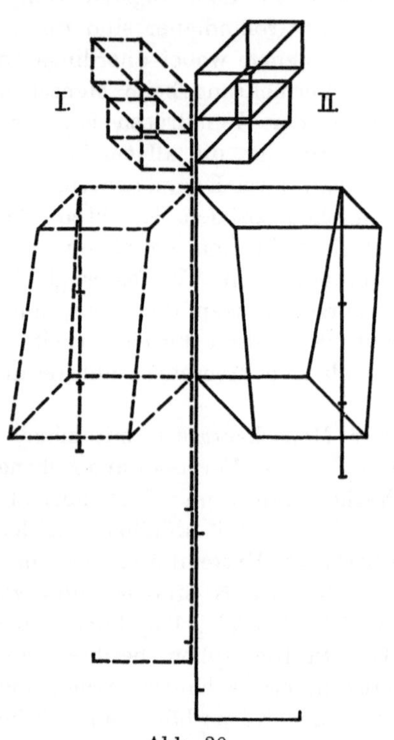

Abb. 30.
Proportionen von Europäerin (I.) und Negerin (II.).
Bezogen auf gleiche Rumpflänge.

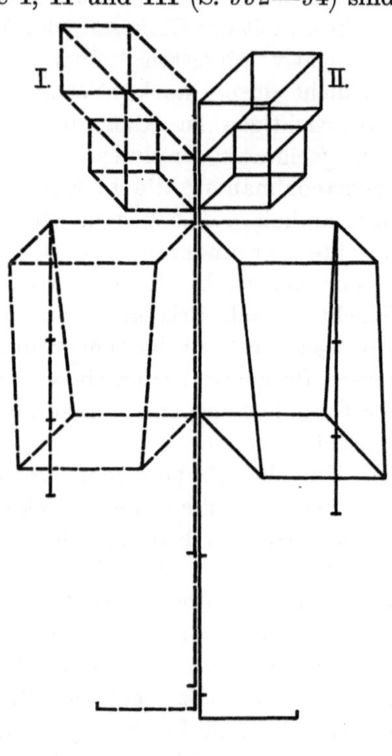

Abb. 31.
Proportionen von Akkafrau (I) und Javanin (II).
Bezogen auf gleiche Rumpflänge.

die gesamten Maße der gemessenen Bilder ausführlich wiedergegeben, die absoluten Maße ebenso wie solche bezogen auf gleiches Gewicht und solche bezogen auf gleiche Rumpflänge, auch ist ein Vergleich mit besonders wohlgebauter Europäerin und Europäer durchgeführt. Es wird keine Schwierigkeiten bieten, an der Hand solcher Schemata die bekannten Rassen zu studieren und die Variationsbreite der Proportionen gesunder Individuen bei der ganzen Menschheit festzustellen. Verfasser hat den Eindruck, als ob die Variationsbreite aller Proportionen bei den Mitteleuropäern, die vielfach Mischlinge aus allen drei Menschheitsstämmen sind, ebenso groß ist wie die ganze menschliche

Körpermaße von Schimpansen.

	Schimpansenfötus 98 g bezogen auf			Schimpansenfötus 370 g bezogen auf			Schimpanse 3jährig bezogen auf			Schimpanse erwachsen bezogen auf			Gorilla alt bezogen auf		
	natürliche Größe	gleiche Rumpflänge	gleiches Gewicht	natürliche Größe	gleiche Rumpflänge	gleiches Gewicht	natürliche Größe	gleiche Rumpflänge	gleiches Gewicht	natürliche Größe	gleiche Rumpflänge	gleiches Gewicht	natürliche Größe	gleiche Rumpflänge	gleiches Gewicht
Gewicht . . . kg	—	—	0,098	—	—	0,370	—	—	11,0	—	—	55,0	—	—	200,0
$\sqrt[3]{G}$ = ...	—	—	0,461	—	—	0,719	—	—	2,26	—	—	3,8	—	—	5,85
Rumpflänge . mm	53,0	100,0	115,0	80,0	100,0	111,0	255,0	100,0	114,0	660,0	100,0	174,0	778,0	100,0	133,0
Rumpfbreite . . .	42,8	81,0	93,0	56,0	70,0	78,0	177,0	69,5	78,2	475,0	72,0	125,0	576,0	74,0	98,5
Rumpftiefe	22,5	42,5	48,8	32,0	40,0	44,6	80,0	31,4	35,7	185,0	28,0	48,5	288,0	37,0	49,2
Beckenbreite . . .	22,5	48,2	55,3	33,0	41,25	46,0	140,0	54,9	61,9	376,0	57,0	99,0	466,0	59,0	78,4
Beckentiefe . . .	13,3	25,2	28,8	23,0	28,75	32,1	97,0	38,0	43,2	218,0	33,0	57,4	280,0	36,0	47,9
Oberarmlänge . .	28,0	52,9	60,7	50,0	62,5	69,6	183,0	71,7	81,0	409,0	62,0	107,4	538,0	69,0	91,8
Unterarmlänge . .	27,5	52,0	59,6	48,0	60,0	67,0	165,0	64,7	73,0	382,0	58,0	100,8	335,0	43,0	57,3
Handlänge	28,0	52,9	60,7	47,0	58,75	65,5	150,0	58,8	66,3	330,0	50,0	86,9	350,0	45,0	59,8
Oberschenkellänge .	24,5	46,3	53,1	53,0	66,25	73,8	175,0	68,6	77,3	356,0	54,0	93,5	405,0	52,0	69,3
Unterschenkellänge	27,0	51,0	58,6	43,0	53,75	59,9	156,0	61,1	69,0	323,0	49,0	85,0	335,0	43,0	57,3
Fußhöhe	5,0	9,44	10,9	9,0	11,25	12,6	30,0	11,8	13.4	72,5	11,0	19,0	93,5	12,0	16,0
Fußlänge	24,0	45,3	52,0	43,0	53,75	59,9	162,0	63,5	71,6	330,0	50,0	86,9	452,0	58,0	77,1
Hals	22,0	41,6	47,8	31,5	39,4	43,9	80,0	31,4	35,7	158,0	24,0	41,5	234,0	30,0	40,0
Schädelbreite . . .	33,5	63,3	72,7	49,2	61,5	68,5	90,0	35,3	40,0	257,0	39,0	67,5	226,0	29,0	38,6
Schädelhöhe . . .	24,0	45,3	52,0	39,0	48,75	54,4	62,0	24,3	27,7	116,0	17,6	30,4	148,0	19,0	25,3
Schädellänge . . .	37,5	70,9	81,4	56,7	71,0	78,9	113,0	44,3	49,9	191,0	29,0	50,2	248,0	32,0	42,6
Gesichtshöhe . . .	19,0	35,8	41,2	31,0	38,75	43,2	92,0	36,1	41,1	165,0	25,0	43,4	211,0	27,0	35,9
Gesichtslänge . . .	29,0	54,8	63,0	34,0	42,5	47,4	97,0	38,0	43,3	204,0	31,0	53,6	288,0	37,0	49,2

Variationsbreite. Wir besitzen Individuen in Zentraleuropa ebensowohl mit terminalsten Proportionen, wie mit den primitiven Proportionen der Zwerge. Eine sichere Rassendiagnose aus den Proportionen hält Verfasser deshalb für unmöglich, wenn nur wenige Maße genommen werden, für sehr schwierig, wenn noch so viele Maße genommen worden sind. Für jedes einzelne der Maße des Schemas müssen für alle Rassen in Zukunft Maxima, Minima und Optima gewonnen werden, um eine leichte Einteilung der Wuchsformen zu ermöglichen.

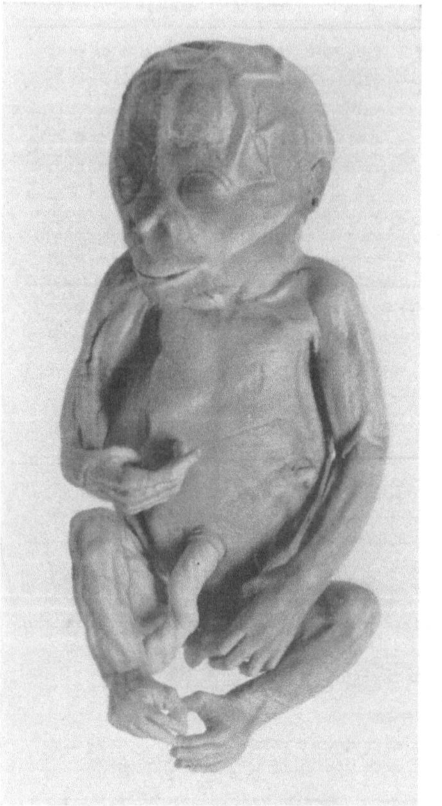

Abb. 32. Schimpansenfötus.

Die Abb. 32 und 33 zeigen die Photographien eines Schimpansenfötus (Abb. 32) aus der Sammlung des Verfassers und eines Tschegofötus (Abb. 33) aus dem Naturhistorischen Museum zu Berlin. Das Bild des jüngeren Schimpansen zeigt eine erstaunliche Entwicklung der Stirn, die bei älteren Föten bereits relativ zurückgeht. Namentlich verglichen mit dem Sudanesenfötus (Abb. 12, S. 96) muß das steile Aufsteigen der Schimpansenfötenstirn befremdlich wirken. Der größere Schimpansenfötus trägt bereits einen typischen Schimpansenkopf en miniature, auch die Verhältnisse der Glieder zum Rumpf sind bereits typischere als beim jüngeren Schimpansen, doch sind die Beine noch immer relativ lang, weil die Rumpfverlängerung durch das lange und hohe Becken erst später voll zur Geltung kommt. Der Daumen der Hand ist beim jüngeren Schimpansen relativ kleiner als beim Tschego, trotzdem die Daumenverkleinerung offenbar eine phylogenetisch recht spät erworbene Anpassung an das Hangeln in den Zweigen und das Laufen auf den umgeschlagenen Fingern darstellt. Wie Beobachtungen von Professor Rothmann auf Teneriffa lehrten, gehen die Tschego sehr häufig auf zwei Beinen, freiwillig, ohne Dressur, ohne die Hände auf den Boden zu stützen; mit dieser Eigenart steht der anatomische Nachweis des stärkeren Daumens gut im Einklang und beweist, wie gerade an den Gliedmaßen Form und Funktionen in deutlich erkennbarer erblicher Wechselwirkung stehen, was dem Verfasser mit der Annahme der Nichtvererbung erworbener Eigenschaften nicht vereinbar erscheint. Die athletische Ausbildung der Armmuskulatur des Tschego ist in der Photographie deutlich zu erkennen. Die Sichtbarkeit des roten Lippensaumes ist bei beiden Föten stärker ausgesprochen als beim Papuafötus (Abb. 17). Es ist nicht richtig, daß nur der Mensch Lippenrot zeigen soll im Gegensatz zu allen anderen Tieren, wohl aber kann man sagen, daß beim Menschen das Lippenrot eine höhere Entwicklungsstufe und höhere An-

Abb. 33. Tschegofötus.

passung an die Säugefunktion erreicht als bei allen anderen Säugetieren nach Beendigung der Säugeperiode.

Das Meßschema Abb. 7 bewährt sich als brauchbares Mittel, um das Wachstum der Anthropoiden messend zu verfolgen und mit dem des Menschen zu vergleichen. In Tabelle XVI sind Messungen wiedergegeben an dem prachtvoll konservierten Schimpansenfötus von 98 g Gewicht aus Kamerun, im Besitze des Verfassers, dem ebenfalls sehr gut konservierten Koloo-kamba-Fötus, Schwarzhautschimpanse (erbeutet von Hauptmann Ramsay) von 370 g Gewicht, an einem 3jährigen Schimpansen aus dem Besitz des Verfassers und an einem ausgewachsenen Schimpansenweibchen des Zoologischen Gartens in Berlin

(Missie). Das Alter der Schimpansenföten kann nur annähernd geschätzt werden. Benutzen wir die Wachstumskurven der menschlichen Föten (S. 105) zur Altersbestimmung der Schimpansenföten, so erhalten wir ein Alter von $3^1/_2$ Monaten für den jüngeren Fötus, ein Alter von $4^1/_2$ Monaten für den älteren Fötus. Verfasser hatte früher das Alter des Ramsayschen Fötus auf den 8. Monat geschätzt, hält aber jetzt eine Alterschätzung von $4^1/_2$ Monaten für richtiger. Die seltenen Föten werden an der Hand von Photographien und Röntgenaufnahmen an anderer Stelle ausführlich beschrieben. Leider gehören die Föten zwei verschiedenen Arten von Schimpansen an. Nachdem am Negerfötus das frühe Auftreten der Rassenproportionen beim Menschen vom Verfasser sichergestellt wurde, ist das frühe Auftreten von Proportionsdifferenzen bei Schimpansenföten ebenfalls recht wahrscheinlich, doch variieren die Menschenaffen in sehr viel geringerem Umfang als die Menschen, wie besonders deutlich das Verhalten ihrer Behaarung beweist. Die Tabelle XVI gibt die absoluten Maße, ferner die Maße bezogen auf gleiche Rumpflänge in Prozenten der Rumpflänge und ferner die Maße bezogen auf gleiches Gewicht, das heißt jedes Maß dividiert durch die 3. Wurzel aus dem Gewicht. Hinzugefügt wurden noch die Maße für einen ausgewachsenen männlichen Gorilla gewonnen nach Photographien des Skelettes.

Auf S. 112 sehen wir die Meßschemata der beiden Schimpansenföten. Die Ähnlichkeit mit den Negerföten, Abb. 14 und Abb. 15, ist in bezug auf Rumpf und Glieder geradezu überraschend. Der Schädel des Negerfötus ist freilich viel höher, der Kiefer kürzer, aber der Rumpf zeigt das gleiche Überwiegen der oberen Maße namentlich der Schulterbreite, er zeigt dieselbe relative Kürze, Arme und Beine sind geradezu unvermutet ähnlich gebaut. Die Arme des Schimpansenfötus von 98 g sind relativ nicht länger als die des Negerfötus von 60 g Gewicht. Besonders auffällig sind die relativ langen Beine der Schimpansenföten. Bezogen auf den relativ kurzen Rumpf sind die Beine selbst des 3jährigen Schimpansen noch lang. Der Bau des Schimpansen zeigt also eine Reihe der Charakteristica der schwarzen Rasse beim Menschen. Breite Schultern, schmales Becken, kurzer Rumpf, lange Arme und Beine und langer Hals. Der Hals der Schimpansen ist durch die langen Kiefer im Leben so verdeckt, daß ein unbefangener Betrachter die Schimpansen für extrem kurzhalsig halten wird. Tatsächlich ist beim erwachsenen Schimpansen der Hals viel kürzer, der Rumpf länger als beim Fötus, was besonders durch das Auswachsen der Darmbeine zustande kommt. Beim Menschenfötus ist das Becken höher, beim Schimpansenfötus niedriger als beim Erwachsenen, so daß die Ähnlichkeit des Ausgangspunktes, von dem aus Schimpanse und Neger divergieren, erst bei Betrachtung des Wuchses der Föten voll zutage tritt und durch die Meßschemata leicht sichtbar gemacht werden kann. Es wird notwendig sein, wie für den Schimpansen auch für den Orang, Gorilla und Hylobates das Wachstum der Proportionen zu verfolgen. Ein Hylohatesfötus aus der Sammlung des Verfassers zeigt, daß bereits gegen Mitte des Fötallebens die überlangen Arme der Hylobatiden deutlich ausgesprochen sind. Im dritten Fötalmonat sind die Arme der Hylobatesföten relativ viel kürzer.

Die Kopfmaße der Schimpansenföten zeigen, wie die der Menschenföten, Abnahme mit zunehmendem Lebensalter, bei den Menschenföten tritt die Kieferlänge im Laufe des Lebens gegenüber der Schädellänge zurück, bei den Schimpansen wächst der Kiefer weit mehr als

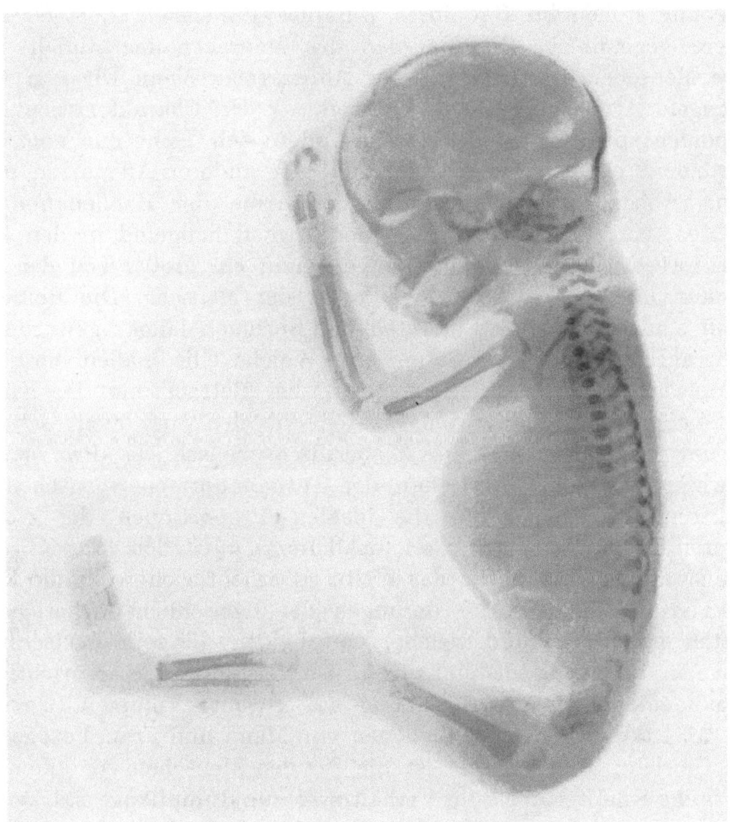

Abb. 34. Medianschnitt eines Europäerfötus. (Röntgenaufnahme.) Gewicht 450 g, gleich dem des Papuafötus, S. 100, Abb. 16.

der Schädel. Beim erwachsenen Schimpansen und Gorilla ist der Schädel so breit, wenn auch niedrig, daß der geringe Rauminhalt des Schädels auf dem Meßschema nicht sichtbar gemacht wird, da das Schema das nicht geringe Knochenvolumen des Anthropoidenschädels widerspiegelt, nicht das Gehirnvolumen.

Die Größe des Gesichtsschädels der Anthropoiden wird im Schema gut wiedergegeben. Wie ähnlich die Proportionen der Anthropoiden ihrem Bauplan nach denen des Menschen sind, zeigen die Proportionen der Föten; wie ähnlich selbst die weit abweichenderen Proportionen der erwachsenen Menschenaffen noch denen des Menschen geblieben sind, tritt klar hervor, wenn wir den Bau eines niederen Affen, zum Beispiel eines Krallenaffen, Hapale jacchus, zum Vergleich heranziehen. S. 112 zeigt die Proportionen eines ausgewachsenen Krallenaffen im Vergleich zu den Proportionen eines ausgewachsenen Europäers. Die Schmalheit des Rumpfes im Vergleich zu seiner Länge, die den vollständig abweichenden Bauplan des Krallenaffenrumpfes wiederspiegelt, ist der übergroßen Mehrzahl aller Säugetiere gemeinsam. Mensch und Menschenaffe stehen im Bau ihres Rumpfes gemeinsam dem Gros der Säugetiere gegenüber. Der Bauplan des Menschenaffen ähnelt mehr dem des Menschen als dem niederer Affenarten. Wenn wir von affenartig langen Armen sprechen, betonen wir ein Charakteristicum der Anthropoiden, durch das die Menschenaffen sich nicht nur vom Menschen, sondern ebenso von der Mehrzahl der anderen Affenarten unterscheiden. Abb. 26 zeigt die Kürze der Arme der Krallenaffen aufs deutlichste. Nur die Affen, die an den Armen hangelnd in den Zweigen sich fortbewegen, haben überlange Arme; ein großer Teil der Affen besitzt nur mittellange Arme, wie auch der Mensch. Die Beine des Menschen sind durch Gehen, Laufen und Springen länger geworden als die Mehrzahl der Beine der Säugetiere. Welche Gliedmaßen ein Säugetier hauptsächlich benutzt, können wir bei Betrachtung der Körperproportionen häufig ebensowohl erraten wie den speziellen Gebrauch der Glieder aus ihrem Bau. Als spezifisch menschliche Proportionen haben wir nicht die Proportionen der Terminalformen anzusehen mit überlangen Gliedern, sondern die idealen Proportionen der wohlgebildetsten Europäer. Da wir zwei Idealkanons aufstellen müssen, einen für den Mann und einen für das Weib, so erhebt sich wohl die Frage, welcher von beiden den Anforderungen der menschlichen Bewegungen am besten entspricht und welcher von beiden die rein menschlichen Proportionen am deutlichsten zum Ausdruck bringt. Als richtigsten Maßstab benutzen wir die Beziehung auf gleiches Volumen (Gewicht). Abb. 27 (S. 134) zeigt die Proportionen von Mann und Frau, bezogen auf gleiches Gewicht. Beim Manne ist die für den Menschen vor allem charakteristische Schulterbreite im Verhältnisse zur Rumpflänge stärker ausgesprochen als bei der Frau, der kurze, tiefe Rumpf, die langen Beine sind menschliche Besonderheiten des Wuchses, hervorgerufen durch Anpassung an den aufrechten Gang, die beim Manne stärker ausgesprochen sind als beim Weibe. Die Frau zeigt breites Becken, eine Anpassung an die Kopfgröße des Neugeborenen als rein menschliche Besonderheit, ihr kleineres Gesicht kann ebenfalls als eine menschliche Wuchsform bezeichnet werden, in der die Frau den Mann an Ausprägung menschlicher Eigenart übertrifft. Die männliche Bauart bietet Vorteile bei hohen Sprüngen, die längeren Hebelarme der Beine erlauben langsamere Pendelbewegung bei ausdauerndem Laufe und damit eine Ersparung an Laufarbeit. Der weibliche Bau ist durchaus nicht für alle Bewegungsformen des Menschen im Nachteil durch sein dickeres unteres Rumpfende und die kürzeren Beine mit dickeren Schenkeln.

Der Schwerpunkt des Weibes liegt weit tiefer als der des Mannes, der Erde näher, daher ist das Weib für alle Wendungen im Laufe weit im Vorteil. Für das Schwimmen im Wasser ist der weibliche Bau dem männlichen mechanisch sogar sehr erheblich überlegen. Der größte Querschnitt liegt gegen die Mitte zu, die stärkeren Beine, das reichlichere Fettpolster begünstigen die Fortbewegung des weiblichen Körpers im Wasser. Beim Turnen ist für eine ganze Anzahl von Bewegungen, z. B. für das Schwingen des Körpers um eine Stange, die entferntere Lage des Schwerpunktes bei der Frau eine Begünstigung gegenüber dem Bau des Mannes; für andere Bewegungen freilich, z. B. Klettern auf Bäume, ist die tiefere Lage des Massenschwerpunktes von Nachteil. Die größere Befähigung des weiblichen Körpers für Richtungsänderung in der Bewegung tritt beim menschlichen Tanz in der größeren Geschicklichkeit der Tänzerinnen am klarsten zutage. Ziehen wir das Mittel aus den Proportionen von Mann und Frau, so erhalten wir eine Gestalt, die nicht nur dem künstlerischen Blick außerordentlich gefällt, sondern auch für den Durchschnitt der menschlichen Bewegungsformen als sehr geeignet erscheint bei der Prüfung als Arbeitsmaschine für Bewegungen. Daß wir zwei Idealformen haben in dem Bau der beiden Geschlechter, die für verschiedene Art der Bewegungen am besten angepaßt sind, erscheint dem Verfasser nicht als ein Nachteil, sondern im Interesse der Vielseitigkeit der Menschheit als ein großer Vorteil.

Setzt die immer steigende Erkenntnis in der Lehre vom Wachstum und seiner willkürlichen Beeinflussung den Menschen in den Stand, die Wuchsform der zukünftigen Menschheit nach seinem Willen zu bestimmen, so wird es eine der idealsten Aufgaben der Ärzte sein, auf dem Wege zur höchsten Körperschönheit als richtungsweisende Führer zu gelten.

Literatur.

Abderhalden, E., Die Beziehungen der Wachstumsgeschwindigkeit der Säugetiere zur Zusammensetzung der Milch beim Kaninchen, der Katze und dem Hunde. Zeitschr. f. physiol. Chem. **26**. S. 487, und **27**. S. 408.

— Das Verhalten des Hämoglobins während der Säuglingsperiode. Ebenda. **34**. S. 500.

— Lehrbuch der physiologischen Chemie. Berlin 1909. S. 482, 516, 835.

— und M. Kempe, Vergleichende Untersuchungen über den Gehalt von befruchteten Hühnereiern in verschiedenen Entwicklungsperioden an Tyrosin, Glykokoll und Glutaminsäure. Zeitschr. f. physiol. Chem. **53**. S. 598.

Aldrich, B., On feeding young white rats the posterior and anterior parts of the pituitary gland. Amer. Journ. of Physiol. **31**. S. 94.

Aron, Hans, Biochemie des Wachstums des Menschen und der höheren Tiere. Jena 1913.

— Weitere Untersuchungen über die Beeinflussung des Wachstums durch die Ernährung. Vortrag, Versamml. d. Gesellsch. deutsch. Naturf. u. Ärzte Münster i. W. 1912.

— Nutrition and Growth. The philippine Journ. of sc. **6**. Nr. 1. Manila 1911.

— Wachstum und Ernährung. Biochem. Zeitschr. **30**, 3/4. 1911. S. 206.

— Stützgewebe und Integumente der Wirbeltiere. Handb. d. Biochem. **2**, 2. S. 178 ff.

— und K. Frese, Die Verwertbarkeit verschiedener Formen des Nahrungskalkes zum Ansatz beim wachsenden Tier. Biochem. Zeitschr. **9**. S. 185.

— und R. Gebauer, Untersuchungen über die Bedeutung der Kalksalze für den wachsenden Organismus. Ebenda. **8**. S. 1.

Aschner, Bernh., Über die Funktion der Hypophyse. Pflügers Arch. **146**. S. 1.

Ascolit und T. Legnani, Die Folgen der Exstirpation der Hypophyse. Münchner med. Wochenschr. 1911. S. 518.

Axel Key, Redogörelse för den hygieniska undersökningen. 1885. S. 528.

— Verhandlungen des X. inernationalen medizinischen Kongresses. Berlin 1890. **1**. 1891. S. 111 u. 113.

Babák, Über das Wachstum des Körpers bei der Fütterung mit arteigenen und artfremden Proteinen. Zentralbl. f. Physiol. **25**. S. 437.

Baillet, Alice, Recherches sur la teneur en fer du foie dans les deux sexes de la naissance à la puberté. Soc. de Biol. **59**. S. 134.

Bälz, Die körperlichen Eigenschaften der Japaner. 1883.

Bamberg, Jahrb. f. Kinderheilk. **71**. S. 670.

Basch, K., Beiträge zur Physiologie und Pathologie der Thymus. Grenzgeb. d. Med. u. Chir. **24**.

Bergmann, G. v., Die Kastration. Handb. d. Biochem. **4**, 2. S. 194.

Berlinerblau, M., Die physische Entwicklung der Kinder im Waisenhause der Moskauer Landsmannschaft. Moskau 1908. (Russisch.)

Bernstein, Zur Theorie des Wachstums und der Befruchtung. Roux' Arch. **7**.

v. Bezold, Untersuchungen über die Verteilung von Wasser, organischer Materie und anorgan. Verbindungen im Tierreiche. Zeitschr. f. wissensch. Zoologie. **8**. S. 487.

Bialaszewicz, K., Beiträge zur Kenntnis der Wachstumsvorgänge bei Amphibienembryonen. Bull. Acad. Sc. Cracovie. Math.-naturw. Klasse 783. Krakau 1908.

Biedl, A., Innere Sekretion. Berlin 1910. Hypophysis und Wachstum.

Bielfeld, P., Über den Eisengehalt der Leberzellen des Menschen. Hofmeisters Beitr. **2**. S. 251 ff.

Bischoff, E., Einige Gewichts- und Trockenbestimmungen der Organe des menschlichen Körpers. Zeitschr. f. rat. Med. **20**. S. 75.

Blumenbach, J. F., Über den Bildungstrieb. Göttingen 1791. Kap. 23.

Boas, Fr., and Clark Wissler, Statistics of Growth. Washington 1905.

Bohr, Chr., und K. Hasselbalch, Über die Kohlensäureproduktion des Hühnerembryos. Skand. Arch. f. Physiol. **10**. S. 149 bis 413; **14**. S. 398.

Bowditch, The growth of children 1877 idem (supplementary investigation 1879).

Brubacher, H., Über den Gehalt an anorganischen Stoffen, besonders an Kalk in den Knochen und Organen normaler und rachitischer Kinder. Zeitschr. f. Biol. **27**. S. 517ff.

Buglia und Costantino, Beiträge zur Chemie des Embryos. Zeitschr. f. physiol. Chem. **81**. S. 143.

Bühler, Alter und Tod. Biol. Zentralbl. 1904.

Bunge, G., Lehrbuch der Physiologie. **1**. Leipzig 1901. S. 332.

v. Bunge, G., Der Kochsalzgehalt des Knorpels und das biogenetische Grundgesetz. Zeitschr. f. physiol. Chem. **28**. S. 452.

— Der Kali-, Natron- und Chlorgehalt der Milch, verglichen mit dem anderer Nahrungsmittel und des Gesamtorganismus der Säugetiere. Zeitschr. f. Biol. **10**. S. 259ff.

— Untersuchungen über die Aufnahme des Eisens in den Organismus des Säuglings. Zeitschr. f. physiol. Chem. **16**. S. 173 und **17**. S. 63.

Burdach, K. Fr., Die Physiologie als Erfahrungswissenschaft. Leipzig 1828. **3**.

Buschan, Georg, 1. Körpergewicht, 2. Körperlänge. Real-Enzyklopädie d. ges. Heilkunde. **12**.

— Menschenkunde. Stuttgart. S. 68. Das Wachstum und seine Gesetze.

Bütschli, Gedanken über Leben und Tod. Zoolog. Anz. 1882.

Camerer, W., Die chemische Zusammensetzung des neugeborenen Menschen. Zeitschr. f. Biol. **43**. S. 1 bis 13.

— Untersuchungen über den Verlauf des Längen- und Gewichtswachstums und deren Beziehungen bei chronischer Unterernährung. Württemb. ärztl. Korrespondenzbl. **76**. S. 1016.

— jun., Gewichts- und Längenwachstum des Kindes. Handb. f. Kinderheilk. von Pfaundler u. Schloßmann. 1906. **1**. 1.

— sen., Das Gewichts- und Längenwachstum des Menschen. Leipzig 1893.

— Untersuchungen über Massenwachstum und Längenwachstum. Jahrb. f. Kinderheilk. **36**. 1893. S. 249.

— Das Gewichts- und Längenwachstum des Menschen, insbesondere im 1. Lebensjahre. Jahrb. f. Kinderheilk. 1901.

Carstädt, Zeitschr. f. Schulgesundheitspflege. **1**. 1888. S. 67.

Chisolm, R. A., On the size and growth of the blood in tame rats. Quarterly Journ. f. exper. Physiol. **4**. S. 204.

Cohn, M., Kalk, Phosphor und Stickstoff im Kindergehirn. Deutsche med. Wochenschr. 1907. S. 1987.

Cholodkowsky, Tod und Unsterblichkeit in der Tierwelt. Zoolog. Anz. 1882.

Coste, M., Histoire générale et particulière du développement des corps organisés. Paris 1847.

Daffner, Fr., Das Wachstum des Menschen. Leipzig 1902.

Davenport, C. B., The role of water in growth. Proc. of the Boston Soc. of Natur Hist. **28**. 1897. Kap. 15.

Dennstedt, M., und Th. Rumpf, Weitere Untersuchungen über die chemische Zusammensetzung des Blutes und verschiedener menschlicher Organe in der Norm und in Krankheiten. Zeitschr. f. klin. Med. **58**. S. 84 bis 162.

Dheré, Ch., et H. Maurice, Influence de l'âge sur la quantité et la repartition chimique du phosphore contenue dans les nerfs. Compt. rend. **103**. S. 1124.

— et Grimmé, Influence de l'âge sur la teneur du sang en calcium. Soc. de Biol. **60**. S. 1022.

— — Le teneur en calcium du neuraxe. Ebenda. **60**. S. 1031.

Donaldson, Henry, A. comparison of the White Rat with Man in Respect to the Growth of the Entire Body. Boas' Memorial **1**. 1906.

— A Comparison of the Albino Rat with Man in Respect to the Growth of the Brain and the Spinal cord. Journ. compar. Neur. a. Psychol. **18**. 1908. S. 345.

Dor, L., J. Maisonnage et R. Monrioles, Ralentissement experimental de la croissance par l'opotherapie orchitique. Soc. de Biol. **59**.

Dorner, G., Zur Bildung von Kreatinin und Kreatin im Organismus, besonders des Kaninchens. Zeitschr. f. physiol. Chem. **52**. S. 235.

Driesch, Analytische Theorie der organischen Entwicklung. 1894.

— H., Die Physiologie der tierischen Form. Ergebn. d. Physiol. **5**. 1906. S. 69.

Durlach, E., Untersuchungen über die Bedeutung des Phosphors in der Nahrung wachsender Hunde. Inaug.-Diss. Göttingen 1913.

Eaves, E., The transformation in the fats in the hen's egg during development. Journ. of Physiol. **40**. S. 451.

Eckert, Hans, Ursachen und Wesen angeborener Diathesen. Berlin 1913.

v. Eiselsberg, A., Über Wachstumsstörungen bei Tieren nach frühzeitiger Schilddrüsenexstirpation. Arch. f. klin. Chir. **49**. S. 207.

Emrys-Roberts, E., A further note on the nutrition of the early embryo with special reference to the chick. Proc. Roy. Soc. ser. B. **80**. S. 332.

Enriques, Paolo, Wachstum und seine analytische Darstellung. Biol. Zentralbl. **29**. 1909. S. 331.

Erismann, Archiv für soziale Gesetzgebung und Statistik. **1**. 1888. S. 98. Auch separat „Untersuchungen über die körperliche Entwicklung der Fabrikarbeiter in Zentralrußland".

Evans, J., Some manifestations of pituitary growth. Brit. Med. Journ **2**. 1911. S. 1461.

Falk, C. Ph., Beiträge zur Kenntnis der Wachstumsgeschichte des Tierkörpers. Arch. f. path. Anat. von Virchow. **7**. 1854. S. 37.

Falke, Biologische Beobachtungen über das Wachstum der Weidetiere. Hannover 1910.

Fehling, H., Beitrag zur Physiologie des placentaren Stoffverkehrs. Arch. f. Gynäk. **11**. S. 523.

Fingerling, G., Beiträge zur Physiologie der Ernährung wachsender Tiere. Landw. Versuchsstation **68**. S. 141; **74**. S. 57 und **76**. S. 1.

Fleischer, E. C., The relation of weigth to the mesurement of children during the first year. Arch. of Paed. **23**. S. 739.

Flourens, De la Longévité humaine. 1856.

Försterling, K., Über allgemeine und partielle Wachstumsstörungen nach kurzdauernden Röntgenbestrahlungen von Säugetieren. Arch. f. klin. Chir. **80**. S. 505ff.

Freund, W., Zur Pathologie des Längenwachstums bei Säuglingen und über das Wachstum debiler Kinder. Jahrb. f. Kinderheilk. **70**. S. 752.

Fridericia, L. S., Untersuchungen über die Harnsäureproduktion und die Nucleoproteidneubildung beim Hühnerembryo. Skand. Arch. f. Physiol. **26**. S. 1.

Friedenthal, Hans, Arbeiten aus dem Gebiet der experimentellen Physiologie. **2**. Jena 1911, Gustav Fischer.

— Über das Wachstum des menschlichen Körpergewichts in den verschiedenen Lebensaltern und über die Volumenmessung von Lebewesen. S. 40.

— Das Wachstum des Körpergewichts des Menschen und anderer Säugetiere in verschiedenen Lebensaltern. S. 49.

— Experimentelle Prüfung der bisher aufgestellten Wachstumsgesetze. S. 76.

— Größenverhältnisse von Menschenföten und Affenföten. S. 89.

— Über die Gültigkeit des Massenwirkungsgesetzes für den Energieumsatz der lebendigen Substanz. S. 182.

— Die Zeiten der Verdoppelung des Körpergewichtes neugeborener Tiere.

— Daten und Tabellen betreffend die Gewichtszunahme des Menschen und anderer Tierarten.

Geißler, A., Zeitschr. d. Kgl. sächs. statist. Bureaus. 34. Jahrg. 1890. S. 28.
Gerhartz, Zur Physiologie des Wachstums. Biochem. Zeitschr. **12**. S. 97 bis 118.
— H., Experimentelle Wachstumsstudien. Pflügers Arch. **135**. S. 105.
Gerharz, H., Chemie der postembryonalen Organe der Blutzellenbildung. Handb. d. Biochem. **2**, 2. S. 165.
Glasewald, Die Zeiten der Verdoppelung des Körpergewichts neugeborener Tiere. Inaug.-Diss. Berlin 1909.
Götte, Über den Ursprung des Todes. 1883.
Gould and Pyle, Anomalies and Curiosities of Medicine. London 1900, Saunders & Co.
Graham-Lusk, Science of Nutrition Philadelphia and London 1902. 2. Aufl. S. 247 ff.
Großer, Vergleichende Anatomie und Entwicklungsgeschichte der Eihäute und der Placenta. Wien und Leipzig 1909.
Gundobin, N., Die Besonderheiten des kindlichen Alters. St. Petersburg 1906. (Russisch.)
Guyétant, La vie prolongée. Paris (ohne Datum).
Haeckel, Ernst, Anthropogenie. 5. Aufl. Leipzig 1903.
Hansemann, D., Deszendenz und Pathologie. Berlin 1909. S. 185, 404.
Hart, M. Collum, Steenbock, Humphrey, Physiological effect on growth and reproduction of rations balanced from restricted sources. Univers. of Wiscons. Agricult. Bull. Nr. 17.
Hasse, E., Verwaltungsbericht der Stadt Leipzig für das Jahr 1889. S. 112.
Hatai, S., The effect of lecithin on the growth of the white rat. Amer. Journ. of Physiol. **10**. S. 57.
Henderson, J., On the relation of the thymus to the sexual organs. The influence of castration on the thymus. Journ. of Physiol. **31**. S. 222.
Hennig, Wachstumsverhältnisse der Frucht und ihrer wichtigsten Organe in den verschiedenen Monaten der Tragzeit. Arch. f. Gynäk. **14**. 1879. S. 314.
Henriques, V., und C. Hansen, Über den Übergang des Nahrungsfettes in das Hühnerei und über die Fettsäuren des Lecithins. Skand. Arch. f. Physiol. **14**. S. 390.
Hensen, Das Wachstum in Hermanns Handbuch der Physiologie. Leipzig. **6** a. 1881. S. 259.
— V., Das Wachstum des Meerschweinchenfötus. Arbeiten d. Kieler physiol. Institutes. 1868. S. 154.
Hertel, Zeitschr. f. Schulgesundheitspflege. **1**. 1888. S. 167, 201.
Hertwig, O., Entwicklungsgeschichte des Menschen und der Wirbeltiere. 5. Aufl. Jena 1896.
— Oscar, Allgemeine Biologie. Jena 1906. S. 543, 605.
Hesse-Doflein, Tierbau und Tierleben. Leipzig 1910. **1**. S. 5, 46, 121, 585.
Heubner, O., Lehrbuch der Kinderheilkunde. Leipzig 1911. Wachstum des Kindes. S. 1.
— W., Versuche über den Phosphorumsatz des wachsenden Organismus. Verhandl. d. Gesellsch. f. Kinderheilk. 1909. S. 149.
His, W., Unsere Körperform und das physiologische Problem ihrer Entstehung. Leipzig 1874.
— Anatomie menschlicher Embryonen. Leipzig 1880.
Höber, Rudolf, Physikalische Chemie der Zelle und der Gewebe. Leipzig 1902, Engelmann.
Hofmeister, F., Experimentelle Untersuchungen über die Folgen des Schilddrüsenverlustes. Beitr. z. klin. Chir. **11**. S. 441.
Hopkins, F. G., und A. Neville, A note concerning the influence of diets upon growth. Biochem. Jahrb. **7**. S. 96.
Hugounenq, Recherches sur la composition minerale de l'organisme. Journ. de Physiol. e Path. gén. **1**. S. 703 bis 711 und S. 509 bis 512.
Ibrahim, Trypsinogen und Enterokinase beim menschlichen Neugeborenen und Embryo. Biochem. Zeitschr. **22**. S. 23.

Ichak, Fr., und Hans Friedenthal, Über graphische Darstellung von Wachstumserscheinungen. Friedenthal, Arbeiten. **2**. Jena 1911. S. 281.

Inaba, R., Über die Zusammensetzung des Tierkörpers. Arch. f. Anat. u. Physiol. 1911. S. 1.

Jakubowitsch, W., Über die chemische Zusammensetzung der embryonalen Muskeln. Arch. f. Kinderheilk. **14**. S. 355.

— Von den quantitativen Bestandteilen der Galle bei den Neugeborenen und Säuglingskindern. Jahrb. f. Kinderheilk. **24**. 373.

Katz, J., Die mineralischen Bestandteile des Muskelfleisches. Pflügers Arch. **63**. S. 1.

Keibel und Mall, Handbuch der Entwicklungsgeschichte des Menschen. Leipzig 1910.

Kellogg und Bell, Science **18**. 1903. S. 744.

Kinzuchi, Arno, Über die Bildung von d. Milchsäure im bebrüteten Hühnerei. Zeitschr. f. physiol. Chem. **80**. S. 237.

Kistjakowski, W., Die Statik des Glykogens in den Muskeln von Föten höherer Tierklassen. Russ. Med. nach Malys Jahresber. **23**. S. 362.

Koch, Mathilde, Contributions to the chemical differentiation of the central nervous system. Journ. of Biol. Chem. **14**. S. 267.

Kölliker, A., Entwicklungsgeschichte des Menschen. Leipzig 1879. S. 386, 479, 562.

Kollmann, J., Neue Gedanken über das alte Problem von der Abstammung des Menschen. Korrespondenzbl. d. Deutsch. Ges. f. Anthrop. 1905.

Kossel, A., Weitere Beiträge zur Chemie des Zellkernes. Zeitschr. f. physiol. Chem. **10**. S. 248.

Kotelmann, Zeitschr. d. kgl. preuß. statist. Bureau. 19. Jahrg. 1879. S. 1.

Krüger, Friedrich, Über den Eisengehalt der Leber- und Milzzellen in verschiedenen Lebensaltern. Zeitschr. f. Biol. **27**. S. 439.

v. Kutschera, A., Das Größenwachstum bei Schilddrüsenbehandlung des endemischen Kretinismus. Wiener klin. Wochenschr. **22**. S. 771.

Landsberger, Das Wachstum im Alter der Schulpflicht. Arch. f. Anthropologie. **17**. S. 229.

Lange, Cornelia de, Zusammensetzung der Asche des Neugeborenen und der Muttermilch. Zeitschr. f. Biol. **40**. S. 526.

v. Lange, E., Die normale Körpergröße. München 1896.

— Die Gesetzmäßigkeit im Längenwachstum des Menschen. Jahrb. f. Kinderheilk. 1903.

Langstein, L., Hunger und Unterernährung im Säuglingsalter. Jahreskurse f. ärztl. Fortb. 1912.

Lapicque, L., Recherches sur la quantité du fer contenue dans la rate et le foie des jeunes animaux. Soc. de Biol. **41**. S. 510.

— Courbe vitale du fer du foie dans l'espèce humaine. Ebenda. **69**. S. 136.

Lascoux, Etude sur l'accroissement du poids et de la taille des nourissons. Thèse de Paris 1908.

Lehmann, O., Das Krystallisationsmikroskop. Braunschweig 1910. Wachstum von Krystallen.

Leopold, J. S., und A. v. Reuß, Über die Beziehungen der Epithelkörper zum Kalkbestand des Organismus. Wiener klin. Wochenschr. 1908. S. 1243.

Liebermann, Leo, Embryochemische Untersuchungen. Pflügers Arch. **43**. 1888. S. 71.

Liharzik, Das Gesetz des menschlichen Wachstums. Wien 1858.

Lipschütz, Alexander, Zur Physiologie des Phosphorhungers im Wachstum. Pflügers Arch. **143**. 1911. S. 91.

— Die biologische Bedeutung des Caseinphosphors für den wachsenden Organismus. Pflügers Arch. **143**. 1911. S. 99.

Lockhead, J., and W. Cramer, The glycogenic changes in the placenta and the foetus of the pregnant rabbit, a contribution to the chemistry of growth. Proc. Roy. Soc. **80**. S. 263.

Loeb, Jacques, Über das Wesen der formativen Reizung. Berlin 1909.

Loeb, Jacques, Über den Temperaturkoeffizienten für die Lebensdauer kaltblütiger Tiere und über die Ursache des natürlichen Todes. Arch. f. d. ges. Physiol. **124**. 1908. S. 411.
— Über den Einfluß von Alkalien und Säuren auf die embryonale Entwicklung und das Wachstum. Arch. f. Entwicklungsmechanik. Leipzig 1898. **7**. S. 731.
— Vorlesungen über die Dynamik der Lebenserscheinungen. Leipzig 1906.
— Studies in general Physiology. Chicago 1905. **1**. S. 191. Organization and Growth.
Loewy, A., Fortpflanzung und Wachstum· Lehrb. d. Physiol. d. Menschen von Zuntz und Loewy, Leipzig 1913.
— Fortpflanzung und Wachstum. Ebenda. Kap. XIII. Leipzig 1909.
Ludwig, Physiologie. 2.
Magnus-Levy, A., Über den Gehalt normaler menschlicher Organe an Cl, Ca, Mg, Fe, sowie Wasser, Eiweiß und Fett. Biochem. Zeitschr. **24**. S. 363ff.
Masing, Ernst, Über eine Beziehung zwischen Harnstoffgehalt und Entwicklung. Zeitschr. f. physiol. Chem. **75**. S. 135.
Meek, A., Rate of Growth in the Crab. Northumberland Sea Fisheries Committee. Rep. of Scientific Investigations for 1902. 1903.
Mendel, L. B., and Ch. G. Leavenworth, Chemical studies on growth VI Changes in the purine, pentose and cholesterol content of the developing egg. Americ. Journ. of Physiol. **21**. S. 77.
— — Chemical studies on growth III. The occurence of glycogen in the embryo. pig. Amer. Journ. of Physiol. **20**. S. 47.
— — The autolysis of embryonic tissues. Americ. Journ. of. Physiol. **21**. S. 69.
— — The occurence of lipase in animal embryonic tissues. Americ. Journ. of Physiol. **21**. S. 95.
and Ph. Mitchell, The enzymes involved in purine metabolism in the embryo Amer. Journ. of Physiol. **20**. S. 97.
— and Th. Osborne, The role of different proteins in nutrition and growth. Science **36**. S. 722.
— and Saiki, Chemical studies on growth. Amer. Journ. of Physiol. **21**. S. 64.
Merkel, Bemerkungen über die Gewebe beim Altern. Verhandl. d. X. internation. Kongr. 1891.
Michaelis, Paul, Altersbestimmung menschlicher Embryonen und Föten auf Grund von Messungen und von Daten der Anamnesen. Arch. f. Gynäk. **78**.
Michel, Ch., Sur la composition chimique de l'embryo et du foetus humain. Compt. rend. soc. biol. **51**. S. 422.
Minot, C. S., Senescence and rejuvenation. On the weight of Guinea pigs. The journal of physiol. **12**. S. 97.
— The problem of age, growth and death. London 1908.
— Lehrbuch der Entwicklungsgeschichte des Menschen. Leipzig 1894. S. 210, 486.
Monti, Alois, Kinderheilkunde in Einzeldarstellungen. Heft 6. Das Wachstum des Kindes von der Geburt bis einschließlich der Pubertät. 1898.
Moreschi, Zeitschr. f. Immunitätsf. u. experim. Ther. **2**. 1909. 651.
Morgan, Th. H., Experimentelle Zoologie. Leipzig 1909. II. Das Wachstum. S. 293 bis 339.
Morgulis, S., Studies of Inanition in its bearing upon the problem of Growth. I. Roux' Arch. **32**. 1911. S. 169.
Mühlmann, M., Über Wachstumserkrankungen. Jahrb. f. Kinderheilk. **70**. S. 174.
— Das Altern und der physiologische Tod. Jena 1910.
Müller, Johannes, Handbuch der Physiologie. 2. Coblenz 1840. S. 661.
Nicolle, M., Grundzüge der allgemeinen Mikrobiologie. Berlin 1901. S. 40ff.
Noë, J., Oscillations pondérales du hérisson. Compt. rend. Soc. biol. à Paris. **54**. S. 37.
Ohlmüller, Wilh. Über die Abnahme der einzelnen Organe bei an Atrophie gestorbenen Kindern. Zeitschr. f. Biol. **18**. S. 78—103.
Oldendorff, Lebensdauer. Realenzyklopädie der gesamten Heilkunde. 8.
Oppenheimer, Zeitschr. f. Biol. **42**. 1909. S. 147.
— K., Über die Wachstumsverhältnisse des Körpers und der Organe. München 1888.

Orgler, A., Über den Ansatz bei natürlicher und künstlicher Ernährung. Biochem. Zeitschr. **28**. S. 359.

Osborne, Th., und Mendel-Lafayette, Beobachtungen über Wachstum bei Fütterungsversuchen mit isolierten Nahrungssubstanzen. Hoppe-Seylers Zeitschr. f. physiol. Chem. **80**. H. 5. 1912.

— und L. B. Mendel, Growth and maintenance of purely artificial diets. Proc. Soc. Exp. Biol. and Med. April 1912.

— — and E. L. Ferry, The rôle of gliadine in nutrition. Journ. of biol. Chem. **12**. S. 473.

Ostertag und Zuntz, Untersuchungen über die Milchsekretion des Schweines und die Ernährung der Ferkel. Landwirtschaftl. Jahrb. **37**. 1908. S. 201.

Ostwald, W., Über die zeitlichen Eigenschaften der Entwicklungsvorgänge. Leipzig 1908. Vorträge über Entwicklungsmechanik der Organismen. Heft 5.

Panum, Handbog i Menneshets Physiologie. **2**.

Paton, N. D., The influence of removal of the thymus on the growth of the sexual organs. Journ. of Physiol. **32**. S. 28.

— The thymus and sexual organs, their relationship to the growth of the animal. Journ. of Physiol. **42**. S. 267.

Pearl, Raymond, Biometrics. The American Naturalist. **43**. 1909. S. 302.

Pfeffer, W., Pflanzenphysiologie. Leipzig 1904. **1**. S. 580. I. S. 409, 420. II. Kap. I. Die Wachstumsbewegung; II. Mechanik des Wachsens; III. Wachstum und Zellvermehrung; VI. Die Beeinflussung der Wachstumstätigkeit durch die Außenbedingungen.

Pfitzner, W., Zeitschr. f. Morphol. u. Anthropol. **1**. **3**. **4**. **5**.

Pflüger, E., Über die Kunst der Verlängerung des menschlichen Lebens. Bonn 1890.

Plimmer, A., and F. H. Scott, The transformation in the phosphorus compounds in the hen's egg during development. Journ. of Physiol. **37**. S. 247.

Pott, Robert, Untersuchungen über die chemischen Veränderungen im Hühnerei während der Bebrütung. Landw. Versuchsstat.

Preyer, W., Spezielle Physiologie des Embryos. Leipzig 1885. Kap. VIII. S. 495. Das embryonale Wachstum.

Pröscher, Fr., Die Beziehungen der Wachstumsgeschwindigkeit des Säuglings zur Zusammensetzung der Milch bei verschiedenen Säugetieren. Zeitschr. f. physiol. Chem. **24**. 1898. S. 285.

Przibram, Hans, Embryogenese. Leipzig 1907.

— Regeneration. Leipzig 1909.

— Quantitative Wachstumstheorie der Regeneration. Zentralbl. f. Physiol. **19**. 1905.

— und Franz Mégusar, Wachstumsmessungen an Sphodromantis binoculata. Arch. f. Entwicklungsmech. **34**. 1912. S. 680.

Quest, Robert, Über den Kalkgehalt des Säuglingsgehirns und seine Bedeutung. Jahrb. f. Kinderheilk. **61**. J. 114.

Quetelet, Sur l'homme et Anthropométrie. Brüssel 1870.

— A., Sur l'homme et le développement de ses facultés. Stuttgart 1838.

Ranke, J., Der Mensch. Leipzig 1894. **2**. S. 85, 126 bis 128.

Raske, K., Zur chemischen Kenntnis des Embryo. Zeitschr. f. physiol. Chem. **10**. S. 336.

Read, J. Marion, Observations on the suckling period in the guinea pig. Univers. of Cal. publications in Zool. **9**. S. 342, 343.

— The intrauterine growth-cycles of the guinea pig. Arch. f. Entwicklungsmech. **35**. 4. 1913.

Reeb, M., Über den Einfluß der Ernährung der Muttertiere auf die Entwickung ihrer Früchte. Beitr. z. Geburtsh. u. Gynäk. **9**. S. 395.

Ribbert, Der Tod aus Altersschwäche. Bonn 1908.

Rietz, E., Das Wachstum Berliner Schulkinder während der Schuljahre. Arch. f. Anthrop. N. F. **1**. 1903.

Robertson, T. Brailsford, Further explanatory remarks concerning the normal rate of growth of an individual and its biochemical significance. Biolog. Centralbl. **33**. 1913. Nr. 1.

— Explanatory Remarks concerning the normal rate of growth of an individual and its biochemical significance. Biol. Zentralbl. **30**. 1910. S. 316; auch Arch. f. Entwicklungsmechanik. **25**. 1908. S. 581, und **26**. S. 108.

Rosemann, R., Über den Gesamtchlorgehalt des tierischen Körpers. Pflügers Arch. **135**. S. 177.

Rosenthal, J., Lehrbuch der allgemeinen Physiologie. Kap. 20. Wachstum und Vermehrung. Leipzig 1901.

Roshdestwensky, A., Die Kopfgröße des Menschen in ihrer Beziehung zu Höhe, Geschlecht, Alter u. Rasse. Arbeiten d. anthropol. Abt. **18**. Moskau 1897. (Russisch.)

Rost, Arbeiten a. d. Kais. Gesundh.-Amte **18**. 1901. S. 206.

Rubner, Max, Allgemeine Ernährungslehre. Im Handb. d. Hyg. **1** von Rubner, Gruber und Ficker.

— Das Wachstumsproblem und die Lebensdauer des Menschen und einiger Säugetiere vom energetischen Standpunkt aus betrachtet. Sitzungsber. d. Kgl. preuß. Akad. d. Wissensch. Berlin 1908.

— Das Problem der Lebensdauer und seine Beziehungen zu Wachstum und Ernährung. München und Berlin 1908.

— Kraft und Stoff im Haushalt der Natur. Leipzig 1909.

Saint Lup, R., Sur la vitesse de croissance chez les souris. Bull. Soc. Zool. France **17**. 1893. S. 242.

Schäfer, E. A., The effects upon growth and metabolism of the addition of small amounts of ovarian tissue, pituitary and thyroid to the dietary of white rats. Quart. Journ. of exper. Physiol. **5**. S. 203.

Schaper, A., Beiträge zur Analyse des tierischen Wachstums. Arch. f. Entwicklungsmechanik d. Organismen. **14**. 1902.

Schapiro, A., On the influence of chloroforme on the growth of young animals. Journ. of Physiol. **33**. S. 31.

Schkarin, A. N., Über den Einfluß der Nahrungsart der Mutter auf Wachstum und Entwicklung des Säuglings. Monatsschr. f. Kinderheilk. **9**. S. 65ff.

Schloß, E., Zur Pathologie des Wachstums im Säuglingsalter. Jahrb. f. Kinderheilk. **72**. 1910. S. 595.

— Die Pathologie des Wachstums im Säuglingsalter. Berlin 1911.

Schmid-Monnard, Über den Einfluß der Jahreszeit und der Schule auf das Wachstum der Kinder. Jahrb. f. Kinderheilk. 1895.

Schulz, Hugo, Über den Kieselsäuregehalt menschlicher und tierischer Gewebe. Pflügers Arch. **84**. S. 67 bis 100 und **89**. S. 112 bis 118.

Schulz, P., Wachstum und osmotischer Druck bei Hunden. Zeitschr. f. Kinderheilk. **3**. S. 251.

Semper, C., Über die Wachstumsbedingungen des Lymnaeus stagnalis. Verhandl. d. Würzb. Phys.-med. Gesellsch. 4. J. N. F. 1873.

Sobotta, J., Über das Wachstum der Säugetierkeimblase im Uterus, insbesondere die durch Aufnahme und Verdauung des mütterlichen Hämoglobins bedingten Fortschritte im Wachstum des Eies. Sitzungsber. d. Phys.-med. Gesellsch. Würzburg 1911. H. 5. S. 68.

Söldner und Camerer, Die Aschenbestandteile des neugeborenen Menschen und d. Frauenmilch. Zeitschr. f. Biol. **44**. S. 61 bis 77.

Sommerfeld, Paul, Zur Kenntnis der chemischen Zusammensetzung des kindlichen Körpers im ersten Lebensjahre. Arch. f. Kinderheilk. **30**. S. 253.

Sorokina, Marie, Über Synchronismus der Zellteilungen. Arch. f. Entwicklungsmech. **35**. 1912. H. 1.

Springer, Ada, A Study of Growth in the Salamander Diemyctilus viridescens. Journ. of experim. Zoolog. **6**. 1. J. 1909.

v. Stein, Stanislaus, Die Wirkung des kontinuierlichen Zentrifugierens auf die Entwicklung von Eiern, Kücken, Fischen und Meerschweinchen. Leipzig 1910.

Steinitz, F., Über den Einfluß von Ernährungsstörungen auf die chemische Zusammensetzung des Säuglingskörpers. Jahrb. f. Kinderheilk. **61**. S. 147.

Stefanowska, Sur la croissance en poids de la souris blanche. Compt. rend. Ac. Sc. **136**. S. 1090.

— Sur la croissance en poids du cobaye. Ebenda. **140**. 1905. S. 879.

— La courbe de la croissance en poids chez les animaux et les vegetaux. VI. Interation. Physiologen-Kongr. 1904.

— Sur la croissance en poids du poulet. Compt. rend. Ac. Sc. **131**. 1905. S. 269.

Stepp, W., Experimentelle Untersuchungen über die Bedeutung der Lipoide für die Ernährung. Zeitschr. f. Biol. **57**. S. 735.

Stöltzner, H., Über den Einfluß von Strontiumverfütterung auf die chemische Zusammensetzung des wachsenden Knochens. Biochem. Zeitschr. **12**. S. 119.

Straßburger, Lehrbuch der Botanik. Jena 1895. S. 131, 191, 199 bis 229.

Stratz, C. H., Der Körper des Kindes. Stuttgart 1904.

— Wachstum und Proportionen des Menschen vor und nach der Geburt. Arch. f. Anthrop. N. F. **8**.

— Naturgeschichte des Menschen. Stuttgart 1904. S. 126.

— Das normale Wachstum. Vierteljahrsschr. f. körperl. Erziehung. **4**. 1908. S. 135.

Tangl, F., Untersuchungen über die Beteiligung der Eischale am Stoffwechsel des Eiinhalts während der Bebrütung. Pflügers Arch. **121**. S. 423.

— Arbeiten auf dem Gebiete der chemischen Physiologie. Bonn 1909. Embryonale Entwicklung und Metamorphose vom energetischen Standpunkt aus betrachtet (VII. Beitrag zur Energetik der Ontogenese). S. 55. Derselbe. Bonn 1904. S. 172. Beiträge zur Energetik der Ontogenese. IV. — Bonn 1908. S. 15. Beiträge zur Energetik der Ontogenese. V. Weitere Untersuchungen über die Entwicklungsarbeit und den Stoffumsatz im bebrüteten Hühnerei.

Thomas, Karl, Über die Zusammensetzung von Hund und Katze während der ersten Verdopplungsperioden des Geburtsgewichtes. Arch. f. Anat. u. Physiol. 1911. S. 9.

Tiemich, M., Über die Herkunft des fötalen Fettes. Jahrb. f. Kinderheilk. **61**. S. 174.

Toldt, C., Altersbestimmung menschl. Embryonen. Prager med. Wochenschr. 1897.

Topinard, Paul, Eléments d'anthropologie générale. Paris 1885. S. 417, 517, 639 bis 646, 1008, 1027, 1030.

Vahl, M., Mitteilungen über das Gewicht nichterwachsener Mädchen. Verhandl. d. VIII. internation. med. Kongr. Kopenhagen 1884. Sect. Pédiatrie.

Variot, La Clinique infantile. 1907. 15. Dez. 1908. 1. V.

— G., Note sur la dissociation de la croissance chez les debiles. Bull. Soc. Pédiatrie. 1908.

Verworn, M., Allgemeine Physiologie. S. 131, 204, 523, 568 bis 570.

— Die cellularphysiologische Grundlage des Gedächtnisses. Zeitschr. f. allg. Physiol. **6**. 1906. S. 119.

Vierordt, Physiologie des Kindesalters.

Vincent, S., und W. A. Jolly, Some observations upon the functions of the thyroid and parathyroid glands. Journ. of Physiol. **32**. S. 65.

Voit, E., Über die Bedeutung des Kalkes für den tierischen Organismus Zeitschr. f. Biol. **16**. S. 55.

Volkmann, A. W., Untersuchungen über das Mengenverhältnis des Wassers und der Grundstoffe des menschlichen Körpers. Verhandl. d. Sächs. Gesellsch. d. Wiss. **27**. S. 202 bis 247.

Völtz, W., Einfluß der Ernährung auf die Gewichtszunahme beim wachsenden Schwein. Landwirtschaftl. Jahrb. **42**. S. 119.

Waters, H. F., The influence of nutrition upon the animal form. Meeting of the Soc. for the Prom. of Agric. Sc. **35**.

Watson, Ch., et A. Hunter, The influence of diet on growth and nutrition. Journ. of physiol. **33**.

Weigert, R., Über den Einfluß der Ernährung auf die chemische Zusammensetzung der Organe. Jahrb. f. Kinderheilk. **61**. S. 178.

Weiske, H., Untersuchungen über Qualität und Quantität der Vogelknochen und Federn in verschiedenen Altersstufen. Landw. Vers. **36**. S. 81.

Weismann, Über die Dauer des Lebens. 1882.

Weißenberg, G., Das Wachstum der Hüftbreite nach Alter und Geschlecht. Monatsschr. f. Geburtsh. u. Gynäk. 1909.

— Das Wachstum des Kopfes und des Gesichtes. Jahrb. f. Kinderheilk. 1906.

— Das Wachstum des Menschen nach Alter, Geschlecht und Rasse. Stuttgart 1911.

Wiener, Chr., Das Wachstum des menschlichen Körpers. Verhandl. d. naturw. Ver. zu Karlsruhe. **11**. 1890.

Wildt, E., Zusammensetzung der Knochen der Kaninchen in den verschiedenen Altersstufen. Landw. Vers. **15**. S. 404.

Williamson, H. C., On the Larval and Eearly Young Stages and Rate of Growth of the Shore Crab Carcinus maenas. Leach, Annual Report Fishery Board for Scottland par III, 136. 7 bis 13.

Wilson, Amer. Journ. of Physiol. **8**. 1902. S. 197, 212.

— B. Margaret, On the growth of suckling pigs fed on skimmed cows milk. Amer. Journ. of. Physiol. **8**. S. 197.

Zeising, A., Über die Metamorphosen in den Verhältnissen der menschlichen Gestalt von der Geburt bis zur Vollendung des Längenwachstums. Abhandl. d. Bonner Acad. **26**.

— Neue Lehre von den Proportionen des menschlichen Körpers. Leipzig 1854.

Zuelzer, M., Über den Einfluß der Regeneration auf die Wachstumsgeschwindigkeit von Asellus aquaticus. Roux' Arch. **25**. 1907. S. 361.

Literatur über Wachstum findet sich in:

Abhandlungen der Bonner Akademie.
— der math.-physik. Klasse der Kgl. Sächs. Gesellschaften der Wissenschaften.
Annales de gynécologie et d'obstétriques.
Annali di ostetricia e ginecologia.
Anthropologia suecica.
Archiv d'Hygiène publique.
— für Anatomie und Physiologie.
— für Anthropologie.
— für Gynäkologie.
— für soziale Gesetzgebung und Statistik.
Archives italiennes de biologie.
Archivio di statistica Roma.
Bericht aus der Großherzogl. Hebammenanstalt Rostock.
Biologisches Zentralblatt.
Deutsche Ärztezeitung.
Deutsche militärärztliche Zeitschrift.
Jahrbuch für Kinderheilkunde.
Korrespondenzblatt der Deutschen Gesellschaft für Anthropologie, Ethnologie und Urgeschichte.
Mémoires de la Société d'anthropologie de Paris.
Mitteilungen der k. u. k. Militär-Sanitäts-Komitees.
Mitteilungen der Wiener anthropologischen Gesellschaft.
Monatsschrift für Geburtskunde und Frauenkrankheiten.
Norsk Magazin for Laegeridenskaben.
Prager medizinische Wochenschrift.
Revue d'anthropologie.
Roux' Archiv für Entwicklungsmechanik.
Schweizerische Statistik.
Sitzungsberichte d. Kgl. Akademie Berlin.
The American Naturaliste.
The journal of physiologie.
Tidschrift i Militaer Helsoward Stockholm.
Upsala läkareförenings förhandlinger.
Vierteljahrsschrift f. gerichtliche Medizin.
Virchows Archiv.
Zeitschrift für Biologie.
— für Geburtshilfe und Gynäkologie.
— des Kgl. Preuß. statistischen Bureaus.
— des Kgl. Sächs. statistischen Bureaus.
— für Morphologie und Anthropologie.
— für physiologische Chemie.
— für Schulgesundheitspflege.
Zentralblatt für Gynäkologie

und zahlreichen anderen Zeitschriften.